U0309506

载人航天出版工程

总主编：周建平
总策划：邓宁丰

航天科技图书出版基金资助出版

液体运载火箭动力冗余技术工程设计与实践

容 易 牟 宇 陈士强 著

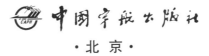

中国宇航出版社

·北京·

图书在版编目（CIP）数据

液体运载火箭动力冗余技术工程设计与实践 / 容易，牟宇，陈士强著． -- 北京：中国宇航出版社，2021.12

ISBN 978 - 7 - 5159 - 2017 - 7

Ⅰ.①液… Ⅱ.①容… ②牟… ③陈… Ⅲ.①液体推进剂火箭发动机－研究 Ⅳ.①V434

中国版本图书馆 CIP 数据核字（2021）第 266713 号

责任编辑 张丹丹　　　　**封面设计** 宇星文化

出　版	
发　行	中国宇航出版社
社　址	北京市阜成路 8 号　　　　邮　编　100830
	（010）68768548
网　址	www.caphbook.com
经　销	新华书店
发行部	（010）68767386　　　　　（010）68371900
	（010）68767382　　　　　（010）88100613（传真）
零售店	读者服务部
	（010）68371105
承　印	天津画中画印刷有限公司
版　次	2021 年 12 月第 1 版　　　2021 年 12 月第 1 次印刷
规　格	880×1230　　　　　　　　开　本　1/32
印　张	14.375　　**彩　插**　20 面　　字　数　414 千字
书　号	ISBN 978 - 7 - 5159 - 2017 - 7
定　价	88.00 元

本书如有印装质量问题，可与发行部联系调换

航天科技图书出版基金简介

航天科技图书出版基金是由中国航天科技集团公司于2007年设立的，旨在鼓励航天科技人员著书立说，不断积累和传承航天科技知识，为航天事业提供知识储备和技术支持，繁荣航天科技图书出版工作，促进航天事业又好又快地发展。基金资助项目由航天科技图书出版基金评审委员会审定，由中国宇航出版社出版。

申请出版基金资助的项目包括航天基础理论著作，航天工程技术著作，航天科技工具书，航天型号管理经验与管理思想集萃，世界航天各学科前沿技术发展译著以及有代表性的科研生产、经营管理译著，向社会公众普及航天知识、宣传航天文化的优秀读物等。出版基金每年评审1～2次，资助20～30项。

欢迎广大作者积极申请航天科技图书出版基金。可以登录中国航天科技国际交流中心网站，点击"通知公告"专栏查询详情并下载基金申请表；也可以通过电话、信函索取申报指南和基金申请表。

网址：http：//www. ccastic. spacechina. com

电话：(010) 68767205，68768904

《载人航天出版工程》总序

中国载人航天工程自 1992 年立项以来，已经走过了 20 多年的发展历程。经过载人航天工程全体研制人员的锐意创新、刻苦攻关、顽强拼搏，共发射了 10 艘神舟飞船和 1 个目标飞行器，完成了从无人飞行到载人飞行、从一人一天到多人多天、从舱内实验到出舱活动、从自动交会对接到人控交会对接、从单船飞行到组合体飞行等一系列技术跨越，拥有了可靠的载人天地往返运输的能力，实现了中华民族的千年飞天梦想，使中国成为世界上第三个独立掌握载人航天技术的国家。我国载人航天工程作为高科技领域最具代表性的科技实践活动之一，承载了中国人民期盼国家富强、民族复兴的伟大梦想，彰显了中华民族探索未知世界、发现科学真理的不懈追求，体现了不畏艰辛、大力协同的精神风貌。航天梦是中国梦的重要组成部分，载人航天事业的成就，充分展示了伟大的中国道路、中国精神、中国力量，坚定了全国各族人民实现中华民族伟大复兴中国梦的决心和信心。

载人航天工程是十分复杂的大系统工程，既有赖于国家的整体科学技术发展水平，也起到了影响、促进和推动着科学技术进步的重要作用。载人航天技术的发展，涉及系统工程管理，自动控制技术，计算机技术，动力技术，材料和结构技术，环控生保技术，通信、遥感及测控技术，以及天文学、物理学、化学、生命科学、力学、地球科学和空间科学等诸多科学技术领域。在我国综合国力不断增强的今天，载人航天工程对促进中国科学技术的发展起到了积极的推动作用，是中国建设创新型国家的标志性工程之一。

我国航天事业已经进入了承前启后、继往开来、加速发展的关键时期。我国载人航天工程已经完成了三步走战略的第一步和第二步第一阶段的研制和飞行任务，突破了载人天地往返、空间出舱和空间交会对接技术，建立了比较完善的载人航天研发技术体系，形成了完整配套的研制、生产、试验能力。现在，我们正在进行空间站工程的研制工作。2020 年前后，我国将建造由 20 吨级舱段为基本模块构成的空间站，这将使我国载人航天工程进入一个新的发展阶段。建造具有中国特色和时代特征的中国空间站，和平开发和利用太空，为人类文明发展和进步做出新的贡献，是我们航天人肩负的责任和历史使命。要实现这一宏伟目标，无论是在科学技术方面，还是在工程组织方面，都对我们提出了新的挑战。

以图书为代表的文献资料既是载人航天工程的经验总结，也是后续任务研发的重要支撑。为了顺利实施这项国家重大科技工程，实现我国载人航天三步走的战略目标，我们必须充分总结实践成果，并充分借鉴国际同行的经验，形成具有系统性、前瞻性和实用性的，具有中国特色的理论与实践相结合的载人航天工程知识文献体系。

《载人航天出版工程》的编辑和出版就是要致力于建设这样的知识文献体系。书目的选择是在广泛听取参与我国载人航天工程的各专业领域的专家意见和建议的基础上确定的，其中专著内容涉及我国载人航天科研生产的最新技术成果，译著源于世界著名的出版机构，力图反映载人航天工程相关技术领域的当前水平和发展方向。

《载人航天出版工程》凝结了国内外载人航天专家学者的智慧和成果，具有较强的工程实用性和技术前瞻性，既可作为从事载人航天工程科研、生产、试验工作的参考用书，亦可供相关专业领域人员学习借鉴。期望这套丛书有助于载人航天工程的顺利实施，有利于中国航天事业的进一步发展，有益于航天科技领域的人才培养，为促进航天科技发展、建设创新型国家做出贡献。

周建平

2013 年 10 月

序

　　液体火箭发动机作为运载火箭的核心组成部分，对运载火箭综合性能指标的实现和高可靠飞行具有决定性的影响，一代运载火箭牵引一代发动机，一代发动机支撑一代运载火箭。为了实现兼具高结构效率和高能量转化效率的目标，液体火箭发动机需要以尽量轻薄的结构和紧凑的布局，经历极高温、强振动、大热流等工作环境。内部流固耦合作用机理复杂且对边界条件敏感，这就导致了运载火箭飞行过程中发动机故障多发，且多为成败型故障模式，对其他系统易造成次生灾害。

　　液体运载火箭动力冗余技术是运载火箭技术发展的重大方向，我在日常工作中尚未见到关于动力冗余技术的专著，这恰恰也是我国下一代运载火箭应该努力的方向。要应用动力冗余技术，需要从顶层设计上融入新的设计理念和方法。著者长期从事运载火箭总体设计，近几年对该方向进行了深入研究，从运载火箭顶层设计流程入手，对动力冗余技术的主要技术方向和关键技术项目进行了详细梳理和系统研究，提出了基于发动机测量参数和飞行动力学参数互为冗余补充的故障诊断技术，形成了推力调节时机和幅度联合优化的方案；通过试验辨识了交叉输送技术的影响因素和相关规律，确认了采用在线轨迹重规划、自适应切换制导诸元、在线控制重构的技术可行性；同时，针对运载火箭安全防护和动力冗余的试验验证体系也进行了深入细致的研究。相关工作的开展为运载火箭采用动力冗余技术明确了实施思路，为后续运载火箭总体设计优化和提高运载火箭飞行成功率提供了有益参考。

　　本书相关研究内容系统性强，内容丰富，有仿真和试验研究结果作为支撑，对未来工程应用的指导性强，将进一步完善液体运载火箭动力冗余技术的知识体系，可作为工程设计人员和高等院校师生的参考书。

祝愿中国的运载火箭不断取得新的突破，飞得更高、更稳！

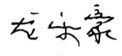

2021 年 12 月

前　言

　　运载火箭是进入太空的运输工具，由于对高性能的极致追求，高风险始终如影相随。动力系统是决定运载火箭飞行可靠性的重要环节，数十年来国内外运载火箭近6 000次的飞行实践表明，动力系统故障导致发射失利占失利总数的一半以上。在运载火箭设计之初融入动力系统冗余的理念，即在飞行中部分发动机出现有限故障的情况下仍可保证任务的圆满成功，是进一步提高运载火箭可靠性的有效途径。

　　动力冗余是典型的多学科交叉融合领域，涉及运载火箭总体、液体火箭发动机、增压输送系统、控制系统、测量系统等多个子系统，以及流体力学、传热传质学、燃烧学、多体动力学、流固耦合、控制理论、优化理论、人工智能等多个学科专业。相关研究既对理论基础提出了较高的要求，也需要充分贴近工程应用实践，将研究成果转化为运载火箭飞行可靠性的切实提升。国外相关研究起步较早，美国和苏联在早期登月火箭土星5号和N-1的研制过程中就已经对动力冗余技术进行了较为深入的论证，并在系统方案设计中予以考虑。航天飞机的研制延续了这一理念，SpaceX公司猎鹰9号火箭进一步推动了动力冗余技术的发展和应用。我国运载火箭在电气系统设计中多采取冗余措施提高可靠性，但应对动力系统故障的容错能力不强，特别是出现单台或部分发动机推力丧失严重故障时，很难保证任务成功。加强动力冗余技术的研究可以有效带动相关学科发展和技术进步，对提高我国运载火箭飞行成功率意义重大，也是对未来智慧火箭相关技术的有益探索。

　　国内外关于运载火箭总体设计、故障诊断和低温液体火箭发动机的相关著作较为丰富，动力冗余领域的科学研究和工程实践也非常活跃，极大丰富了该领域的参考资料。著者在日常工作过程中发现，已有的液体运载火箭动力冗余知识点较为分散，对于初学者尤其是介入航天型号研制时间不长的工程师而言，不利于形成该领域体系化的知识结构，一份系统的、全面的学习教材成为亟需。在相关研究项目资助下，著者有幸和研究团队一道，围绕运载火箭动力系统冗余相关的关键技术开展专项研究。随着研究的深入，对动力冗余的认识也逐步加深，对相关成果进行系统梳理总结、凝练成册，丰富现有资料库的想法也日渐清晰，这既是团队攻关的点滴记录，也是后来者前行的铺路基石。

本书遵循系统工程理念，面向运载火箭工程研制，从顶层需求和系统特点入手，涵盖了动力冗余技术的主要技术方向和重点工作项目，是对该项技术最新研究成果的一次全面总结。全书共分为8章：第1章概述了液体运载火箭和动力系统的特点，介绍了动力冗余技术的实现过程和主要关键技术；第2章阐述了动力冗余的总体设计技术，从火箭全箭角度分析动力冗余技术的影响范畴；第3章系统介绍了液体运载火箭发动机故障诊断技术的发展历程、技术路线、软硬件需求，并开展具体的案例分析；第4章结合具体案例对液体运载火箭发动机推力调节技术进行详细解读；第5章阐述了推进剂交叉输送技术的实现方案和具体策略；第6章详述了控制重构技术在运载火箭动力冗余中的研究和应用情况；第7章为结构安全性设计技术，梳理了当前对发动机恶性故障防护相关研究的最新进展；第8章为试验技术，重点讲解了为系统验证动力冗余技术需要重点开展的仿真试验和实物试验。

本书第1章由容易、秦曈撰写，第2章由容易、秦曈、陈士强撰写，第3章由陈士强、熊天赐、牟宇撰写，第4章由周宁、容易、牟宇撰写，第5章由熊天赐、容易、陈士强撰写，第6章由牟宇、张志国、朱海洋撰写，第7章由容易、张薇、顾名坤撰写，第8章由朱海洋、陈士强、容易撰写。容易拟定全书内容并审校全稿。在本书的编写过程中，北京航空航天大学梁国柱教授、北京理工大学袁梦琦教授、中国运载火箭技术研究院张智研究员、北京航天动力研究所郑孟伟研究员、北京航天试验技术研究所王占林研究员等专家提出了宝贵的意见和建议，在此一并表示感谢。

本书的阅读需要具备一定的航空航天基础专业知识，既可作为高等院校航空宇航科学与技术相关学科专业研究生教材，也可作为从事航天飞行器设计领域的研究人员和工程设计人员的参考资料。由于著者水平有限，虽竭尽全力，不足之处在所难免。对书中存在的缺点和不完备之处，恳请读者批评指正。

著　者

2021 年 12 月

北京　南苑

目　录

第1章 绪论	1
1.1 概述	1
1.1.1 液体运载火箭技术发展史简介	1
1.1.2 液体运载火箭的主要特点	2
1.1.3 液体运载火箭动力系统的组成	3
1.1.4 液体运载火箭发动机的作用及特点	4
1.1.5 提升动力系统可靠性的方法	5
1.1.6 动力冗余技术	6
1.2 动力冗余技术国外发展情况	6
1.2.1 N-1运载火箭	7
1.2.2 土星系列运载火箭	8
1.2.3 航天飞机	10
1.2.4 猎鹰火箭	10
1.2.5 小结	12
1.3 动力冗余技术实现过程	13
1.3.1 设计环节	14
1.3.2 验证环节	15
1.3.3 飞行应用环节	15
1.4 主要关键技术简介	16
1.4.1 总体设计技术	16
1.4.2 故障诊断技术	16
1.4.3 推力调节技术	17

　　1.4.4　推进剂交叉输送技术 ·················· 18

　　1.4.5　控制重构技术 ······················· 18

　　1.4.6　结构安全性设计技术 ················· 19

　　1.4.7　试验技术 ·························· 19

　参考文献 ······························· 20

第2章　总体设计技术 ························ 21

　2.1　设计准则 ·························· 21

　　2.1.1　满足动力冗余特殊需求 ············· 21

　　2.1.2　保证故障状态安全隔离 ············· 22

　　2.1.3　选择最优状态合理平衡 ············· 22

　　2.1.4　正常故障状态合理包络 ············· 22

　2.2　可靠性指标优化 ····················· 23

　　2.2.1　传统可靠性计算方法 ··············· 23

　　2.2.2　考虑冗余失效的可靠性计算方法 ······ 25

　　2.2.3　小结 ·························· 30

　2.3　冗余途径优化 ······················ 30

　　2.3.1　"额定推力富余"方式 ·············· 31

　　2.3.2　"发动机推力调节"方式 ············· 37

　　2.3.3　方式比较 ······················· 38

　2.4　火箭构型优化 ······················ 38

　　2.4.1　芯级并联构型交叉输送效果的影响 ···· 38

　　2.4.2　级数对交叉输送效果的影响 ·········· 42

　　2.4.3　小结 ·························· 42

　2.5　发动机容错布局优化 ················· 43

　　2.5.1　发动机故障情况下的控制模型 ········ 43

　　2.5.2　故障重构能力分析 ················ 45

　　2.5.3　小结 ·························· 49

2.6　POGO 抑制途径优化 ···································· 50

　　2.6.1　动力冗余液体火箭 POGO 抑制特点 ········· 50

　　2.6.2　适应动力冗余的 POGO 稳定性模型研究 ······ 52

　　2.6.3　POGO 主动抑制方法研究 ··················· 56

　　2.6.4　小结 ·· 65

参考文献 ·· 67

第3章　故障诊断技术 ··· 69

3.1　概述 ·· 69

　　3.1.1　故障诊断技术简介 ··························· 69

　　3.1.2　故障诊断方法 ································· 70

　　3.1.3　小结 ·· 75

3.2　发动机故障诊断技术发展历史及应用现状 ·········· 76

　　3.2.1　发展历程 ······································· 76

　　3.2.2　红线参数法 ··································· 79

　　3.2.3　异常和故障检测系统 ······················· 80

　　3.2.4　试车后故障诊断系统 ······················· 80

　　3.2.5　智能控制系统 ································· 82

　　3.2.6　健康监控系统 ································· 82

　　3.2.7　健康管理系统 ································· 84

　　3.2.8　先进健康管理系统 ··························· 85

3.3　动力系统故障诊断技术路线规划 ···················· 86

　　3.3.1　故障诊断对象 ································· 86

　　3.3.2　总体设计原则 ································· 86

　　3.3.3　研制流程 ······································· 88

　　3.3.4　系统间逻辑职能及交互参数要求 ··········· 89

　　3.3.5　故障模式分析 ································· 95

　　3.3.6　故障处理策略 ································· 98

3.4 某型发动机典型故障建模仿真 ················· 101

3.4.1 某型发动机原理 ················· 101

3.4.2 仿真模型建立 ················· 101

3.4.3 典型故障工况仿真 ················· 106

3.5 发动机故障诊断算法研究 ················· 130

3.5.1 发动机起动故障诊断 ················· 131

3.5.2 发动机稳态工况故障诊断 ················· 132

3.6 发动机故障诊断系统硬件设备 ················· 137

3.6.1 地面故障诊断设备 ················· 137

3.6.2 飞行故障诊断设备 ················· 138

3.6.3 故障诊断系统半实物仿真平台 ················· 139

参考文献 ················· 141

第4章 推力调节技术 ················· 143

4.1 发展历史及应用现状 ················· 143

4.2 推力调节需求优化 ················· 145

4.2.1 推力调节需求 ················· 145

4.2.2 研究模型 ················· 146

4.2.3 推力调节技术应用场景 ················· 148

4.2.4 小结 ················· 156

4.3 推力调节主要方式 ················· 156

4.3.1 连续式推力调节 ················· 157

4.3.2 阶跃式推力调节 ················· 158

4.3.3 典型发动机推力调节方案 ················· 159

4.3.4 小结 ················· 170

4.4 推力调节设计案例 ················· 170

4.4.1 调节方案 ················· 171

4.4.2 系统仿真 ················· 175

4.4.3　控制系统 ································· 189

4.4.4　小结 ····································· 197

参考文献 ·· 198

第 5 章　推进剂交叉输送技术 ······················· 200

5.1　发展历史及应用现状 ······················ 200

5.1.1　交叉输送结构形式 ··················· 204

5.1.2　交叉输送驱动控制方式 ··············· 211

5.2　基于压力差控制方案的系统特性 ··········· 215

5.2.1　额定状态系统参数设计 ··············· 215

5.2.2　偏差工况系统调节特性 ··············· 229

5.2.3　故障工况系统调节特性 ··············· 234

5.2.4　小结 ····································· 238

5.3　基于调节阀控制方案的系统特性 ··········· 239

5.3.1　额定状态系统参数设计 ··············· 239

5.3.2　偏差工况系统调节特性 ··············· 243

5.3.3　故障工况系统调节特性 ··············· 248

5.3.4　小结 ····································· 251

5.4　交叉输送系统动力冗余控制策略 ··········· 251

5.4.1　基于压力差的控制策略 ··············· 252

5.4.2　基于调节阀的控制策略 ··············· 253

5.5　交叉输送技术实现 ························· 257

5.5.1　交叉输送隔离阀 ····················· 257

5.5.2　交叉管路可靠连接与分离 ············· 260

5.5.3　交叉增压技术 ······················· 265

参考文献 ·· 272

第 6 章　控制重构技术 ··························· 275

6.1　发展历史及应用现状 ······················ 275

6.1.1 任务重构与弹道规划技术发展现状 ·········· 275

6.1.2 容错控制技术发展现状 ················· 281

6.2 任务重构与弹道规划技术 ················ 286

6.2.1 任务重构技术 ······················ 286

6.2.2 弹道规划技术 ······················ 287

6.3 容错控制技术 ························ 299

6.3.1 发动机故障对姿态动力学的影响 ·········· 300

6.3.2 主动容错控制技术 ··················· 305

6.3.3 被动容错控制技术 ··················· 316

参考文献 ····························· 327

第7章 结构安全性设计技术 ················· 332

7.1 非爆炸故障结构适应性设计技术 ············ 332

7.1.1 设计方法 ························ 332

7.1.2 典型案例 ························ 332

7.2 爆炸冲击理论及仿真研究 ················ 340

7.2.1 爆炸冲击理论研究 ··················· 340

7.2.2 爆炸冲击仿真研究 ··················· 343

7.3 爆炸故障结构完整性设计技术 ············· 348

7.3.1 研究现状 ························ 348

7.3.2 防护结构设计典型案例 ················ 351

参考文献 ····························· 358

第8章 试验技术 ························ 364

8.1 仿真试验 ·························· 364

8.1.1 概述 ·························· 364

8.1.2 数学仿真 ························ 367

8.1.3 半实物仿真 ······················ 376

8.2 实物试验 ·························· 383

8.2.1　液体运载火箭发动机试验 ……………………… 383

8.2.2　交叉增压输送试验 ……………………………… 387

8.2.3　POGO 抑制试验 ………………………………… 392

8.2.4　动力系统试车 …………………………………… 396

8.2.5　飞行搭载试验 …………………………………… 400

参考文献 ……………………………………………………… 406

附录 …………………………………………………………… 408

附录 A　国内外火箭飞行故障情况统计（不完全统计）…… 408

附录 B　国内外动力系统试车情况（不完全统计）………… 438

第1章 绪 论

动力冗余技术是指运载火箭在一台或数台发动机（包括伺服机构）出现故障的情况下，自动检测、判别后发出指令关闭此发动机，并实时切换或在线重构控制策略，实现火箭正常入轨的运载火箭总体设计技术。

我国运载火箭在电气系统设计中多采取冗余措施提高可靠性，但应对动力系统故障的容错能力不强，特别是出现单台或部分发动机推力丧失严重故障时，很难保证任务成功。研究并实施动力冗余技术对提高运载火箭飞行成功率意义重大，也是运载火箭技术发展的重大方向。

1.1 概述

1.1.1 液体运载火箭技术发展史简介

中国是最早发明火箭的国家，"火箭"这个词在三国时代（220—280 年）就已经出现了。唐末宋初（公元 10 世纪）已经有火药用于火箭的文字记载，这时的火箭虽然使用了火药，但仍由弓弩射出。14 世纪末，明朝人万户成为第一个试图利用火箭作为飞行器的人。真正靠火药喷气推进而非弓弩射出的火箭，被记载于明代茅元仪编著的《武备志》中（1621 年）。这种原始火箭虽然没有现代火箭那样复杂，但已经具有战斗部（箭头）、推进系统（火药筒）、稳定系统（尾部羽毛）和箭体结构（箭杆），是现代火箭的雏形。1903 年，航天之父、俄国科学家康斯坦丁·齐奥尔科夫斯基发表了论文《用火箭推进器探索宇宙》，首次定量阐明了火箭理想速度与火箭排气速度、火箭质量比之间的关系，为宇宙航行奠定了理论基础。

1926 年 3 月 16 日，美国科学家罗伯特·戈达德成功发射了第一枚液体运载火箭，开启了人类探索宇宙的先河。时至今日，相关技术日新月异，在世界范围内运载火箭发射次数已近 6 000 次，人类从仰望星空迈入了大航天时代。我国"长征"系列运载火箭研制工作起步于 20 世纪 50 年代，截至 2021 年 12 月 31 日，"长征"系列运载火箭已发射 405 次，成功率超过 96%，综合指标位于世界前列，实现了从常温有毒推进剂到低温绿色环保推进剂、从串联式到捆绑式、从一箭一星发射到一箭多星发射、从发射卫星到发射飞船、从国内走向国际的渐进式发展，形成了能满足高轨道、中轨道、低轨道不同有效载荷发射需求的运载火箭家族，地球同步转移轨道（GTO）运载能力达到 14 吨级，低地球轨道（LEO，又称近地轨道）运载能力达到 25 吨级。

1.1.2　液体运载火箭的主要特点

运载火箭是指靠火箭发动机喷射工质（工作介质）产生的反作用力向前推进的飞行器。根据推进剂种类的不同，运载火箭主要分为液体运载火箭、固体运载火箭和固液混合运载火箭。

液体运载火箭自身携带推进剂，不依靠外界工质（空气）产生推力，整个飞行过程将穿越大气层直至 200 km 及更远的外太空，加速度大，整体飞行时间短且一般无法人工干预，主要呈现以下 3 个技术特点：

（1）高性能需求导致高能量密度

运载火箭对结构效率具有极为迫切的需求，始终追求采用更低的结构质量实现更高效率的能量存储和释放。以我国新一代运载火箭为例，YF-100 运载火箭发动机海平面推力为 120 t，瞬时功率为 180 万 kW，比功率密度达到 750 kW/kg（汽车发动机一般不超过 1 kW/kg）；液氧贮箱最薄壁厚为 1.8 mm，如果易拉罐达到该结构效率，厚度将减薄 2/3；起飞噪声达到 170 dB，飞机噪声一般为 130～140 dB。

（2）系统间强耦合导致高敏感度

运载火箭对参数的敏感性极强，关键时序最小间隔达到毫秒量级；奔月轨道关机点速度误差 1 m/s，轨道高度偏差可达 4 138 km；发动机燃烧室内温度高达 3 000 ℃，但余量仅有几十度，即稍有温度波动就可能导致喷管烧穿。

（3）质量特性急剧变化导致高动态

运载火箭在飞行过程中不断消耗自身携带的推进剂，某一级工作完毕后将通过分离动作将其抛掉，以减少结构死重。CZ - 2F 运载火箭飞行过程共经历 5 次分离（逃逸塔、助推器、芯一级、整流罩、芯二级），起飞质量与入轨质量相差 25 倍；飞行过程中结构一阶固有频率变化大，起飞约 1 Hz，入轨约 7 Hz；飞行过载持续变化，起飞时为 $1.21g$，飞行最大值达 $4.97g$；姿态控制干扰力变化剧烈，控制模型需实时调整，非线性特征显著。

1.1.3　液体运载火箭动力系统的组成

液体运载火箭动力系统又称为推进系统，主要用于提供飞行动力和姿态控制力，以完成运载火箭发射、姿态控制、推进剂沉底和末速修正等功能。动力系统的技术水平在很大程度上决定了运载火箭的总体性能，是运载火箭发展的重要支撑，其决定了一个国家航天整体技术的水平和能力。

液体运载火箭动力系统主要包括火箭发动机和向发动机供应推进剂的增压输送系统。液体运载火箭发动机一般利用液体推进剂在燃烧室内雾化、混合、燃烧产生高温高压燃气，经过喷管进行膨胀、加速后，以超声速喷出而产生推力。火箭发动机所用的推进剂在发动机工作前存储在贮箱中。发动机起动后，由增压输送系统向发动机供应符合要求的推进剂，直至发动机关机。液体运载火箭发动机中应用最广、最具有代表性的是双组元泵压式，这种发动机一般由推力室、涡轮泵、燃气发生器和阀门自动器等组成。在液体运载火箭发动机中，习惯上把推进剂供应到推力室的系统称为主系统，而把推进剂供应到燃气发生器的系统称为副系统。增压输送系统一般由以下几部分组成：

1）推进剂贮箱，由燃烧剂箱和氧化剂箱组成。

2）推进剂贮箱增压和排气系统，由增压气源、增压阀、减压器、电磁阀、保险阀和排气阀等组成。

3）推进剂加注泄出和输送系统，由加注与泄出阀、液位指示器、加注与泄出管和输送管路等组成。

4）其他部分，例如对于需要失重状态下飞行的火箭，为了使发动机能顺利地再起动，需要推进剂管理系统；对于低温推进剂火箭，还需要有吹除系统、置换系统和预冷系统。

1.1.4　液体运载火箭发动机的作用及特点

液体运载火箭发动机是将液体推进剂的化学能通过燃烧和膨胀转化为动能，并通过高速射流排出产生推力的装置。为了实现兼具高结构效率和高能量转化效率的目标，液体运载火箭发动机需要以尽量轻薄的结构和紧凑的布局，经历极高温、强振动、大热流等工作环境，内部流固耦合作用机理复杂，对边界条件敏感，导致液体运载火箭发动机故障易发，且多为成败型故障模式，同时对其他系统易造成次生灾害。

火箭采用薄壁结构，箭体内存在大量电缆及设备，当发动机失效甚至发生爆炸时，其碎片对结构及电气系统影响巨大。譬如 N-1 运载火箭的第一次飞行，燃气发生器引压管断裂后引起发动机机舱着火，致使 1 000 Hz 直流电路和交流电路短路，并最终引起火箭爆炸。假设有 n 台发动机，单台发动机可靠性为 Q，则出现发动机失效的概率为 $1-Q^n$。显然，n 越大，失效的可能性越大。这是不容忽视的问题。

发动机发生爆炸一般都是由于涡轮泵叶片断裂、密封失效、推力室头部串腔等故障引起的，其余故障一般最终表现为发动机燃烧室压力下降、涡轮泵转速下降、局部烧蚀引起温度升高等缓变过程，具有一定的处置时间。对于能引起爆炸的故障模式，发动机研制单位在设计、生产和试车等环节都会予以重点关注，通过余量控制、工艺参数控制、检查指标加严、试验边界考核等手段将故障发生概率降到最低。

从 1959 年至今国内外运载火箭发射故障的统计来看（详见附录 A），在统计的 173 次飞行故障中，由动力系统故障引起的有 91 次，占故障总数的 52.6%，真正出现灾难性故障引起火箭爆炸的案例极少。从公开的资料来看，有 3 个在飞行中发动机爆炸的案例。1962 年 4 月 9 日，宇宙神 11F 运载火箭起飞后，主发动机液氧泵发生爆炸；1965 年 3 月 2 日，宇宙神-半人马座（AC-5）运载火箭起飞后 2 s，泵前阀堵塞了流向助推器发动机的燃烧剂通道，5 s 后发动机发生爆炸；1996 年 2 月 19 日，质子号 K/Blok-DM-2 运载火箭在上面级准备进行第二次点火时，由于液氧输送管路中的阀门堵塞导致发动机发生爆炸。虽然飞行中动力系统故障仍然较多，但近 25 年以来未出现飞行中发动机爆炸的案例。

1.1.5 提升动力系统可靠性的方法

提升动力系统可靠性一般可以从单机、系统和全箭 3 个维度开展相关工作。

在单机方面，通过 3F 分析（FTA、FMEA、FRACS）系统辨识产品设计、生产、装配、试验过程的关键因素并加以防范，同时通过环境适应性分析、测试覆盖性分析、最坏情况分析、包络分析、失效物理分析等多种分析手段来增强单机可靠性的认知程度，支撑设计改进、裕度拓宽、寿命延长等可靠性提升工作的实施。

对系统而言，一般采用核心单机冗余的方案从源头提升可靠性，但这是以牺牲结构效率为代价的。由于动力系统单机的重量一般较大、布局空间需求大，在单机冗余设计时需要特别考虑系统增重所带来的运载能力损失。

严格的质量控制措施能进一步提高发动机可靠性，但由于严酷的工作环境及系统参数的强敏感性，发动机在飞行过程中发生故障的风险始终存在。从全箭维度出发，在发动机工作参数测量、发动机状态控制等方面提高监控力度，不仅能及时发现故障、定位故障，而且能及时关闭故障发动机、调整发动机工况，有效控制故障扩散程度，提高发射可靠性。如果动力系统在飞行中具备冗余能力，可进一步提高飞行成功率。

1.1.6　动力冗余技术

通过对数年来国内外运载火箭发射失利情况的分析，因发动机故障导致发射失利的占半数以上。如何实现发动机故障后任务的圆满成功，是运载火箭总体设计一直在思考并致力于解决的工程难题。

从 1959 年至今国内外运载火箭发射故障统计来看，可通过发动机相关压力、温度参数进行判定的故障约占动力系统故障总数的一半。如果动力系统具备冗余能力，可实现发动机及时关机或终止发射。

我国运载火箭在电气系统设计中多采取冗余措施提高可靠性，但应对动力系统故障的容错能力不强，特别是出现单台或部分发动机推力丧失严重故障时，很难保证任务成功。研究并实施动力冗余技术对提高运载火箭飞行成功率的意义重大，也是运载火箭技术发展的重大方向。

1.2　动力冗余技术国外发展情况

动力系统在飞行过程中要承受高温、高压和力、热等复杂环境条件的考验。由于受结构布局、系统质量等限制，动力系统冗余设计更多的是在点火电路、增压控制等小组件或小系统上实施，而大型结构（如发动机、输送管路、增压管路等）基本处于理论研究阶段。但猎鹰 9 号火箭成功实现了发动机推力冗余设计，也为动力系统冗余设计提供了经典范例。

动力系统冗余设计一般通过发动机合理选型、容错布局、推力调节、推进剂交叉输送等途径，实现对动力系统部分故障的容错能力。N－1 运载火箭、土星系列运载火箭、航天飞机、猎鹰 9 号火箭等均具备一定的动力系统冗余能力，下面分别描述其发动机布局和控制方式。

1.2.1 N－1 运载火箭

N－1 运载火箭是苏联为应对美国的阿波罗计划而研制的载人登月重型运载火箭，N－1 运载火箭研制过程并不顺利，1969—1972 年间的 4 次飞行试验全部以失败告终。在美国率先实现了人类的首次载人登月后，苏联终止了 N－1 运载火箭的研制并取消了载人登月计划。

N－1 运载火箭采用非捆绑助推器的五级构型方案，整个火箭呈锥形，总长约为 105 m，起飞质量为 3 080 t，起飞推力为 4 620 t，近地轨道运载能力约为 100 t。火箭各级均使用液氧/煤油推进剂，一级最大直径达到 17 m，由 30 台 NK－33 发动机捆绑组成，其布局方式为内圈 6 台，外圈 24 台，如图 1－1 所示；二子级、三子级、四子级和五子级分别使用了 8 台、4 台、1 台、1 台液氧/煤油发动机。为了预防一级发动机在飞行过程中可能出现的问题，设置了发动机操作控制 KORD 系统，通过冗余设计保护发动机系统，避免出现灾难性故障。KORD 系统会自动关闭故障发动机和位置与之相对的无故障发动机，以保持火箭的平衡稳定，同时会调整其余发动机推力，以弥补因部分发动机关闭而失去的推力，在一级四台发动机和二级两台发动机出现故障的情况下，该系统仍能保证把飞船送入轨道。

N－1 运载火箭一级的 30 台发动机均不摇摆，火箭俯仰偏航控制是通过调节外圈 24 台发动机推力实现的，滚动控制是通过内圈 6 台发动机涡轮排气管的摇摆控制的，第 3 次飞行试验失败后，改用 4 台游动火箭发动机进行滚动控制。

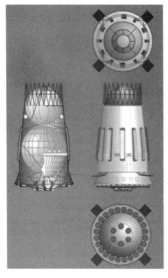

图 1-1　N-1 运载火箭一级发动机布局

1.2.2　土星系列运载火箭

土星 1 号运载火箭和土星 1B 号运载火箭一级装有 8 台 H-1 发动机，火箭实质上是按照 7 台发动机推力设计的，第 8 台发动机是为了提高子级工作的可靠性、改善发射性能而准备的。8 台发动机配置成内、外两圈，内圈 4 台固定在发动机机架的中央圆筒上，与火箭轴线的夹角成 3°，外圈 4 台发动机用常平座安装在机架的 4 个支撑臂上，与火箭轴线的夹角成 6°，发动机可双向摇摆，径向最大摆角为 10°，侧向最大摆角为 8°，如图 1-2 所示。

土星 5 号运载火箭一级装有 5 台 F-1 发动机，1 台发动机固定安装在中心，其余 4 台发动机均布在外圈，可双向摇摆，径向和侧向最大摆角均为 6°，如图 1-3 所示。土星 5 号运载火箭二级装有 5 台 J-2 发动机，也是中间 1 台固定安装，外圈 4 台通过摇摆进行姿态控制。

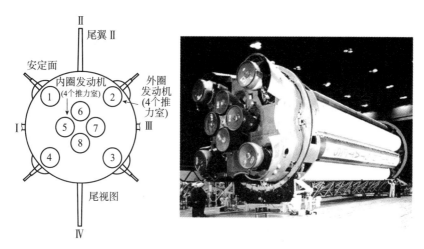

图 1-2　土星 1 号运载火箭和土星 1B 号运载火箭一级发动机布局

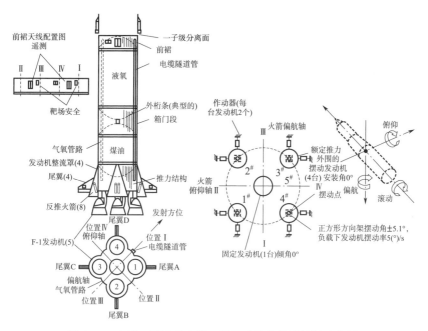

图 1-3　土星 5 号运载火箭一级发动机布局及摇摆示意图

1.2.3　航天飞机

航天飞机轨道飞行器采用3台RS-25氢氧发动机（又称航天飞机主发动机，即Space Shuttle Main Engine，SSME），呈120°均布，每台发动机可双向摇摆，如图1-4所示。系统设计成在1台发动机故障时，靠其余两台发动机完成姿态控制功能。1985年7月29日，挑战者号航天飞机升空后3分30秒，箭上安全系统及时关闭了发生故障的1号发动机，对发射未产生致命影响。

图1-4　航天飞机主发动机布局图

1.2.4　猎鹰火箭

猎鹰（Falcon）火箭有2个构型，即中型火箭——猎鹰9（Falcon 9）号和重型火箭——猎鹰重型（Falcon Heavy）。其中，猎鹰9号火箭具有载人和货运两种状态，如图1-5所示。猎鹰9号火箭直径为3.66 m，高度为70 m，载人版二级直接与龙飞船对接，货运版采用5.2 m直径整流罩；猎鹰重型火箭基于猎鹰9号火箭，采用 CBC 构型 (Common Booster Core，即通用芯级)，捆绑两枚直径为 3.66 m 的助推器。猎鹰 9 号火箭一级 9 台梅林 (Merlin-1D+) 发动机布局如图 1-6 所示，资料显示，一级飞行姿态控制均通过摇摆发动机实现，猎鹰 9 号火箭具备飞行过程中 1 台发动机故障不会危及任务成败的动力冗余能力。

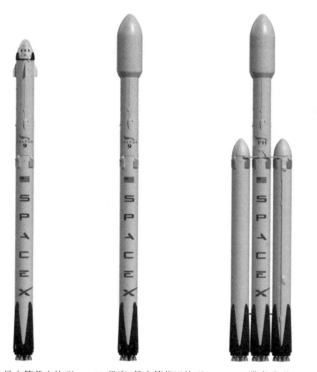

(a) 猎鹰9号火箭载人构型　　　(b) 猎鹰9号火箭货运构型　　　(c) 猎鹰重型

图 1-5　猎鹰火箭构型图

2012 年 10 月 8 日，猎鹰 9 号火箭在 Dragon CRS-1 任务中，一级飞行过程关闭了 1 台故障发动机，主任务仍获得成功；2021 年 2 月 15 日，猎鹰 9 号火箭在"星链"一箭 60 星的任务中，一级 1 台发动机在上升段因防热裙破损导致燃气内漏进而意外关机，火箭仍进入了轨道并把卫星准确送达预定位置，完成了主任务。

图 1-6　猎鹰 9 号火箭一级发动机布局

1.2.5　小结

动力系统冗余设计是进一步提高运载火箭可靠性的有效途径。从国内外运载火箭发射统计情况来看，由于发动机故障和增压输送系统问题导致的失败超过一半，因此如何提高动力系统的可靠性是世界航天界共同面临的难题。通过调研可以看出：

1）发动机推力应优化选择，不能单纯追求新型号、大推力、高可靠，可以通过现有成熟发动机的合理组合，达到提升运载能力的目标，同时为发动机冗余设计提供可能。

2）发动机推力调节也是弹道优化设计和动力系统冗余设计等的可靠保证。如果发动机具备大范围推力调节能力，那么既可以合理控制飞行中的推力，也可以在一台或多台发动机故障情况下通过调节其余发动机推力，实现火箭可靠飞行。

3）发动机布局和摇摆方案要合理，实现在 1 台发动机发生故障情况时，火箭仍能可靠控制、飞行。

1.3 动力冗余技术实现过程

根据航天系统工程理论和实践经验，动力冗余技术的实现包括工程研制和飞行应用两个阶段，如图 1-7 所示。工程研制阶段一般可以进一步细分为 4 个子阶段，即可行性论证阶段、方案设计阶段、初样设计阶段、试样设计阶段。各阶段主要包括设计和验证两个主要环节。在设计环节一般自上而下分为总体设计、系统设计和单机设计；在验证环节包括自下而上的单机验证、系统验证和总体验证。

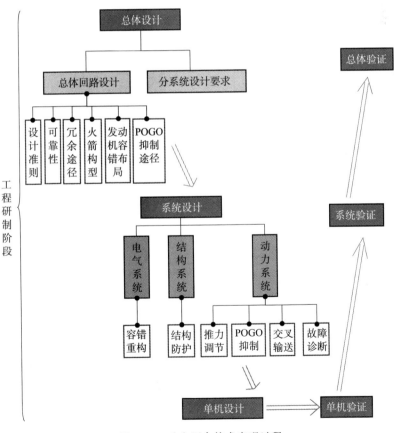

图 1-7 动力冗余技术实现过程

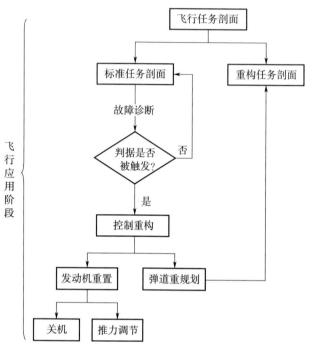

图 1-7 动力冗余技术实现过程（续）

1.3.1 设计环节

（1）总体设计

总体设计需要根据有效载荷的目标轨道、入轨质量和精度要求，开展运载火箭的构型论证，明确构型参数，完成总体回路论证，进一步形成总体方案和系统方案，提出各系统设计任务书，在不同研制子阶段，设计状态进行循环迭代和成熟度提升。

与传统设计流程不同的是，在构型论证中需要同步开展面向动力冗余的故障模式梳理和"正常故障状态"界定，并基于此形成最优的构型参数；同时，为满足动力冗余需求提出各系统新增设的功能设计要求，主要包括推力调节、交叉输送与增压、高可靠测量与信号传输、故障诊断、容错重构和安全性防护等。

总体相关专业需要同步明确不同工况下设计准则，并合理选择设计边界和裕度，尽量减少考虑动力冗余对运载火箭能力造成的损失。

（2）系统设计及单机设计

各系统、单机研制单位接到总体和系统任务书后开展相关方案论证和详细设计，同步明确本系统、单机不同工况下的设计准则。

系统和单机完成一轮设计后，需要与总体就相关指标进行一轮回归，尤其是涉及动力冗余工况的任务满足情况。

1.3.2　验证环节

（1）单机验证

相对传统的单机研制验证内容，面向动力冗余工况的验证工作需要重点考虑动力系统（包括发动机和增压输送系统）和电气系统对相关工况新增技术要求及边界的考核，获得裕度，同步完善设计准则。

（2）系统验证

系统验证环节重点考核本系统内各单机间接口的协调匹配和功能实现情况，重点考核动力冗余对系统的新要求实现情况。

（3）总体验证

总体验证一般采用子级模块或全箭，对系统间接口匹配、功能实现情况进行全面考核，需要从数值仿真和实物试验两个维度针对动力冗余涉及的各系统设计专项考核项目，确保达到设计预期目标，主要包括动力系统、电气系统和箭体结构系统。

1.3.3　飞行应用环节

飞行应用是动力冗余技术真实任务剖面的全箭级考核，进一步验证面向动力冗余的运载火箭总体方案正确性、动力冗余技术的可靠性。一般将根据飞行试验结果对相关方案开展持续改进。

运载火箭在飞行过程中按照标准任务剖面飞行，故障诊断系统实时获取来自被诊断对象的健康状态表征参数，并根据设定的判据进行健康状态判定。一旦故障判据被触发，故障诊断系统将根据预设的处置策略执行控制重构：一方面需要根据获取的参数判断全箭状态，开展弹道重规划，形成该状态下进入目标轨道所需的飞行参数和对发动机工作参数的新需求；另一方面，结合弹道重规划结果和动力系统健康状态评估，形成发动机控制策略，包括故障发动机的处置（主要为关机）、健康发动机的推力调节等。为了适应发动机新的工作状态，需要同步对交叉输送、交叉增压相关的节流元件进行控制。至此，全箭进入重构任务剖面，直至将有效载荷送入预定轨道（或救援轨道）。

1.4　主要关键技术简介

1.4.1　总体设计技术

运载火箭应用动力冗余技术需要从源头开展设计，在设计准则、设计流程和具体优化项目上与传统设计均有不同。从总体构型、弹道设计、姿控方案等角度综合提出发动机技术指标，确定发动机推力组成、容错布局方案等技术指标。另外，动力冗余技术伴随多发动机并联而来，对于多台数小推力发动机，可以使用动力冗余设计大幅提高火箭动力系统的可靠性，冗余后整个动力系统的可靠性甚至高于单台发动机的可靠性；对于少台数大推力发动机，尽管采用动力冗余后，火箭可靠性指标提高幅度较小，但其仍具有极其重要的作用，尤其是载人任务中，因为它提高了火箭的故障适应能力。无论发动机数量多少，采用动力冗余后，需采用新的可靠性计算方法。

1.4.2　故障诊断技术

实施动力冗余的前提是故障诊断技术。液体运载火箭发动机是复杂的大系统，其故障的表现也呈现复杂性，这种复杂性体现为环境干扰的多样性、故障特征的多样性、故障的多样性以及内部的多耦合表现出的强非线性，这给液体运载火箭发动机故障诊断带来很大困难，它的研究涉及电子信息技术、信号分析处理技术、人工智能技术、非线性理论等学科理论。

动力系统故障诊断技术的核心在于故障模型和故障信号特征提取。洛克达因公司曾针对 7 种型号发动机（MA-3、MA-5、RS-27、F-1、H-1、J-2、SSME）研制过程中的故障进行统计，从交付的 2 500 台进行过 1 000 次飞行的发动机中统计出 85 000 次故障，对故障记录进行评定、筛选、归类，将其缩减到 1 771 次故障，并归结为 16 种故障模式，并附以故障传播图表示，对发动机的故障分析和预测极为有用。分析表明，对这 16 种故障模式的判别与预测可以使用不同的检测技术和检测仪器进行，由此洛克达因公司提出了 8 种可用于液体火箭发动机故障检测的新技术。

我国在 20 世纪 90 年代针对发动机故障诊断开展了大量研究，并取得了一定的研究成果。针对发动机研制过程中发生的故障进行了统计分析，归纳出主要故障模式和一般故障模式，对部分故障模式的过渡过程及其效应进行了数值仿真分析，并建立了相应的故障模式知识库，作为知识源用于故障诊断专家系统的故障模式匹配，有力支撑了我国 CZ-2F 运载火箭故障检测系统与逃逸救生系统的研制和工程应用，确保载人火箭的高安全、高可靠。

1.4.3　推力调节技术

发动机推力调节和额定推力富余这两种方式均能实现发动机故障状态下仍确保运载能力的目标。相比较而言，变推力方式对改善动压效果显著。同时，在并联火箭动力冗余中，为避免助推器发动机故障后，耗尽时间晚于芯级发动机的可能模式，均要求突破变推力发动机技术。同时，此项技术无论对于弹道优化，还是减小飞行载荷，均具有十分重要的意义。目前，国外主流发动机均具备发动机推力调节能力。我国的新一代运载火箭发动机已具备推力调节能力，虽然最终未被应用于型号主级工作段，但相应关键技术已有相当基础。

发动机推力调节为发动机的研制带来了新的难题，包括推力调节后如何确保发动机混合比保持在额定工况附近工作、比冲尽量保持不变、发动机试车如何考核验证变推力性能等，此外推力调节后的多台发动机推力同步性也是减少控制干扰的必要措施，需要开展相关技术攻关。

1.4.4　推进剂交叉输送技术

对于捆绑式火箭，如果助推器 1 台发动机关机，在此助推器其余发动机推力无法补偿的情况下，此助推器推进剂消耗与其余助推器不同步，火箭质心将大幅横向偏移，同时助推器分离时此贮箱也将剩余大量推进剂，浪费大量运载能力。因此，实现并联火箭动力冗余，必须使用交叉输送技术，即将此助推器推进剂输送进入芯级发动机，或输送进入芯级贮箱或其他助推器贮箱，使得助推器间推进剂均衡消耗。

采用推进剂交叉输送技术后，为使助推器液体推进剂能够输送进入芯级贮箱，必须克服芯级、助推器推进剂的液柱过载压力。通过敏感飞行数据，实时智能调节贮箱压力，可使流体按指定流量流动。交叉输送时，对助推器贮箱采用闭式增压为比较可行的方式。我国在新一代运载火箭研制中设计了冗余闭式增压技术，大大提高了闭式增压的可靠性，已具备开展智能增压设计的基础。

1.4.5　控制重构技术

控制重构是动力冗余必须解决的关键技术。发动机故障关机后，火箭总推力变小，推进剂秒耗量变小，基础弹道、火箭动特性、制导姿控特性、POGO 特性均发生了改变，必须进行一系列重构。弹道重规划技术可以采取的方式包括：

1）在线实时重构；

　　2）在线非实时重构；

　　3）代入部分已知条件的重构；

　　4）全部装定。

　　其中，方式 3）和方式 4）实现难度较小。对于方式 1），我国已经突破了迭代制导技术，可以用于真空飞行段弹道的在线实时重构。对于方式 2），虽然存在迭代次数多、计算量大、真正用于弹上计算机尚需完成大量工作等问题，但已基本具备在线非实时重构能力。

1.4.6　结构安全性设计技术

　　发动机出现重大故障特别是发生爆炸时，不对结构产生毁损，是实现动力冗余的前提。因此，必须开展结构防护设计，这包括两个方面的内容：一是针对非爆炸故障，在结构设计时要考虑故障状态下的载荷工况，以保证结构在故障工况下的承载能力；二是针对爆炸故障，在结构形式、结构材料等方面要进行特殊设计，对故障的影响进行防护。

1.4.7　试验技术

　　动力冗余设计属于全新的设计理念，试验验证方面也面临新的挑战。在数学仿真试验方面，需要先进的设计工具和技术，这是因为与非动力冗余相比，将由单线条设计拓展为多线条设计。譬如原先只需要设计仿真一条弹道、数套动特性和控制网络；动力冗余后，动辄上百条弹道以及成百上千的动特性和控制网络，如再考虑两度故障，则正常设计仿真数量呈几何级数上涨。开展多专业耦合分析仿真、一体化设计工具是必须突破的专业技术。

　　在实物试验方面，动力冗余后会加强对故障工况的试验验证，动力系统试验会从模块级向模块间拓展，试验的复杂性大大增强，特别是与动力系统直接相关的交叉输送、交叉增压技术必须在地面试验中予以充分考核。

参 考 文 献

［1］ 庄逢辰. 液体火箭发动机喷雾燃烧的理论、模型及应用［M］. 长沙：国防科技大学出版社，1995.

［2］ 符锡理. 低温系统的预冷过程和计算［J］. 低温工程，1998（2）：1－6.

［3］ 徐硕昌. 微重力流体力学［M］. 北京：科学出版社，1999.

［4］ 李琦芬，陈国邦，谢雪梅，等. 低温输液泵自然循环预冷模拟试验［J］. 推进技术，2005，26（2）：167－173.

［5］ 廖少英. 液体火箭推进增压输送系统［M］. 北京：国防工业出版社，2007.

［6］ E J TOMEI，I－SHIH CHANG. Heavy Launch Vehicle Failure History［C］. 59 th International Astronautical Congress，2008，October，IAC－08－D1.5.3.

［7］ E J TOMEI，I－SHIH CHANG. 51 Years of Space Launches and Failures［C］. 60 th International Astronautical Congress，Daejecon，Republic of Korea，2009，October，IAC－09－D1.5.1.

［8］ E J TOMEI，I－SHIH CHANG U S. Medium Launch Vehicle Failure History［C］. 61 st International Astronautical Congress，Prague，Czech Republic，2010，September，IAC－10－D1.5.7.

［9］ E J TOMEI，I－SHIH CHANG. NoN－U. S. Medium Launch Vehicle Failure History［C］. 61 st International Astronautical Congress，Prague，Czech Republic，2010，September，IAC－10－D1.5.8.

［10］ 张智，容易，郑立伟，等. 运载火箭动力冗余技术［J］. 载人航天，2013（6）：15－19.

［11］ 李东，黄兵，黄辉. 液体运载火箭低温动力系统工程设计［M］. 北京：中国宇航出版社，2017.

第2章　总体设计技术

运载火箭应用动力冗余技术需要从源头开展设计，在设计准则、设计流程和具体优化项目上与传统设计均有不同。从运载能力优化角度提出构型，从冗余实现途径、可靠性指标分配、弹道设计、载荷设计、姿控方案等角度综合提出发动机技术指标，确定发动机推力组成、容错布局方案等技术指标。

2.1　设计准则

液体运载火箭采用动力冗余技术既要满足运载火箭的总体技术指标要求，又要兼顾动力系统自身功能的实现，因此在传统的设计准则之外，必然会增加与动力冗余相关的设计准则。

2.1.1　满足动力冗余特殊需求

总体设计要采用各专业联合设计，在满足任务目标的前提下，提升运载效率；总体设计要考虑动力冗余的影响，例如可靠性指标分配方法的变化，构型在动力冗余状态下与传统构型的差异；总体设计要考虑动力冗余技术对推力调节、故障诊断、交叉输送、容错重构的需求；动力系统总体方案应兼顾动力冗余技术对发动机的需求；在动力系统的设计过程中，要考虑发动机的故障检测和健康管理。

针对基于动力冗余的设计，在梳理动力冗余的特殊需求后，必须对传统设计工况进行对比，不能遗漏设计工况。例如推力调节是动力冗余必须采用的技术，也是正常飞行过程中减载必须采用的技术，因此，在发动机设计时要将推力调节作为设计状态。

2.1.2 保证故障状态安全隔离

总体和各系统要对故障采取必要的保护措施或避免故障进一步扩散。动力系统采用动力冗余技术要考虑 POGO 抑制的适应性。结构系统设计时要对故障状态进行校核，确保结构产品在故障状态下能可靠工作。

重要系统、单机具有性能测试、状态检测和故障监测及快速定位能力，并提供故障指示；要考虑故障信息（故障指示、报告、记录、传输及存储等）的处理要求；系统的划分应使各模块易于进行故障检测和故障隔离，最小可更换单元之间交联最少，测试设备易于连接，便于故障隔离；测试项目和测试参数应能满足对该系统的功能及性能测试、故障检测和故障隔离的要求，故障定位到组成该系统的具体设备并隔离。

2.1.3 选择最优状态合理平衡

既要考虑正常飞行状态，也要考虑故障状态，这就涉及以何状态最优作为设计目标的问题。例如在设计弹道优化级间比时，如果按照正常状态最优，在遇到故障状态时应用动力冗余，这个级间比不一定是最优的，也就是冗余后依然可能损失运载能力；反过来，如果以故障状态最优设计级间比，在正常状态下未必是最优的也会损失运载能力。需要在两种设计方案之间找到合适的平衡点，以实现正常和故障状态综合最优的目标。

2.1.4 正常故障状态合理包络

在面向故障开展冗余容错设计的过程中，不应由于考虑故障模式而大幅度影响传统方法能够达到的设计指标，即不能由于采用面向故障的冗余容错设计，明显降低极限偏差包络设计方法能达到的指标。各专业既要通过传统设计方法（基于偏差的包络设计）完成基本的设计流程，"包络"偏差工况，也要采用冗余容错设计进一步提升故障"适应"能力，因此提出了"正常工况设计、故障工况校核"的设计原则，正常工况采用合理的包络设计，故障工况进行适应设计，以体现"包络"和"适应"的概念差异。

2.2　可靠性指标优化

2.2.1　传统可靠性计算方法

运载火箭的全箭可靠性分为发射可靠性和飞行可靠性。发射可靠性与发射支持系统可靠性相关。而飞行可靠性主要与箭上各个系统相关，表 2-1 所示为某运载火箭飞行可靠性定量评估的结果。

表 2-1　某运载火箭飞行可靠性定量评估的结果

序号	系统	可靠性评估结果
1	动力系统	0.987 5
2	箭体结构	0.999 2
3	增压输送	0.995 6
4	电气系统	0.998 5
5	分离系统	0.999 1

从表 2-1 中可以看出，在主要箭上系统中，动力系统的可靠性评估结果最低。因为一般运载火箭的发动机台数较多，且系统可靠性指标按照串联分配。假设每型发动机的可靠性指标一致，则某一火箭子级动力系统的可靠性为

$$R_0 = Q^n \qquad\qquad (2-1)$$

式中，Q 为单台发动机可靠性；n 为该子级发动机总台数；R_0 为非冗余状态下的子级动力系统的可靠性。

从式（2-1）可以看出，在非冗余状态下，如果要提升系统的可靠性，可行的方法是提升单台发动机的可靠性 Q 和减少发动机台数 n。提升发动机单机可靠性需要大量的试车时间，受到试验条件、研制经费和研制进度限制；而减少发动机台数，则受到单台发动机

推力的制约，发动机台数在设计之初已经固定。因此，需要考虑动力冗余技术。

发动机变推力是实现动力冗余的方式之一。设发动机数量与额定状态相同，当系统 1 台发动机出现故障被关闭后，其他发动机可以通过提高推力的方式弥补故障发动机的推力损失，从而保障系统的总推力不变。假设单台发动机的可靠性与推力大小无关，则冗余 1 台和 2 台发动机下的系统可靠性可用式（2-2）和式（2-3）分别来表示

$$R_1 = Q^n + C_n^1 Q^{n-1}(1-Q) \qquad (2-2)$$

$$R_2 = Q^n + C_n^1 Q^{n-1}(1-Q) + C_n^2 Q^{n-2}(1-Q)^2 \qquad (2-3)$$

式中，R_1 和 R_2 分别为冗余 1 台和 2 台发动机下的子级动力系统的可靠性；C_n^m 为从 n 个不同元素中取出 m 个元素的组合数。

发动机推力是发动机的重要指标，推力提升的范围比较有限，一般小于额定推力的 20%。例如美国航天飞机主发动机 SSME，其可在 115% 的额定推力下工作。因此，一般发动机的台数在 5 台以上，可实现变推力的动力冗余技术。

表 2-2 和图 2-1 的计算结果表明，发动机冗余可以显著提高动力系统的可靠性，且可冗余的发动机台数越多，可靠性提升越显著。

表 2-2 采用非冗余和冗余发动机可靠性对比表

单台可靠性	5 台无冗余	6 台无冗余	6 台冗余 1 台	15 台冗余 1 台	15 台冗余 2 台
0.99	0.951 0	0.941 5	0.998 5	0.990 4	0.999 6
0.995	0.975 2	0.970 4	0.999 6	0.997 5	0.999 9
0.996	0.980 2	0.976 2	0.999 8	0.998 4	1.000 0
0.997	0.985 1	0.982 1	0.999 9	0.999 1	1.000 0
0.998	0.990 0	0.988 1	0.999 9	0.999 6	1.000 0
0.999	0.995 0	0.994 0	1.000 0	0.999 9	1.000 0

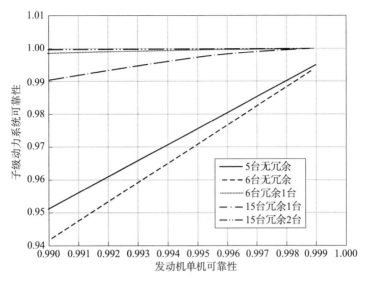

图 2-1　采用非冗余和冗余发动机可靠性比较图

2.2.2　考虑冗余失效的可靠性计算方法

在 N-1 运载火箭 4 次失利中，3 次与发动机故障有关，其设计的动力冗余技术并未发挥出应有的功效。这 3 次发动机故障，又有 2 次是因为发动机单机故障引起了其他系统的故障，还有 1 次是用于动力冗余的控制策略出现了问题。因此，采用动力冗余技术不仅与发动机单机可靠性有关，还与发动机故障模式和实现动力冗余的控制策略有关。

本节以单台发动机失效下的动力冗余技术为例，分析在考虑发动机故障扩散以及动力冗余执行失效情况下的动力冗余技术对全箭可靠性的影响。

2.2.2.1　发动机故障导致系统故障的影响

在实际飞行过程中，发动机发生故障不仅会影响动力系统（例如发动机爆炸导致控制系统失效），还会影响任务的成败。在式（2-2）中，并没有考虑到这一因素，认为发动机的故障是受控的，动力系统可适应任意形式的单机故障。

为了分析单台发动机故障对系统的影响，需要引入单机故障扩散引起系统故障的风险系数，用 ε_1 表示。该参数主要包括发动机故障诊断失败、发动机灾难性故障导致其他发动机失效或动力冗余实施中其他系统失效等风险。考虑到单机失效动力冗余对可靠性的贡献，应减去该故障风险系数的影响，式（2-2）可写为

$$R_1' = Q^n + C_n^1 Q^{n-1}(1-Q)(1-\varepsilon_1) \tag{2-4}$$

式中，R_1' 为考虑故障风险系数并冗余 1 台发动机下的动力系统可靠性。ε_1 的取值与发动机的故障模式有关，取值范围在 0～1 之间。如果发动机所有故障均受控，不会对其他系统产生影响，则 ε_1 为 0；如果发动机所有故障一定会影响其他系统，并导致动力冗余失效，则 ε_1 为 1。

表 2-3 给出了考虑不同 ε_1 时，在单台发动机不同可靠性下不同动力系统的可靠性。可以看出，假设某动力系统可由 3 台大推力发动机或 6 台小推力发动机组成，在 6 台发动机允许 1 台冗余的工况下，系统可靠性不一定大于 3 台发动机无冗余的工况。只有在 ε_1 较小的情况下，动力冗余技术的优势才能充分发挥。

表 2-3　考虑不同 ε_1 时对系统可靠性的影响对比表

单台 可靠性	3 台 无冗余	6 台 无冗余	6 台 冗余 1 台		
			$\varepsilon_1 = 0.2$	$\varepsilon_1 = 0.5$	$\varepsilon_1 = 0.8$
0.970	0.912 7	0.833 0	0.956 6	0.910 3	0.863 9
0.975	0.926 9	0.859 1	0.964 8	0.925 2	0.885 5
0.980	0.941 2	0.885 8	0.972 6	0.940 1	0.907 5
0.985	0.955 7	0.913 3	0.980 1	0.955 0	0.930 0
0.990	0.970 3	0.941 5	0.987 1	0.970 0	0.952 9
0.995	0.985 1	0.970 4	0.993 8	0.985 0	0.976 2

选用不同冗余策略下的动力系统可靠性，不仅与发动机的冗余能力有关，还与 ε_1 有关。如图 2-2 所示，在单机可靠性确定时，对

于小推力、多台数发动机构建的动力系统，在系统可靠性上超过大推力、少台数发动机的情况。除了具备冗余能力外，其发动机故障风险系数还要小于临界值 ε_1^c（即该冗余策略与 3 台无冗余的动力系统可靠性一致），且该临界值随着构建动力系统发动机台数的增多而减小。

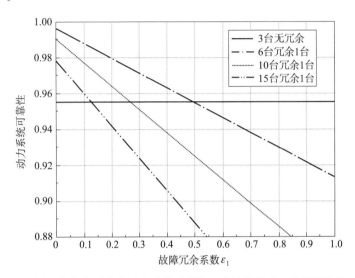

图 2-2　不同冗余策略下故障冗余系数对系统可靠性的影响（单机可靠性 0.985）

2.2.2.2　冗余执行失效对动力冗余可靠性的影响

在动力冗余技术实际应用过程中，由于系统的复杂性，还存在执行动力冗余策略失效的风险。例如，虽然诊断出某台发动机失效，并成功关机，但实施动力冗余技术让其他发动机变推力或控制系统重构等策略失效，依然会对动力冗余的可靠性造成影响。

因此，考虑到执行动力冗余策略过程中带来的风险，需要引入冗余风险系数，用 ε_2 表示，主要包括推力调节失效、控制指令分配失效等风险。基于冗余风险系数的影响，引入该参数后，式（2-4）可写为

$$R_1'' = Q^n + C_n^1 Q^{n-1}(1-Q)(1-\varepsilon_1)(1-\varepsilon_2) \qquad (2-5)$$

式中，R_1'' 为考虑故障风险系数和冗余风险系数并冗余 1 台发动机下的动力系统可靠性。ε_2 的取值与冗余策略的执行能力有关，取值范围在 $0\sim1$ 之间。如果在发动机故障成功诊断并控制的情况下，所有的冗余策略均能成功实施，则 ε_2 为 0；如果所有的冗余策略均失效，则 ε_2 为 1。

假定单机可靠性指标为 0.985，3 台大推力发动机无冗余构建的动力系统可靠性为 0.955 7。以 6 台发动机允许 1 台冗余的动力冗余策略为例，分析故障风险系数 ε_1 和冗余风险系数 ε_2 对系统可靠性的影响。表 2-4 给出了不同 ε_1 和 ε_2 情况下的系统可靠性，可以看出，越靠近表左上方区域，系统的可靠性越高；越靠近表右下方区域，系统的可靠性越低，甚至低于 3 台大推力发动机无冗余的情况。

表 2-4　6 台冗余 1 台策略 ε_1、ε_2 对系统可靠性的影响

ε_1 \ ε_2	0	0.2	0.4	0.6	0.8	1.0
0	0.996 8	0.980 1	0.963 4	0.946 7	0.930 0	0.913 3
0.2	0.980 1	0.966 7	0.953 4	0.940 0	0.926 7	0.913 3
0.4	0.963 4	0.953 4	0.943 4	0.933 3	0.923 3	0.913 3
0.6	0.946 7	0.940 0	0.933 3	0.926 7	0.920 0	0.913 3
0.8	0.930 0	0.926 7	0.923 3	0.920 0	0.916 6	0.913 3
1.0	0.913 3	0.913 3	0.913 3	0.913 3	0.913 3	0.913 3

当选择是由小推力、多台数发动机具备 1 台冗余能力，还是由大推力、少台数发动机无冗余能力来构建动力系统时，一定要考虑 ε_1 和 ε_2 的影响。图 2-3 给出了 ε_1 和 ε_2 在不同取值范围内，动力系统可靠性的分布图，越靠近红色区域可靠性越高，越靠近蓝色区域可靠性越低。以可靠性 0.955 7 为剖面，投影可得图 2-4，阴影区域表示 ε_1 和 ε_2 在此区域内取值，6 台小推力发动机 1 台冗余构建的动力系统可靠性高于 3 台大推力发动机无冗余构建的动力系统。

需要注意的是，本节对 ε_1 和 ε_2 进行全域值研究，而在现阶段实

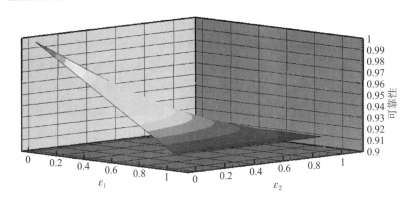

图 2-3　6 台冗余 1 台策略下 ε_1、ε_2 对动力系统可靠性的影响

（单机可靠性 0.985，见彩插）

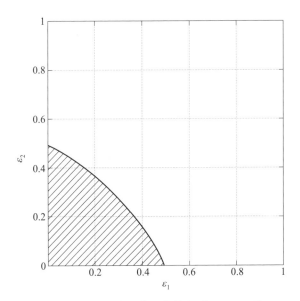

图 2-4　6 台冗余 1 台策略下动力系统可靠性超过 0.955 7 的 ε_1、ε_2 取值范围

（单机可靠性 0.985）

际工程应用中，不同的火箭单台发动机发生扩散性故障和控制执行失效的概率虽然各异，但都比较低，应用动力冗余技术对全箭可靠

性提升有着明显效果。且随着运载火箭技术的不断提高，特别是电子信息技术的飞速发展以及新材料和新工艺的不断应用，运载火箭的发动机水平、传感器精度、测量和控制技术等都取得了很大的进步，发动机单机引起系统故障的故障风险和冗余策略执行失效的风险也会越来越低。这也是为什么 N-1 运载火箭在 20 世纪 60 年代 4 次发射均未成功，而法尔肯系列运载火箭成功实施动力冗余技术的原因之一。

2.2.3　小结

综上所述，传统基于动力冗余技术的可靠性计算方法，并没有考虑到发动机之间的相互影响，而是基于各个发动机是否能够独立可靠工作得出的理论分析。在实际的工程应用中，还要考虑以下两个方面，作为工程决策的依据：

1）动力冗余技术对系统可靠性的提升与单机的故障风险系数有关。对于小推力、多台数发动机构建的动力系统，在系统可靠性上超过大推力、少台数发动机的情况，除了具备冗余能力外，其发动机故障风险系数还要小于临界值，且该临界值随着构建动力系统发动机台数的增多而减小。

2）冗余风险系数也会影响系统可靠性，当选择是由小推力、多台数发动机具备 1 台冗余能力，还是由大推力、少台数发动机无冗余能力来构建动力系统时，只有故障风险系数和冗余风险系数取值在一定范围内，采用小推力、多台数发动机具备 1 台冗余能力的策略才会使系统可靠性提升。

2.3　冗余途径优化

如果要求火箭在基于已有动力配置的前提下实现动力冗余，那么在飞行过程中例如出现 1 台发动机推力大幅降低或者丧失，由于总推力相对于额定状态下降，一定会带来运载能力的损失。因此，要满足故障状态下运载能力指标的实现，必须要对原有的动力方式进行调整。具体方法有以下两种：

1）相比不考虑动力冗余的方案起飞推力要大，增加的推力部分用于抵御发动机故障，在下文中简称为"额定推力富余"方式；

2）相比不考虑动力冗余的方案起飞推力一样，在出现发动机故障的情况下，依靠其余正常发动机的变推力能力来弥补因发动机故障引起的推力不足，在下文中简称为"发动机推力调节"方式。

为直观给出两种方式的差异，下文中给定一个研究对象进行分析。该火箭构型的主要特征如下：为捆绑两个助推器的三级构型，助推器与芯一级采用相同模块，每个模块均采用 5 台液氧/煤油发动机；二级采用 2 台液氢液氧发动机；三级采用 4 台液氢液氧发动机。助推器和芯级同时分离。

2.3.1　"额定推力富余"方式

针对"额定推力富余"方式，与不采用动力冗余方案的构型相比，可能有维持加注量不变和增加加注量两种模式。对维持加注量不变的模式，起飞推重比较大，但在发动机出现故障情况下的推重比与不采用冗余时相当，因此，故障状态下的级间比参数较优，简称为"基于故障状态下最优"；对增加加注量的模式，正常状态下级间比参数较优，但在发动机出现故障情况下推重比偏小，因此，简称为"基于正常状态下最优"。下面针对这两种模式分别分析对运载能力的影响。

2.3.1.1　基于故障状态下最优

（1）起飞段故障

表 2-5 数据为不考虑构型（加注量）的变化，只增加起飞推力（命名为方案 A）；0 为不增加推力的基准状态。算例 A1 为无故障情况下的基本性能，算例 A2 为助推器发动机 1 台推力丧失，算例 A3 为芯级发动机 1 台推力丧失。其中，助推器发动机出现故障的算例，认为故障助推器的推进剂通过特定的方式与其余助推器共用，以达

到弥补性能损失的效果。分析时未考虑推力增加引起的结构增重和喷口面积变化、因故障而带来的总有效喷口面积变化等细节。

由表 2-5 中结果可知，增大起飞推力后，最大动压 q_{max} 上升较多，若具备推力调节能力，则可考虑采用跨声速段节流予以控制。

表 2-5　A 方案起飞段故障对应的运载能力（1 台发动机故障）

序号	起飞推力/t	运载能力变化/t	起飞推重比	备注
0	3 739	0	1.268	基准构型
A1	4 128	+2.8	1.398	q_{max} 增大 25%
A2	3 861	+1.0	1.309	总推力约为 −6.25%（助推器发动机故障，助推间推进剂共用），q_{max} 增大 10%
A3	3 861	+0.4	1.309	总推力约为 −6.25%（芯级发动机故障），q_{max} 增大 7%

图 2-5～图 2-7 给出了 4 种方案的 3 个典型飞行参数的时间历程对比：由于故障以及推力配置的调整，助推器（或芯级）发动机工作时间有所差异；由推力增大带来的动压增加问题值得关注。

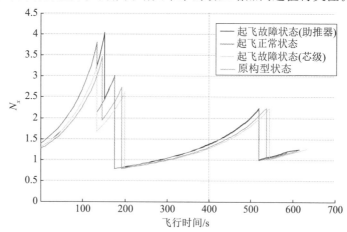

图 2-5　4 种典型方案的过载-时间历程对比（见彩插）

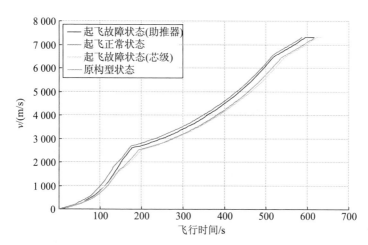

图 2-6　4 种典型方案的速度-时间历程对比（见彩插）

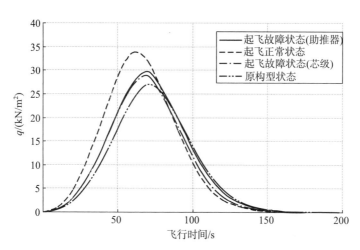

图 2-7　4 种典型方案的动压-时间历程对比

（2）飞行中故障

本节以表 2-5 中算例 A1 为基础，分析几个特征时间点时刻，推力下降到何种程度（1～2 台发动机推力丧失），依然能满足基准构型 0 的运载能力，分析中针对 2 台发动机故障的情况按同时发生故障考虑。

从分析结果可以看出，除了芯级有 2 台发动机在 40 s 左右发生故障不能满足运载能力要求以外，均能保证在飞行 40 s 后 1 台或 2 台发动机故障，火箭依然满足运载能力要求，见表 2-6。

表 2-6　A 方案飞行中故障对应的运载能力

项目	故障时间点/s	运载能力变化/t	
		1 台故障	2 台故障
助推器	40	+1.9	+0.2
	80	+2.4	+1.7
芯级	40	+1.3	-1.4
	80	+1.9	+0.4
	120	+2.4	+1.6

2.3.1.2　基于正常状态下最优

（1）起飞段故障

"基于故障状态下最优"的方式虽然不改变各级加注量，对全箭长度等因素没有影响，但是带来的问题也很明显，即加速较快，跨声速段 q_{max} 增大较多。如果不采用主动节流减载方式，则对结构强度设计要求很高。

本节针对此情况，适当增大起飞规模/起飞推力，即"正常状态下最优"（命名为方案 B），确保故障模式下仍能满足运载能力要求。

经初步分析，采取了二三级加注量不变，助推器和芯一级加注量适当加大的策略，同时起飞推力比表 2-5 方案 A1 适当减小，达到合理选择起飞推重比的目的。基于上述考虑，结果见表 2-7。

表 2-7　B 方案起飞段故障对应的运载能力（1 台发动机故障）

序号	起飞推力/t	运载能力变化/t	起飞推重比	备注
0	3 739	0	1.268	基准构型

续表

序号	起飞推力/t	运载能力变化/t	起飞推重比	备注
B1	4 011	+3.0	1.297	q_{max} 增大 7%,芯一级/助推器加注量各增加 6%,起飞质量 3 091 t
B2	3 751	+0.7	1.215	总推力约减小 6.25%(助推器发动机故障,助推器间推进剂共用),q_{max} 减小 8.5%
B3	3 751	0	1.215	总推力约减小 6.25%(芯级发动机故障),q_{max} 减小 11%

（2）飞行中故障

针对表 2-7 中的 B1，分析几个特征时间点时刻，推力下降到何种程度（1～2 台故障），依然能满足基准构型 0 的运载能力，分析中针对 2 台发动机故障的情况按同时发生故障考虑。从分析结果可以看出，全程飞行段有 1 台发动机出现故障均能满足要求，但芯级有 2 台发动机在 80 s 之前或者助推器有 2 台发动机在 40 s 之前发生故障均不能满足运载能力的要求，见表 2-8。

表 2-8　B 方案飞行中故障对应的运载能力

项目	故障时间点/s	运载能力变化/t	
		1 台故障	2 台故障
助推器	40	+0.6	-0.4
	80	+2.2	+1.3
芯级	40	+0.9	-2.4
	80	+1.6	-0.4
	120	+2.2	+1.0

2.3.1.3　小结

图 2-8 和图 2-9 给出了 A 方案（基于故障状态下最优）和 B 方案（基于正常状态下最优）分别在助推器发动机出现故障和芯级发动机出现故障情况下的运载能力曲线。

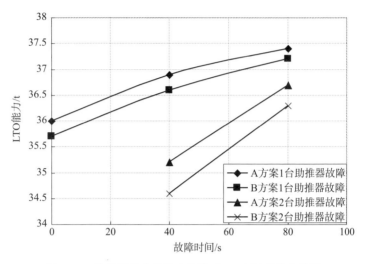

图 2 - 8　助推器发动机发生故障时 LTO 运载能力曲线

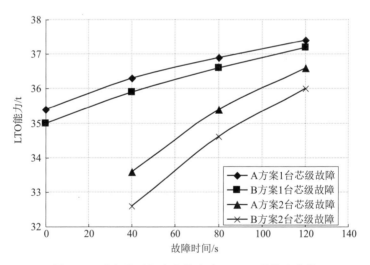

图 2 - 9　芯级发动机发生故障时 LTO 运载能力曲线

1) A 方案（基于故障状态下最优）和 B 方案（基于正常状态下最优）相比，在正常状态下额定运载能力相当，B 方案的运载效率略高；

2) A 方案对所假设故障模式的适应能力要强，但 A 方案在正常状态下动压较大；

3) 不管是 A 方案还是 B 方案，全箭起飞推力相比不考虑动力冗余的构型要增加 10% 左右，总体上看来，对总推力增加需求要求不大，却能在发动机故障情况（起飞 1 台、飞行中部分时段 2 台）下实现运载能力满足要求，可作为动力冗余的一种备选方案。

2.3.2　"发动机推力调节"方式

发动机若具备推力调节能力，则可按照高工况推力起飞，若起飞时有 1～2 台发动机出现故障，在推力损失的情况下也可以起飞，后续飞行也按照高工况飞行；若起飞过程中没有出现故障，则可以在适当的时机降低工况，追求更优的运载性能，如降低 q_{max} 等。

（1）起飞段故障

实际上第 2.3.1 节的内容同样适用于本节所讨论的问题，即约需要采用 110% 的高工况才能适应 1 台发动机故障带来的影响。

起飞时采用 110% 推力而跨声速段采用芯级节流 40%，之后恢复 110% 推力，其 LTO 运载能力能满足要求，主要是 q_{max} 有大幅下降。对于采用何种推力调节程序能够使运载能力最优，后续在第 4.2 节中进一步深入探讨。

通过分析可知，节流并不直接增加运载能力，但对 q_{max} 的改善作用明显，实质上可通过结构设计改进来提高运载能力。

（2）飞行中故障

发动机若具备推力调节能力，则飞行中出现单台（两台）发动机故障，只要及时提高剩余发动机的工况，将因故障损失的推力弥补回来，则对飞行性能的影响非常有限；在不考虑推力变化过渡段的影响时，可以认为和原有的正常弹道方案性能一致。

以本节分析的研究对象为例，两个助推器与芯一级采用相同模块，每个模块均采用 5 台液氧/煤油发动机，假设一级飞行段有 1 台发动机故障，总推力减小了 1/15，剩余 14 台发动机提高推力至 107％即可保证总推力不变。

2.3.3　方式比较

不管是"额定推力富余"方式还是"发动机推力调节"方式，均能在一定程度上实现发动机故障状态下仍确保运载能力的目标。但是，"额定推力富余"方式会增加结构重量，也会带来飞行过程中动压较大的问题，需要通过推力调节来解决。因此，推力调节无论是对"额定推力富余"方式还是"发动机推力调节"方式都是必须采取的技术，选择"发动机推力调节"方式对改善动压效果显著，在结构重量方面也有一定优势，建议优先选择此方式。

2.4　火箭构型优化

动力冗余技术应用会涉及交叉输送技术和推力调节技术的应用，这些技术对火箭的综合性能，特别是运载能力会产生影响，要将这些技术对运载能力的效果发挥到极致，从源头设计上要对运载火箭的构型开展综合优化。

2.4.1　芯级并联构型交叉输送效果的影响

2.4.1.1　非芯级并联

本节以芯级捆绑 4 个助推器构型为例对交叉输送技术进行研究，该构型为三级半火箭，芯级 4 台发动机切向单摆，每个助推器 2 台发动机。分析结果表明，由于基准构型的级间比已接近于最优，因此针对该构型不做任何级间比调整，仅采用交叉输送技术之后反而导致 LTO 运载能力下降了 3％。

图 2 - 10 所示为两种状态的过载曲线，可以看出，基准构型采用交叉输送在助推器分离至芯一级分离之间过载下降明显。

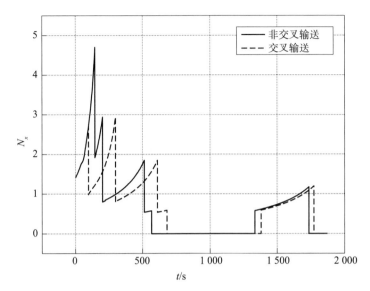

图 2 - 10 基准构型是否采用交叉输送技术对应过载参数对比

表 2 - 9 所示为基准构型不采用交叉输送，以及采用交叉输送两种工况下的助推器分离时刻的关键参数。因为基准构型本身助推器工作时间不到 150 s，采用交叉输送后助推器工作时间缩短 1/3，仅不到 100 s，而此时剩余重量较大，但由于助推器提前分离导致此刻动力大幅下降，在需要加速提升阶段过载较小，因而出现运载能力下降。由此可见，交叉输送状态在上升段加速性能下降很多，这是运载能力下降的主要原因。因此，采用交叉输送技术时必须结合交叉输送的需求和原理对构型进行优化。

表 2 - 9 基准构型是否采用交叉输送对应的助推器分离时刻的关键参数对比

	时间/s	高度/m	速度/(m/s)	过载
基准构型	145.523	57 313.0	2 476.669	1.919
交叉输送	97.015	26 211.9	976.792	0.983

按照交叉输送技术的原理，进行构型优化时保持该基准构型总加注量基本不变以及二三级不变，仅调整芯一级与助推器之间加注

量的相对大小，即在基准构型的基础上减小芯一级加注量，加大助推器加注量。

按交叉输送功能构建最优构型，LTO 运载能力可以提高 3%，此构型如果交叉输送功能失效，则 LTO 能力相对于基准构型下降 6%。从分析结果来看，在基准构型基础上结合交叉输送原理构建的构型运载能力有了一定提升，但是提升效果不明显，这说明非芯级并联构型不是应用交叉输送技术的最优构型。

2.4.1.2　芯级并联

本节采用的是捆绑两个助推器的三级构型，助推器与芯一级采用相同模块，每个模块均采用 5 台液氧/煤油发动机；二级采用 2 台液氢液氧发动机，三级采用 2 台液氢液氧发动机。通过设置不同的助推器工作时间来确定最优运载能力状态，进行了通用芯级构型和不同交叉输送方案的弹道计算。具体运载能力计算结果见表 2-10。

表 2-10　不同交叉输送方案运载能力对比

	工作时间/s		运载能力变化	
	助推器	芯一级	LEO(200 km)	LTO
基准构型	173.8	173.8	0	0
状态 1	120.0	281.7	5.5%	7.5%
状态 2	140.0	240.9	9.1%	12.3%
状态 3	150.0	220.5	8.4%	11.3%

由表 2-10 可见，推进剂交叉输送对于通用芯级构型提高运载能力是有效的。对于 LTO 轨道，基于此构型的运载能力最高能提升 12.3%，与非芯级并联构型提升 3% 相比，提升效果明显，说明只有芯级并联构型才能将交叉输送技术的效果充分发挥出来。几种状态的俯仰程序角和轴向过载曲线如图 2-11 和图 2-12 所示。

上述结果与交叉输送本身的技术原理是吻合的。对于非芯级并联构型，一般助推器工作时间比芯一级工作时间短，采用交叉输送后助推器工作时间进一步缩短，可能影响助推器动力作用的发挥，

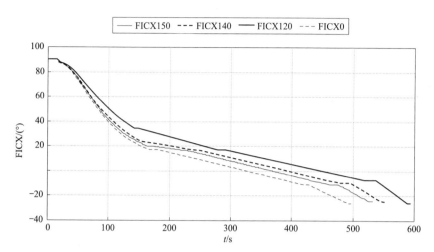

图 2-11　不同状态俯仰程序角（FICX150 对应状态 3，FICX140 对应状态 2，
　　　　　FICX120 对应状态 1，FICX0 对应基准构型）

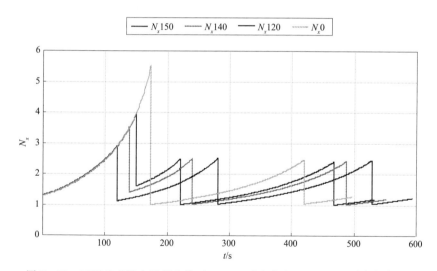

图 2-12　不同状态轴向过载曲线（N_x150 对应状态 3，N_x140 对应状态 2，
　　　　　N_x120 对应状态 1，N_x0 对应基准构型，见彩插）

导致助推器分离时的速度、高度欠缺。显然，芯级并联构型也许能找到合适的级间比，采用交叉输送技术后助推器分离时刻的速度、高度仍能满足要求，而与不采用交叉输送的构型相比，因提前分离掉了助推器的重量而提高了运载能力。

2.4.2　级数对交叉输送效果的影响

第 2.3 节为三级半芯级并联构型，为分析级数对交叉输送效果的影响，在三级半构型基础上取消二级适当调整级间比构建了两级半芯级并联构型。该构型如果采用交叉输送，LEO 能力可提升为 17.5%，这与猎鹰重型公布的若采用交叉输送其 LEO 运载能力提升 17.8% 相当。

上述结果与交叉输送本身的技术原理是吻合的。因为交叉输送本质是将助推器的推进剂输送给芯级，与不采用交叉输送的构型相比，助推器工作时间相对较短，通过提前分离掉助推器的重量，来提高运载能力。显然，级数越少的构型，提前分离助推器重量对运载能力影响占比越大，对运载能力提升更为明显。

2.4.3　小结

本节分析了交叉输送对运载能力的影响，得到以下结论：

1) 对于非芯级并联的三级半最优构型，不做任何级间比的调整而采用交叉输送技术会导致运载能力下降。保持非芯级并联不变，调整级间比而采用交叉输送技术可引起运载能力小幅提升 3%。基于现有加注规模重新构建通用芯级构型，采用交叉输送技术后 LTO 运载能力可提升 12.3%，说明芯级并联构型更适合将交叉输送技术的效果充分发挥。

2) 对于芯级并联构型，级数较少的两级半构型采用交叉输送后的 LEO 运载能力可提升 17.5%，与三级半构型采用交叉输送后 LTO 运载能力提升 12.3% 相比效果更为明显，说明级数少的构型更适合将交叉输送技术的效果充分发挥。

综上，为发挥交叉输送技术对运载能力的优势，在构建火箭构型时应优先选择芯级并联且级数较少的构型。

2.5　发动机容错布局优化

2.5.1　发动机故障情况下的控制模型

以第 2.3 节和第 2.4 节选用的研究对象的三级飞行段为例，分析发动机布局对容错能力的影响。三级 4 台发动机有两种布局方案，一是按"X"形布局，其中两台固定，两台进行"十"字双向摆动；二是三级 4 台发动机按"X"形布局，切向摆动。布局及摆动示意图如图 2-13 所示。分别针对两种摆动方式分析 1 台发动机故障下的适应能力。

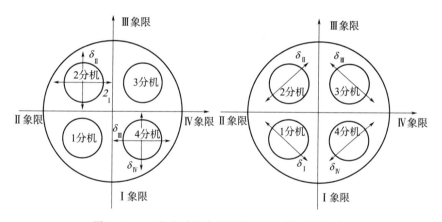

图 2-13　三级发动机布局及摆动示意图（尾视图）

设 k_{xj1}、k_{xj2}、k_{xj3}、k_{xj4} 分别为各个发动机推力下降的比例系数，例如，1 号发动机额定推力为 P_{xj1}，发生推力下降故障后推力为 $k_{xj1}P_{xj1}$，其中，$k_{xji} \in [0, 1]$，$k_{xji} = 1$ 为发动机正常工作的工况，$k_{xji} = 0$ 为发动机推力下降为零的工况。

1 台摇摆发动机故障时，推力下降时除了会减小轴向推力和控制力矩以外，还会产生推力不平衡力矩。例如当 2 号发动机推力下降，

2 号发动机和 4 号发动机推力不再相等，2 号发动机在俯仰偏航方向产生的力矩无法由 4 号发动机来平衡，因此会出现一个附加的干扰力矩，即推力不平衡力矩。

经过分析，可以将各台发动机推力产生的不平衡力和力矩分别给出，从而得到发动机发生推力下降故障时，产生的俯仰通道干扰力 F_{fy} 为

$$
\begin{aligned}
F_{fy} &= \sqrt{2}/2k_{xj1}P_{xj1}\tan A_{xj} - \sqrt{2}/2k_{xj2}P_{xj2}\tan A_{xj} - \\
&\quad \sqrt{2}/2k_{xj3}P_{xj3}\tan A_{xj} + \sqrt{2}/2k_{xj4}P_{xj4}\tan A_{xj} \\
&= \sqrt{2}/2(k_{xj1}P_{xj1} - k_{xj2}P_{xj2} - k_{xj3}P_{xj3} + k_{xj4}P_{xj4})\tan A_{xj}
\end{aligned}
$$

$$(2-6)$$

式中，A_{xj} 为发动机安装角。

产生的偏航通道干扰力 F_{fz} 为

$$
\begin{aligned}
F_{fz} &= \sqrt{2}/2k_{xj1}P_{xj1}\tan A_{xj} + \sqrt{2}/2k_{xj2}P_{xj2}\tan A_{xj} - \\
&\quad \sqrt{2}/2k_{xj3}P_{xj3}\tan A_{xj} - \sqrt{2}/2k_{xj4}P_{xj4}\tan A_{xj} \\
&= \sqrt{2}/2(k_{xj1}P_{xj1} + k_{xj2}P_{xj2} - k_{xj3}P_{xj3} - k_{xj4}P_{xj4})\tan A_{xj}
\end{aligned}
$$

$$(2-7)$$

产生的俯仰通道干扰力矩 M_{fz} 为

$$
\begin{aligned}
M_{fz} &= \sqrt{2}/2k_{xj1}P_{xj1}Z_{rxj} - \sqrt{2}/2k_{xj2}P_{xj2}Z_{rxj} - \sqrt{2}/2k_{xj3}P_{xj3}Z_{rxj} + \\
&\quad \sqrt{2}/2k_{xj4}P_{xj4}Z_{rxj} - \sqrt{2}/2k_{xj1}P_{xj1}\tan A_{xj}(X_{rxj} - X_z) + \\
&\quad \sqrt{2}/2k_{xj2}P_{xj2}\tan A_{xj}(X_{rxj} - X_z) + \sqrt{2}/2k_{xj3}P_{xj3}\tan A_{xj}(X_{rxj} - X_z) - \\
&\quad \sqrt{2}/2k_{xj4}P_{xj4}\tan A_{xj}(X_{rxj} - X_z) \\
&= \sqrt{2}/2(k_{xj1}P_{xj1} - k_{xj2}P_{xj2} - k_{xj3}P_{xj3} + k_{xj4}P_{xj4}) \\
&\quad [Z_{rxj} - \tan A_{xj}(X_{rxj} - X_z)]
\end{aligned}
$$

$$(2-8)$$

式中，Z_{rxj} 为摇摆发动机距离箭体中心轴线的距离；X_{rxj} 为摇摆发动机距离箭体理论尖点的距离；X_z 为箭体质心距离理论尖点的距离。

产生的偏航通道干扰力矩 M_{fy} 为

$$M_{fy} = -\sqrt{2}/2k_{xj1}P_{xj1}Z_{rxj} - \sqrt{2}/2k_{xj2}P_{xj2}Z_{rxj} + \sqrt{2}/2k_{xj3}P_{xj3}Z_{rxj} +$$

$$\sqrt{2}/2k_{xj4}P_{xj4}Z_{rxj} + \sqrt{2}/2k_{xj1}P_{xj1}\tan A_{xj}(X_{rxj} - X_z) +$$

$$\sqrt{2}/2k_{xj2}P_{xj2}\tan A_{xj}(X_{rxj} - X_z) - \sqrt{2}/2k_{xj3}P_{xj3}\tan A_{xj}$$

$$(X_{rxj} - X_z) - \sqrt{2}/2k_{xj4}P_{xj4}\tan A_{xj}(X_{rxj} - X_z)$$

$$= -\sqrt{2}/2(k_{xj1}P_{xj1} + k_{xj2}P_{xj2} - k_{xj3}P_{xj3} - k_{xj4}P_{xj4})$$

$$[Z_{rxj} - \tan A_{xj}(X_{rxj} - X_z)]$$

$$(2-9)$$

将上述力和力矩加入质心运动方程和绕质心运动方程，可以得到 1 台发动机推力下降模式下的动力学方程，其他方程不变。

2.5.2　故障重构能力分析

2.5.2.1　2 台发动机双机双摆故障重构能力分析

2 台发动机 4 台伺服机构，控制 3 个姿态通道。任意 1 台发动机发生故障后，当推力下降至 0 时，仅剩下 2 台伺服机构，无法控制 3 个通道，不具备故障适应能力；当推力下降但不为 0 时，具备一定的故障适应能力。

对于姿态控制而言，若是摆动的 1 台发动机发生故障，将导致控制力和力矩下降、附加干扰力和力矩这两个问题。只要故障诊断系统可以准确识别出故障发动机推力大小，即可通过对控制增益系数进行适应性调整，来保证控制能力基本不变。为了消除故障发动机产生的附加力矩，需要在稳定控制指令的基础上附加补偿控制指令。

在正常工况下，发动机摆角合成公式为

$$\begin{cases} \delta_\varphi = \dfrac{1}{2}(-\delta_{II} + \delta_{IV}) \\[2mm] \delta_\psi = \dfrac{1}{2}(-\delta_I + \delta_{III}) \\[2mm] \delta_\gamma = \dfrac{1}{4}(\delta_I + \delta_{II} + \delta_{III} + \delta_{IV}) \end{cases} \qquad (2-10)$$

式中，δ_φ、δ_ψ、δ_γ 为俯仰、偏航、滚动三通道等效摆角；$\delta_{\mathrm{I}} \sim \delta_{\mathrm{N}}$ 为实际伺服摆角。

下面推导发动机故障条件下发动机摆角合成公式：

俯仰通道为

$$\begin{cases} MV\bar{c}_3^\varphi(\bar{\delta}_\varphi + \widetilde{\delta}_\varphi) = -k_{xj2}P_{xj}\delta_{\mathrm{II}} + k_{xj4}P_{xj}\delta_{\mathrm{N}} \\ J_z\bar{b}_3^\varphi(\bar{\delta}_\varphi + \widetilde{\delta}_\varphi) = (-k_{xj2}P_{xj}\delta_{\mathrm{II}} + k_{xj4}P_{xj}\delta_{\mathrm{N}})(X_{rxj} - X_z) \end{cases}$$

$$(2-11)$$

式中，M 为火箭质量；V 为火箭当前速度；J_z 为俯仰转动惯量；$\bar{c}_3^\varphi$、$\bar{b}_3^\varphi$ 分别为火箭俯仰通道控制力、力矩系数；$\bar{\delta}_\varphi$ 为俯仰通道的正常摆角指令；$\widetilde{\delta}_\varphi$ 为俯仰通道的补偿指令。

偏航通道为

$$\begin{cases} MV\bar{c}_3^\psi(\bar{\delta}_\psi + \widetilde{\delta}_\psi) = -k_{xj4}P_{xj}\delta_{\mathrm{I}} + k_{xj2}P_{xj}\delta_{\mathrm{III}} \\ J_y\bar{b}_3^\psi(\bar{\delta}_\psi + \widetilde{\delta}_\psi) = (-k_{xj4}P_{xj}\delta_{\mathrm{I}} + k_{xj2}P_{xj}\delta_{\mathrm{III}})(X_{rxj} - X_z) \end{cases}$$

$$(2-12)$$

式中，J_y 为俯仰转动惯量；$\bar{c}_3^\psi$、$\bar{b}_3^\psi$ 分别为火箭偏航通道控制力、力矩系数；$\bar{\delta}_\psi$ 为俯仰通道的正常摆角指令；$\widetilde{\delta}_\psi$ 为偏航通道的补偿指令。

滚动通道为

$$J_x\bar{d}_3\bar{\delta}_\gamma = \frac{\sqrt{2}}{2}(k_{xj4}P_{xj}\delta_{\mathrm{I}} + k_{xj2}P_{xj}\delta_{\mathrm{II}} + k_{xj2}P_{xj}\delta_{\mathrm{III}} + k_{xj4}P_{xj}\delta_{\mathrm{N}})Z_{rxj}$$

$$(2-13)$$

式中，J_x 为滚动通道转动惯量；$\bar{d}_3$ 为火箭滚动通道控制力矩系数；$\bar{\delta}_\gamma$ 为滚动通道的摆角指令。

则有

$$
\begin{cases}
\bar{\delta}_\varphi + \tilde{\delta}_\varphi = -\dfrac{k_{xj2}}{k_{xj2} + k_{xj4}}\delta_{\mathrm{II}} + \dfrac{k_{xj4}}{k_{xj2} + k_{xj4}}\delta_{\mathrm{IV}} \\[3mm]
\bar{\delta}_\psi + \tilde{\delta}_\psi = -\dfrac{k_{xj4}}{k_{xj2} + k_{xj4}}\delta_{\mathrm{I}} + \dfrac{k_{xj2}}{k_{xj2} + k_{xj4}}\delta_{\mathrm{III}} \\[3mm]
\bar{\delta}_\gamma = \dfrac{k_{xj4}}{2(k_{xj2} + k_{xj4})}\delta_{\mathrm{I}} + \dfrac{k_{xj2}}{2(k_{xj2} + k_{xj4})}\delta_{\mathrm{II}} + \dfrac{k_{xj2}}{2(k_{xj2} + k_{xj4})}\delta_{\mathrm{III}} + \\[3mm]
\qquad\qquad \dfrac{k_{xj4}}{2(k_{xj2} + k_{xj4})}\delta_{\mathrm{IV}}
\end{cases}
$$

$$(2-14)$$

若是固定发动机发生故障，由于其不参与控制，故障之后可以采用摇摆发动机进行姿态控制，其影响可控。为了消除故障发动机产生的附加力矩，需要在稳定控制指令的基础上附加补偿控制指令。补偿指令 $\tilde{\delta}_\varphi$ 和 $\tilde{\delta}_\psi$ 可由 M_{fz}、M_{fy} 计算得到。

当 2 号发动机推力下降为 0 时，$k_{xj2} = 0$，此时控制指令分配公式为

$$
\begin{cases}
\bar{\delta}_\varphi + \tilde{\delta}_\varphi = \delta_{\mathrm{IV}} \\[2mm]
\bar{\delta}_\psi + \tilde{\delta}_\psi = -\delta_{\mathrm{I}} \\[2mm]
\delta_\gamma = -\dfrac{1}{2}\delta_{\mathrm{I}} + \dfrac{1}{2}\delta_{\mathrm{IV}}
\end{cases}
$$

$$(2-15)$$

可以看出，这个方程组由 3 个独立方程和 2 个未知数组成，少 1 个自由度，方程组无解，因此此种摆动方式，1 台发动机故障情况下无故障重构能力。

2.5.2.2　4 台发动机切向摆故障重构能力分析

4 台发动机控制 3 个通道，存在冗余自由度，任意 1 台发动机发生故障后，即使推力下降至 0 时，仍具备故障适应能力。

在正常工况下，发动机摆角合成公式为

$$\begin{cases} \delta_\varphi = \dfrac{1}{4}(-\delta_{\text{I}} - \delta_{\text{II}} + \delta_{\text{III}} + \delta_{\text{IV}}) \\[2mm] \delta_\psi = \dfrac{1}{4}(-\delta_{\text{I}} + \delta_{\text{II}} + \delta_{\text{III}} - \delta_{\text{IV}}) \\[2mm] \delta_\gamma = \dfrac{1}{4}(\delta_{\text{I}} + \delta_{\text{II}} + \delta_{\text{III}} + \delta_{\text{IV}}) \end{cases} \tag{2-16}$$

下面推导发动机故障条件下发动机摆角合成公式。

俯仰通道为

$$\begin{cases} MV\bar{c}_3^{\varphi}(\bar{\delta}_\varphi + \widetilde{\delta}_\varphi) = \dfrac{\sqrt{2}}{2}(-k_{xj1}P_{xj}\delta_{\text{I}} - k_{xj2}P_{xj}\delta_{\text{II}} + \\ \qquad k_{xj3}P_{xj}\delta_{\text{III}} + k_{xj4}P_{xj}\delta_{\text{IV}}) \\[2mm] J_z\bar{b}_3^{\varphi}(\bar{\delta}_\varphi + \widetilde{\delta}_\varphi) = \dfrac{\sqrt{2}}{2}(-k_{xj1}P_{xj}\delta_{\text{I}} - k_{xj2}P_{xj}\delta_{\text{II}} + \\ \qquad k_{xj3}P_{xj}\delta_{\text{III}} + k_{xj4}P_{xj}\delta_{\text{IV}})(X_{rxj} - X_z) \end{cases} \tag{2-17}$$

偏航通道为

$$\begin{cases} MV\bar{c}_3^{\psi}(\bar{\delta}_\psi + \widetilde{\delta}_\psi) = \dfrac{\sqrt{2}}{2}(-k_{xj1}P_{xj}\delta_{\text{I}} + k_{xj2}P_{xj}\delta_{\text{II}} + \\ \qquad\qquad k_{xj3}P_{xj}\delta_{\text{III}} - k_{xj4}P_{xj}\delta_{\text{IV}}) \\[2mm] J_y\bar{b}_3^{\psi}(\bar{\delta}_\psi + \widetilde{\delta}_\psi) = \dfrac{\sqrt{2}}{2}(-k_{xj1}P_{xj}\delta_{\text{I}} + k_{xj2}P_{xj}\delta_{\text{II}} + k_{xj3}P_{xj}\delta_{\text{III}} - \\ \qquad\qquad k_{xj4}P_{xj}\delta_{\text{IV}})(X_{rxj} - X_z) \end{cases}$$

$$\tag{2-18}$$

滚动通道为

$$J_x\bar{d}_3\bar{\delta}_\gamma = (k_{xj1}P_{xj}\delta_{\text{I}} + k_{xj2}P_{xj}\delta_{\text{II}} + k_{xj3}P_{xj}\delta_{\text{III}} + k_{xj4}P_{xj}\delta_{\text{IV}})Z_{rxj}$$

$$\tag{2-19}$$

则有

$$
\begin{cases}
\bar{\delta}_\varphi + \tilde{\delta}_\varphi = -\dfrac{k_{xj1}}{k_{xj1} + k_{xj2} + k_{xj3} + k_{xj4}}\delta_{\mathrm{I}} - \dfrac{k_{xj2}}{k_{xj1} + k_{xj2} + k_{xj3} + k_{xj4}}\delta_{\mathrm{II}} \\
\qquad\quad + \dfrac{k_{xj3}}{k_{xj1} + k_{xj2} + k_{xj3} + k_{xj4}}\delta_{\mathrm{III}} + \dfrac{k_{xj4}}{k_{xj1} + k_{xj2} + k_{xj3} + k_{xj4}}\delta_{\mathrm{IV}} \\
\bar{\delta}_\psi + \tilde{\delta}_\psi = -\dfrac{k_{xj1}}{k_{xj1} + k_{xj2} + k_{xj3} + k_{xj4}}\delta_{\mathrm{I}} + \dfrac{k_{xj2}}{k_{xj1} + k_{xj2} + k_{xj3} + k_{xj4}}\delta_{\mathrm{II}} \\
\qquad\quad + \dfrac{k_{xj3}}{k_{xj1} + k_{xj2} + k_{xj3} + k_{xj4}}\delta_{\mathrm{III}} - \dfrac{k_{xj4}}{k_{xj1} + k_{xj2} + k_{xj3} + k_{xj4}}\delta_{\mathrm{IV}} \\
\bar{\delta}_\gamma = \dfrac{k_{xj1}}{k_{xj1} + k_{xj2} + k_{xj3} + k_{xj4}}\delta_{\mathrm{I}} + \dfrac{k_{xj2}}{k_{xj1} + k_{xj2} + k_{xj3} + k_{xj4}}\delta_{\mathrm{II}} \\
\qquad\quad + \dfrac{k_{xj3}}{k_{xj1} + k_{xj2} + k_{xj3} + k_{xj4}}\delta_{\mathrm{III}} + \dfrac{k_{xj4}}{k_{xj1} + k_{xj2} + k_{xj3} + k_{xj4}}\delta_{\mathrm{IV}}
\end{cases}
$$

$$(2-20)$$

当 1 台发动机推力下降为 0 时，$k_{xj1}=0$，此时控制指令分配公式为

$$
\begin{cases}
\bar{\delta}_\varphi + \tilde{\delta}_\varphi = -\dfrac{1}{3}\delta_{\mathrm{II}} + \dfrac{1}{3}\delta_{\mathrm{III}} + \dfrac{1}{3}\delta_{\mathrm{IV}} \\
\bar{\delta}_\psi + \tilde{\delta}_\psi = \dfrac{1}{3}\delta_{\mathrm{II}} + \dfrac{1}{3}\delta_{\mathrm{III}} - \dfrac{1}{3}\delta_{\mathrm{IV}} \\
\bar{\delta}_\gamma = \dfrac{1}{3}\delta_{\mathrm{II}} + \dfrac{1}{3}\delta_{\mathrm{III}} + \dfrac{1}{3}\delta_{\mathrm{IV}}
\end{cases}
\qquad (2-21)
$$

可以看出，方程组（2-21）由 3 个独立方程和 3 个未知数组成，方程组有解，因此此种摆动方式，1 台发动机故障情况下有故障重构能力。

2.5.3　小结

本节以三级 4 台发动机的两种姿控布局为基础，分析了不同姿控布局对发动机故障的适应性。经分析得到：布局 1（两台固定，两台"十"字双向摆动）故障适应能力弱于布局 2（四机切向摆动）。

1）布局 1 使用 2 台摇摆发动机搭配 4 台伺服机构：标称工况下有 4 个控制量，实际被控量（姿态角）是 3 个，是过驱动控制系统，

具备故障重构能力；当 1 台伺服机构出现故障时，控制量减少为 3 个，此时为完全驱动控制系统；当 1 台摇摆发动机出现故障时，控制量直接减少为 2 个，此时为欠驱动控制系统，若想达到理论控制效果，必须启用 RCS 姿控系统来进行辅助控制。

2）布局 2 使用 4 台摇摆发动机，配上 4 台伺服机构：标称工况下，同样为过驱动控制系统，具备故障重构能力；当 1 台伺服机构或者 1 台发动机出现故障时，控制量变为 3 个，为完全驱动控制系统。

3）从对发动机故障适应能力角度出发，姿控布局 2 更优。由此进一步总结出：姿控布局对发动机故障适应能力评价的一般规律为摇摆发动机（控制量）越多，其对发动机故障适应能力就越强。

2.6　POGO 抑制途径优化

液体运载火箭在飞行过程中，由于结构系统和动力系统之间的相互作用，火箭可能会产生不稳定的纵向振动，由于其振动形态与"踩高跷"相类似，命名为 POGO 振动，如图 2-14 所示。当液体运载火箭出现 POGO 振动时，流体管路中会出现大幅的压力脉动，同时箭体结构振动量级增大，这会成为影响运载火箭飞行可靠性甚至飞行成败的重大问题之一。动力冗余状态下箭体结构的动特性和动力系统拓扑结构都可能呈现随机性，POGO 抑制的模型和 POGO 抑制装置的适应性都需要研究。

2.6.1　动力冗余液体火箭 POGO 抑制特点

（1）箭体结构动特性的随机性

正常的 POGO 抑制设计过程是基于确定的结构动特性开展的，而动力冗余液体火箭的 POGO 抑制设计必须考虑结构动特性的随机性。

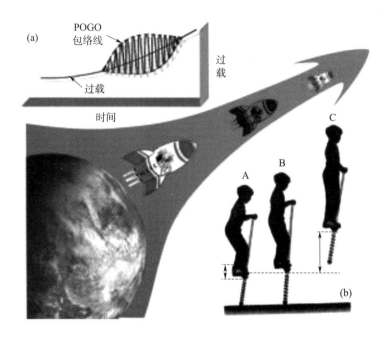

图 2 - 14　POGO 振动描述

（2）动力系统拓扑结构的随机性

当部分发动机关机或者采用交叉输送模式后，动力系统的拓扑结构发生变化，压力、流量等参数也随之变化，最终使得动力系统（一般包括贮箱、输送管、发动机等）动特性改变。与箭体结构动特性类似，由于发动机发生故障和关机时间的不确定性，动力系统拓扑结构和动特性也是随机的。

（3）POGO 抑制装置的适应性

POGO 抑制装置的适应性主要体现在两方面：一是当发动机关机和推力调节时，输送系统内压力和流量快速发生变化，金属膜盒式蓄压器可能出现限位、注气式蓄压器气枕可能快速膨胀导致气体涌入输送管内等，设计之初应当给予考虑；二是由于飞行过程中箭体结构动特性和动力系统拓扑结构的随机性，传统的被动式 POGO 抑制方法可能难以适应，需要采用主动式抑制方法。

基于上述特点，下文重点介绍动力冗余运载火箭的 POGO 稳定性分析方法和抑制系统设计。

2.6.2 适应动力冗余的 POGO 稳定性模型研究

2.6.2.1 火箭构型与工作模式

POGO 稳定性分析模型与火箭构型相关，本节研究对象选择具有交叉输送功能的动力冗余液体捆绑火箭，火箭在飞行过程中可通过控制管路阀门的开闭，使动力系统处于不同的工作模式。火箭实际工作模式较多，为便于后文描述说明，本节研究动力冗余火箭的 3 种典型工作模式：

Mode 1：常规工作模式，助推器和芯级发动机独立工作；

Mode 2：故障工作模式，1 台助推器发动机故障，助推器贮箱向芯级发动机供给推进剂；

Mode 3：交叉输送工作模式，两助推器同时向芯级发动机供给推进剂。

常规工作模式（Mode 1）下的 POGO 振动模型如图 2-15 所示，火箭芯级和助推器动力系统的每台发动机均由独立的氧化剂和

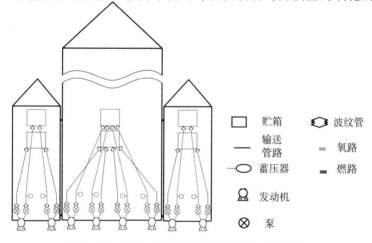

图 2-15　Mode 1 的 POGO 振动模型（见彩插）

燃烧剂输送管路供给，火箭芯级与助推器动力系统是独立工作、互不干扰的。

故障工作模式（Mode 2）下的 POGO 振动模型如图 2 - 16 所示，助推器 1 台发动机故障后，为解决助推器贮箱内推进剂消耗不均的问题，通过交叉输送管路将助推器与芯级动力系统连通，此时火箭助推器与芯级动力系统的工作是相耦合的。

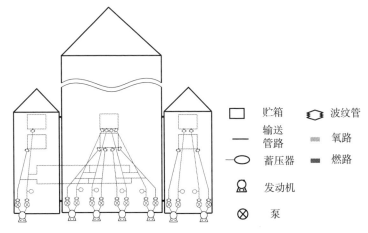

图 2 - 16 Mode 2 的 POGO 振动模型（见彩插）

交叉输送工作模式（Mode 3）下的 POGO 振动模型如图 2 - 17 所示，在助推飞行段，火箭芯级贮箱内的燃烧剂和氧化剂不再消耗，各台发动机所需的推进剂由助推器贮箱供给。由于交叉输送管路的连通作用，火箭芯级与助推器动力系统的工作过程是相耦合的。

2.6.2.2 线性化状态空间模型

常见的 POGO 稳定性分析模型分为频域模型、线性化状态空间模型和非线性模型等，其中，适应性最强、应用最为广泛的是线性化状态空间模型。该建模方法首次由 Rubin 等人提出。该方法的建模过程分为以下四步：

1）将动力系统视为若干物理单元的组合，并建立各单元的动力学方程。

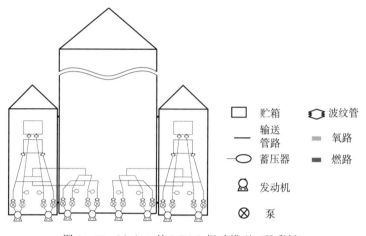

图 2-17　Mode 3 的 POGO 振动模型（见彩插）

2）通过试验或数值仿真的方式建立结构系统的模态方程。

3）以动力系统单元节点的脉动压强和重量位移为状态变量，将动力系统的动力学方程和结构系统的模态方程组合为二阶齐次线性微分方程组。

4）通过求解微分方程组的特征值可分析系统的 POGO 稳定性。

张青松等人基于键合图理论的建模思想，提出一种液体运载火箭 POGO 稳定性分析状态空间模型。模型的系数矩阵非奇异，更有利于实现模块化建模和时域仿真分析。

根据上述两种方法建立的各组件数学模型，可以建立以下形式的 POGO 耦合系统状态方程组

$$\dot{X} = A \cdot X \qquad (2-22)$$

系数矩阵 A 的所有元素均为实数，所以通过该模型可以直接进行时域仿真分析，也可以通过计算系数矩阵 A 的特征根，根据特征根的性质来判断系统稳定性。式（2-22）有以下形式的特征解 $X = y\,e^{\lambda t}$，即

$$A \cdot y = \lambda \cdot y \qquad (2-23)$$

这是一个典型的求解矩阵特征值的问题，其中，λ 是矩阵的特征

值，y 是与之对应的特征向量，由各阶特征向量组成的矩阵记为 $\boldsymbol{\varphi}$。根据特征解的情况可以判断 POGO 耦合系统的动态特性。通常，矩阵 $\boldsymbol{A}$ 的特征值大多是共轭复数对的形式

$$\lambda = \sigma \pm i\Omega \qquad (2-24)$$

也可以用无阻尼固有频率和相对应的阻尼比来表示

$$\lambda = -\xi\omega \pm i\omega\sqrt{1-\xi^2} \qquad (2-25)$$

$$\omega = \sqrt{\sigma^2+\Omega^2}，\xi = -\frac{\sigma}{\omega} \qquad (2-26)$$

当系统各阶振动的阻尼比都大于 0 时，干扰因素消除后，系统的自由振动在阻尼力的作用下逐渐衰减。当系统的振动模态中有负阻尼比出现时，振幅会随时间的延长而迅速增大，系统将在该阶频率上出现发散振动而失去稳定性，所以可以根据阻尼比的正负来判断 POGO 耦合系统是否是稳定的。在工程上为了确保有足够的纵向稳定裕度，要保证耦合系统有一定的正值阻尼比。

2.6.2.3　稳定性分析方法

动力冗余液体运载火箭工作模式的切换是不确定的，这给 POGO 系统稳定性分析造成了一些困难，此外，工作模式的切换同时也会造成 POGO 系统动力学方程形式的改变，这直接导致无法将工作模式切换的不确定性引入 POGO 系统动力学方程，进而难以直接通过解析法分析具有不确定性的 POGO 系统稳定性。

根据 3 种工作模式所适用的情况，可知模式切换的类型是有限的，共两种情况（模式切换 1：Mode 1 切换为 Mode 2，模式切换 2：Mode 1 切换为 Mode 3），但模式切换的时间却是随机的。因此，可以将工作模式切换的随机性问题转化为两种切换类型下模式切换时间的随机性问题来研究。以阻尼比作为 POGO 稳定性评价指标，可以分析模式切换时刻对上述两种情况 POGO 系统稳定性的影响，两种切换类型的分析结果自然也就包含了所有模式切换的可能性。

模式切换 1 和模式切换 2 的 POGO 系统稳定性随切换时间的关系如图 2-18 所示。从图中可以看出，不同模式切换下，阻尼比处

于 0 值下方的时刻有所差异，持续时间也有所不同，低于 0 值的区间意味着在该段时间转换模式可能会造成 POGO 振动。因此，对于并联构型运载火箭，将工作模式切换的随机性转化为切换时间的随机性予以建模可以获得系统稳定性特征参数的影响规律，作为动力冗余 POGO 稳定性的可选分析方法。

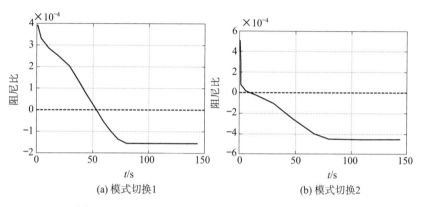

(a) 模式切换1　　　　　　　　　　　(b) 模式切换2

图 2-18　系统切换时间对 POGO 系统稳定性的影响

2.6.3　POGO 主动抑制方法研究

2.6.3.1　基于注气式蓄压器的主动抑制方法

针对运载火箭 POGO 振动问题，工程解决措施主要是在输送系统上设置蓄压器，使得动力系统与箭体结构系统的频率错开，防止 POGO 不稳定，通过调节蓄压器的能量值，可以使得系统稳定（阻尼比大于 0）。为适应动力冗余运载火箭结构和动力系统特性的不确定性，需要采用可在线调节参数的蓄压器等 POGO 抑制装置，在某些情况下，受箭体结构与蓄压器容积限制，采用蓄压器实现 POGO 稳定是很困难的，需要采用适应性更强的基于反馈控制的 POGO 抑制方法。

注气式蓄压器容积等参数可以设计为可调整状态，这为 POGO 抑制系统参数的在线调节提供了条件。通过对动力冗余火箭飞行过程中结构动特性参数的辨识，在线快速计算出蓄压器参数的需求（主要是蓄压器容积），通过相关作动机构实现对蓄压器参数的调整，从而改变动力系统频率特性，满足 POGO 稳定性要求，如图 2 - 19 所示。

图 2 - 19　基于注气式蓄压器的主动抑制方法

（1）注气式 POGO 抑制方法

液体运载火箭 POGO 抑制用注气式蓄压器，自带充气系统和放气系统，蓄压器内的气体与推进剂直接接触，在火箭飞行过程中不断有气体注入蓄压器的气腔中。通常在蓄压器内设置限位管，来控制蓄压器的气腔容积。根据蓄压器内多余气体排放方式的不同，可以将注气式蓄压器进一步分为两大类：一类是多余气体排入动力系统，另一类是气体排出箭体外部，对动力系统的正常工作不产生任何影响。

图 2 - 20 所示为一个多余气体外排式的注气式蓄压器系统原理图，该蓄压器由环形气腔、环形液腔、充气系统和放气系统组成。气液界面的位置由放气系统的泄出口位置确定，蓄压器的环形液腔与液氧输送管之间通过一圈连通孔相连。为减小蓄压器的惯性系数和阻力系数，连通孔的面积应该尽量大一些。蓄压器的充气系统主要由气瓶、过滤器、充气控制电磁阀、充气孔板、气体扩散器和充气管路组成，火箭点火时打开充气控制电磁阀，在火箭飞行过程中持续向蓄压器内充入氦气。蓄压器的放气系统由泄出控制元件、泄出控制电液阀和相应管路组成，火箭点火前打开泄出控制电液阀，向火箭外部排放泄出口附近的气体或液体，保证蓄压器的气腔容积在设计指标要求的范围之内，提供全箭 POGO 抑制所需的蓄压器工作容积。

注气式蓄压器在工作过程中不断有气体进入和流出，属于开口热力系统，根据连续方程和能量守恒方程，并考虑低温下气体的实

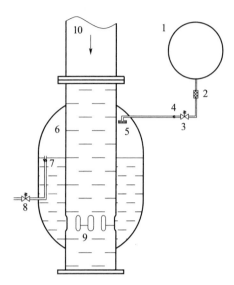

图 2-20　注气式蓄压器系统原理图

1—气瓶；2—过滤器；3—充气控制电磁阀；4—充气孔板及管路；5—气体扩散器；

6—蓄压器气腔；7—泄出控制元件；8—泄出控制电液阀及管路；

9—连通孔；10—液氧输送管

际状态方程，建立以下模型描述注气式蓄压器工作过程中的压力变化和温度变化

$$
\begin{bmatrix}
V_u \cdot \left(\dfrac{\partial \rho}{\partial p} \right)_T & V_u \cdot \left(\dfrac{\partial \rho}{\partial T} \right)_p \\
m_u \cdot \left(\dfrac{\partial h}{\partial p} \right)_T - V_u & m_u \cdot \left(\dfrac{\partial h}{\partial T} \right)_p
\end{bmatrix}
\cdot
\begin{bmatrix}
\dfrac{\mathrm{d} p_u}{\mathrm{d} t} \\
\dfrac{\mathrm{d} T_u}{\mathrm{d} t}
\end{bmatrix}
\tag{2-27}
$$

$$
=
\begin{bmatrix}
\sum \dot{m}_i - \sum \dot{m}_e - \rho_u \cdot \dfrac{\mathrm{d} V_u}{\mathrm{d} t} \\
\sum \dot{m}_i \cdot h_i - \sum \dot{m}_e \cdot h_u - (\dot{Q}_{gl} + \dot{Q}_{gw})
\end{bmatrix}
$$

式中，m_u、ρ_u、p_u、T_u、V_u、h_u 分别为注气式蓄压器气腔内的气体质量、密度、压力、温度、容积、比焓；$\dot{m}_i$、$\dot{m}_e$ 为进出蓄压器气腔的气体流量；h_i 为进入蓄压器的气体比焓；$\dot{Q}_{gl}$、$\dot{Q}_{gw}$ 分别为蓄压器内

气体与液面之间、气体与结构壁面之间的换热热流。公式中的偏导数系数项根据实际气体的状态方程确定。

蓄压器的气腔容积变化与进出蓄压器的推进剂流量相关，受蓄压器气腔压力和蓄压器安装位置处输送管路中压力变化的影响。在临界工况下，蓄压器的排放流量按以下公式进行计算

$$q_{mg} = \frac{C_g \cdot A \cdot p_u}{\sqrt{RT_u}} \cdot \sqrt{\kappa \cdot \left(\frac{2}{\kappa+1}\right)^{\frac{\kappa+1}{\kappa-1}}} \qquad (2-28)$$

$$q_{ml} = C_l \cdot A \cdot \sqrt{2\rho_l \cdot (p_u - p_s)} \qquad (2-29)$$

式中，q_{mg} 为蓄压器的气体排放流量；C_g 为蓄压器泄出孔排气状态的流量系数；A 为泄出孔面积；R、κ 分别为气体常数和绝热指数；q_{ml} 为蓄压器的液体排放流量；C_l 为蓄压器泄出孔排液状态的流量系数；ρ_l 为推进剂的密度；p_s 为推进剂的饱和蒸气压。

图 2-21 所示为某一级火箭注气式蓄压器气腔容积的仿真结果，从图中可以看出，在大部分时间内蓄压器容积均能控制在设计要求的范围之内。在飞行后期助推器分离导致芯一级液氧输送管出口压力突降，由此引起注气式蓄压器的气腔容积快速上升，超出了蓄压器的容积控制范围，随后蓄压器内的气体通过泄出孔排出，蓄压

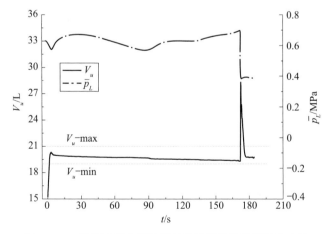

图 2-21　飞行过程中蓄压器气腔容积及输送管压力变化

容积降至设计指标范围内。由于输送管路中压力突然下降导致蓄压器气腔容积增大、气液界面高度降低，蓄压器内的气体有可能通过连通孔进入输送管路中，影响发动机的正常工作，所以蓄压器液腔与输送管之间的连通孔位置设计需要充分考虑此类工况，应在连通孔以上预留出足够的液腔容积，以防止蓄压器内的气体进入输送管中。

（2）结构动特性参数在线辨识

动力冗余带来了箭体结构动特性的随机变化，如果能够在飞行过程中实时辨识结构纵向动态特性，就能为 POGO 抑制的控制策略制定提供良好的参考。由于飞行过程中箭体结构的拓扑结构是固定的（分离除外），动力学方程形式固定，可以通过解析方法在线辨识箭体结构纵向振动特性。

为组建结构模态方程，将动力冗余液体捆绑火箭的箭体纵向振动系统简化为图 2-22 所示的弹簧质量块模型。

其中，黑色质量块是箭体蒙皮等其他结构质量的凝缩，蓝色质量块是氧化剂和燃烧剂质量的凝缩，红色质量块是火箭发动机质量的凝缩，灰色的长板则表示无质量的刚体，其代表着动力冗余液体捆绑火箭的捆绑约束。上下捆绑约束的等效纵向刚度则用 $k_{47} \sim k_{50}$ 表示。连接箭体与箭体，箭体与发动机的弹簧刚度，可以通过弹性杆的拉压刚度公式 $k = EA/h$ 获得。但由于流体弹性的存在，用弹性杆的刚度公式分析连接贮箱与质量块的弹簧刚度就不是很准确了。为解决这一问题，应用 Wood 和 Pinson 的方法将连接贮箱与质量块的部分简化为图 2-23 所示的力学模型。

模型中各刚度满足以下关系

$$k = \frac{EA}{h}, k_1 = \left(\frac{2\nu}{3 - 2\nu^2}\right)k, k_2 = \left(\frac{2 - 2\nu}{3 - 2\nu^2}\right)k, k_3 = \left(\frac{3 - 2\nu}{3 - 2\nu^2}\right)k$$

$$(2-30)$$

式中，h 为液位高度；ν 为贮箱的泊松比；A 和 E 为贮箱的厚度和杨氏模量。

发动机故障会改变推进剂的消耗速度，这使得系统动力学方程

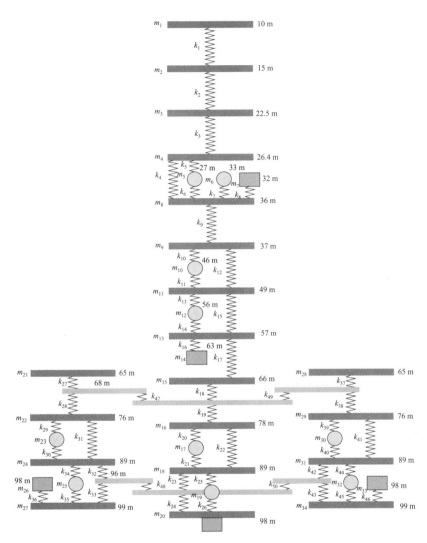

图 2-22 液体捆绑火箭的结构简图（见彩插）

的系数矩阵无法提前预知，但动力学方程的形式并不会发生变化，仍可表示为

$$M\ddot{x} + Kx = f \qquad (2-31)$$

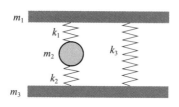

图 2-23　贮箱质量与箭体质量的连接方式

限于箭上计算机的能力，无法基于式（2-31）快速获取结构系统的动特性。这就要求提供一个快速的求解算法，获取结构系统的低阶频率和振型。针对这一问题，可以利用 Ritz 法引入以下坐标变换

$$x = \Phi q \qquad\qquad (2-32)$$

其中

$$\Phi = [\varphi_1 \quad \varphi_2 \quad \cdots]$$

式中，φ_1，φ_2 为线性无关的列向量；q 为坐标变换后的广义坐标。考虑到要获取在线辨识的解析式，故坐标变换矩阵中的线性无关列向量的个数不能超过 4 个，此处假设坐标变换矩阵中的线性无关的列向量仅有 2 个。

利用简单的矩阵运算，可得前两阶固有频率为

$$\omega_1 = \sqrt{\frac{b - \sqrt{b^2 - 4ac}}{2a}} \qquad\qquad (2-33)$$

$$\omega_2 = \sqrt{\frac{b + \sqrt{b^2 - 4ac}}{2a}} \qquad\qquad (2-34)$$

其中

$$a = 1$$
$$b = a_{11} + a_{22}$$
$$c = a_{11}b_{22} - a_{12}a_{21}$$

前两阶的振型向量可近似为

$$\varphi_1 = \Phi \begin{bmatrix} a_{22} - \omega_1^2 \\ -a_{21} \end{bmatrix}, \quad \varphi_2 = \Phi \begin{bmatrix} a_{22} - \omega_2^2 \\ -a_{21} \end{bmatrix} \qquad (2-35)$$

如果前两阶振型向量恰好可以用坐标变换矩阵里的列向量线性表示，上述方法获得的解为精确解，否则均为近似解。近似解的精度与坐标变换矩阵中线性无关向量的个数和向量的选取均有关系，但若线性无关向量的个数超过 4 个，将无法获得解析解。

为验证辨识结果的有效性，以火箭发射 30 s 后某台助推器发生故障，动力系统由 Mode 1 切换为 Mode 2 后再工作 30 s 的结构系统为例进行数值仿真。表 2 - 11 显示在该种情况下精确解和在线辨识方法所得的结果差距很小，这意味着本文提出的箭体结构在线辨识方法对于工作模式实时切换的系统也是有效的。

表 2 - 11　工作模式实时切换的系统在线辨识方法的有效性验证

	精确解	在线辨识方法	相对误差
f_1 /Hz	2.076 559	2.078 688	0.1%
f_2 /Hz	2.335 518	2.339 627	0.2%

2.6.3.2　基于反馈控制的 POGO 主动抑制方法

基于反馈控制的 POGO 主动抑制系统，通过实时感知系统某个或多个脉动参数的变化，按照一定的控制策略向作动器发出控制指令，作动器直接作用于推进剂管路，注入一定幅度、频率和相位的脉动流量，从而削弱或者消除动力系统流量和压力的波动。该系统主要由脉动数据采集处理装置、综合控制器、伺服系统和作动活塞筒等组成，需要为伺服系统提供液压或者气动能源，为控制器和伺服系统提供电能，如图 2 - 24 所示。

针对某运载火箭，通过在发动机泵前设置一个受伺服驱动的活塞，采用一种自适应控制算法抑制全箭 POGO 振动。从图 2 - 25 和图 2 - 26 可以看出，增加抑制措施后，泵入口处的压力脉动、箭体结构振动加速度幅值均有明显衰减，说明了 POGO 抑制方法的可行性。高鲁棒性 POGO 主动抑制控制算法、活塞式作动器设计等是POGO 主动抑制系统的关键技术。

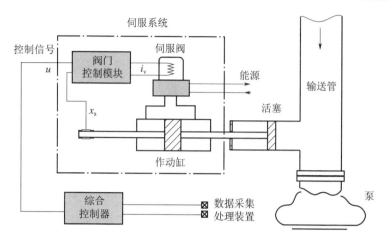

图 2-24　基于反馈控制的 POGO 主动抑制系统示意图

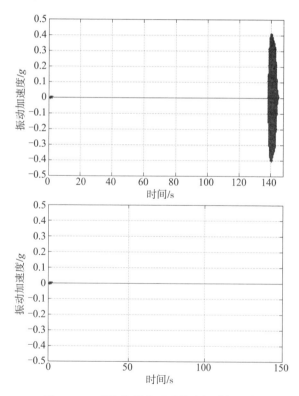

图 2-25　采取抑制前后贮箱底振动加速度

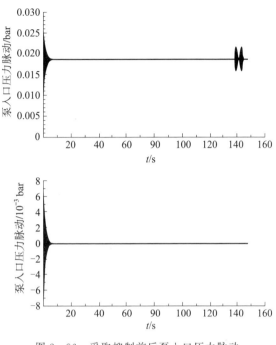

图 2-26 采取抑制前后泵入口压力脉动

2.6.4 小结

综合上述分析，动力冗余液体运载火箭受飞行过程中推进剂消耗以及发动机工作模式切换的影响，箭体结构质量特性和动力系统拓扑结构具有随机性，导致结构动特性和动力系统的动特性均具有随机性，这一新特点使传统的被动式 POGO 抑制方案可能难以适应不同工作模式的需求，需要采用主动式 POGO 抑制方法。主要有以下两种技术途径：

1）采用容积可调整的注气式蓄压器进行 POGO 抑制。对动力冗余火箭飞行过程中结构动特性参数进行辨识，在线快速计算出蓄压器参数的需求，通过相关作动机构实现对蓄压器参数的调整，满足 POGO 抑制需求。

2）采用基于反馈控制的 POGO 主动抑制系统。在推进剂输送管路上安装脉动流量发生器，通过实时感知系统某个或多个脉动参数的变化，按照一定的控制策略向作动器发出控制指令，向输送系统中以一定幅度、频率和相位注入脉动流量，进而削弱或者消除动力系统流量和压力的波动。

参 考 文 献

［1］ J D WOOD . Survey on Missile Structural Dynamics ［R］. EM 11 – 11，Vol.
1，TRW Space Technology Laboratories，1961.

［2］ L D PINSON . Longitudinal Spring Constants for Liquid – Propellant Tanks
with Ellipsoidal Ends ［R］. NASA TN D – 2220，1964.

［3］ R C SEIDEL, LORENZO C F, LEHTINEN B. Space Shuttle Pogo
Active Controller Design Using Frequency Domain Optimization ［R］.
Glenn Research Center，1976.

［4］ 龙乐豪 . 液体导弹与运载火箭丛书——总体设计（上、中、下）［M］.
北京：宇航出版社，1989.

［5］ M H LOCK, S RUBIN. Active Suppression of Pogo on the Space Shuttle
［R］. 1974.

［6］ B W OPPENHEIM, S RUBIN. Advanced POGO Stability Analysis for Liquid
Rockets ［J］. Journal of Spacecraft and Rockets，1993，30（3）：360 – 373.

［7］ D BASTIA, G ZUPP. Prevention of Space Shuttle Pogo：Brief History
［R］. The Boeing Company，2007.

［8］ 张智，王楠，刘竹生 . 中国载人运载火箭 POGO 抑制技术研究［J］. 中
国科学：技术科学，2014（44）：504 – 509.

［9］ 王小军，等 . 国内外运载火箭 POGO 抑制技术研究进展［J］. 中国科学：
技术科学，2014（5）：492 – 503.

［10］ 张青松，张兵 . 大型液体运载火箭 POGO 动力学模型研究［J］. 中国科
学：技术科学，2014，44（5）：525 – 531.

［11］ Q W WANG, S J TAN, Z G WU, et al. Improved Modelling Method of
POGO Analysis and Simulation for Liquid Rockets ［J］. Acta
Astronautica，2015（107）：262 – 273.

［12］ 胡久辉，唐一华，张青松，等 . 基于振动加速度反馈的 POGO 主动抑制
方法研究［J］. 强度与环境，2016，43（3）：7 – 16.

［13］　汤波，胡久辉，邵业涛，等. 液体运载火箭交叉输送总体参数研究［J］. 导弹与航天运载技术，2017（3）：22－27.

［14］　万屹仑，付欣毓，张黎辉，等. 注气式蓄压器系统工作特性仿真分析［J］. 火箭推进，2018，44（3）：37－42.

［15］　王楠，容易，胡久辉，等. 注气式 POGO 抑制系统模型研究［J］. 导弹与航天运载技术，2020（5）：32－37.

［16］　王涛，容易，胡久辉，等. 动力冗余液体捆绑火箭的 POGO 稳定性分析［J］. 宇航学报，2021，42（1）：31－40.

第 3 章　故障诊断技术

液体运载火箭发动机故障检测与诊断技术综合应用故障检测、诊断及控制方法，对液体运载火箭发动机的工作过程进行监控，是实施动力冗余的前提和基础。

液体运载火箭发动机是一个非常复杂的系统，工作环境极其恶劣，监控和诊断该系统的状态是一项难度很大的技术，涉及计算机技术、自动控制理论、人工智能、传感器技术和发动机技术等，该技术的研究已成为一门独立的新学科。

故障检测与诊断技术的核心是故障检测与诊断的理论与方法，研究的主要目标就是提高健康监控系统的可靠性，并在结构上不降低发动机本身的固有可靠性。

3.1　概述

3.1.1　故障诊断技术简介

开展故障诊断的前提是必须掌握发动机的故障模式，确定与正常工作状态相应的参数值，实测得出当前工作状态的相应参数值，通过两类"对比"来判定发动机是否有故障以及故障的类型、程度和部位，以便及时采取相应的控制措施。故障诊断的研究和实施，便是依据经验，应用多种方法和技术，按照做好两类"对比"这一基本原则来开展的。

故障诊断技术主要包括故障检测、故障诊断和故障处置 3 个关键环节，通常需要以建模、正常或非正常状况下的仿真、失效模型分析（Failure Modes and Effects Analysis，FMEA）作为诊断的基础，可进一步细分为离线和在线两种诊断技术。

（1）故障检测

故障检测是将测量得到的表征系统当前工作状态的参数值与已知的系统正常状态的相应参数值进行对比，从而得出系统状态是正常还是异常的判断。系统的正常工作状态可用各种方法来确定。系统的当前工作状态由实测数据反映。

（2）故障诊断

故障诊断是将实测数据所反映的系统异常工作状态与已知的故障模式进行对比，以判断故障的类型、程度及部位。故障诊断可以进一步细化为故障隔离和故障辨识。故障隔离是指确定故障发生的位置和类型，故障辨识是指估计故障的大小、程度和属性。

故障诊断需要基于故障检测作为判断依据。已知的故障模式因动力循环类型而异，通过对记录数据与故障现象进行分析和鉴定来确定，是由经验积累而得的，可以说故障诊断的基准是实际发生过的故障模式。由于动力系统和传感器的特点，相同生产批次的各发动机之间又有差异，以及噪声的存在，反映发动机正常工作状态的参数值必然有一定的波动，反映故障模式的参数值也有一定的变动。因此，对于故障的检测和诊断，需要科学地、合理地确定正常参数的阈值和故障状态参数的阈值，以排除检测时故障的误报、漏报和诊断时故障的误诊。当前，阈值的确定还是基于经验和统计的办法，准确选择阈值需要持续深入研究。

（3）故障处置

故障处置是基于故障诊断所采取的安全措施。对在线的故障检测与诊断，要求准确、早期、实时。故障诊断与故障检测相比，前者难于后者，其主要原因是对故障模式的掌握还不够充分。若判定出现了故障，则需按照地面试车或飞行中的故障不同情况及时控制工作状态，以减小损失，确保安全。发动机可能的控制措施有：降低发动机工作状态、减小推力、起动备用件、紧急关机。

3.1.2　故障诊断方法

故障诊断技术是液体运载火箭发动机健康监控技术的核心和基

础。根据故障检测与诊断算法所使用的信息类型，可按照基于数据驱动的方法、基于模型驱动的方法和基于人工智能的方法等 3 种类型进行划分。

3.1.2.1　基于数据驱动的方法

基于数据驱动的方法主要是根据系统测量数据与故障之间的联系，对发动机的测量输出信号进行分析处理，来判断是否存在故障以及获得故障的其他信息。基于数据驱动的方法主要包括统计分析、最小邻域、聚类和主成分分析等方法。

统计分析方法是根据大量的数据样本进行统计分析，以得出发动机或其部件状态统计意义上的规律，从而确定出参数的阈值，实现故障检测的目的。统计分析方法一般包括固定阈值方法和自适应阈值算法两种。

固定阈值方法是工程上实现起来最简单也是最常用的一种基于发动机输出测量参数的故障检测方法。针对 SSME，早期研制的红线关机系统、异常与故障检测系统和飞行加速度计安全关机系统，以及先进实时振动监控系统都是采用固定阈值的故障检测方法。固定阈值方法的特点是简单、直观和实时性强，但是，对于不同台次发动机、同一台发动机的起动、变工况和关机等不同工作过程以及发动机的不同工况，该方法都需要对监测参数的阈值进行人为事先的设定，也就是说，每次发动机试验之前都可能需要根据实际情况对阈值进行调整，而且固定之后不能自动调整。因此，为了减小误报警率，固定阈值方法的阈值一般都设置得较宽，但这同时也会增加故障的漏报警率。针对上述问题，自适应阈值算法（Adaptive Threshold Algorithm，ATA）能够根据实际情况进行自适应调整阈值。该算法的优势在于能够在一定范围内根据实际工作情况调整阈值，从而提高了算法的故障检测能力。

相对于基于高维非线性模型进行求解的数学模型方法而言，基于数据驱动的故障检测与诊断方法计算量较小、实时性较好，因而在发动机的实时故障检测中得到了一定的应用。然而，该方法对测量数据的质量要求很高。一般而言，当发动机正样本（故障状态数据）和负样本（正常状态数据）达到 3∶7 左右的比例时，基于数据驱动的故障检测与诊断方法能够较好地利用数据所隐含的信息和分布规律，其结果也具有较高的准确性和置信度。然而，由于发动机结构和工作过程的复杂性，不仅发动机类型不同，其结构和工况不同，故障表现形式各异，而且即使是同一类型的发动机，其故障模式也会由于输入条件的微小变化发生漂移或完全不同，由此测量得到的发动机试车数据基本都是正负样本比例严重失衡的病态分布。

因此，在不可能获得动力系统全部故障模式特征、缺乏充分数据样本的情况下，基于数据驱动的发动机故障检测与诊断方法，更多地集中在发动机稳态工作过程的故障检测方面，尚很难实现对液体运载火箭发动机故障的准确隔离和定位。

3.1.2.2　基于模型驱动的方法

基于模型驱动的故障检测与诊断方法，主要包括基于解析模型的方法和基于定性模型的方法。

（1）基于解析模型的方法

基于解析模型的故障检测与诊断方法的基本原理是：首先，根据系统运行的内在规律，以解析方程的形式表示系统的输入、状态和输出之间的关系，建立系统的数学模型；其次，将数学模型的输出与系统的实际测量信息进行比较生成残差，并对所生成的残差信息进行分析和处理，从而实现故障的检测与诊断。根据其所建立模型的不同，基于解析模型的方法可分为基于静态模型的方法和基于动态模型的方法。

基于数学模型的故障检测与诊断方法在理论上是完备的，但其所建立的数学模型与实际系统的相符程度决定了诊断结果的准确性。对于系统结构和工作过程简单、输入输出关系明确的小型系统而言，基于数学模型的故障检测与诊断方法是一种不错的选择。然而，对于动力系统尤其是大推力低温火箭动力系统而言，由于涉及机械、流动、燃烧等过程强耦合的复杂非线性系统，不仅关键部件多，相互紧密耦合，而且大都处于高温、低温、高压、强振动的极致工作环境，并需经历多次起动、转工况、主级运行与关机的大范围变工况工作过程。因此，建立合理精确的数学模型本身就是非常困难的问题。例如，对于状态估计方法，由于发动机系统结构工况复杂，故障模式较多，要实现对发动机故障的准确诊断，就需要对每种故障模式和不同工况都设计相应的高阶状态观测器，这样就会使得整个诊断系统很复杂，用于实时在线检测与诊断显然是很难满足要求的。对于参数估计方法而言，发动机有限的输入输出测量参数，很难准确估计出众多与故障相关的结构与性能参数，有时甚至无法进行求解。

因此，在液体运载火箭发动机及动力系统故障检测与诊断研究中，采用基于解析模型的方法需要与其他方法相结合。

（2）基于定性模型的方法

基于定性模型的方法的基本原理是：首先，根据系统组成元部件之间的连接或参数之间的相互依赖关系建立系统的结构、行为或功能上的定性诊断模型；然后，通过将系统定性模型的预期行为与系统的实际行为进行比较，从而获取异常征兆；最后，利用定性推理技术，对导致异常征兆出现的故障源进行搜索求解。

20 世纪 90 年代末，NASA AMES 研究中心和喷气推进实验室开发出了基于 Livingstone 内核的诊断与重构引擎，并首先在深空一号上得到应用。Livingstone 使用了系统组件连接模型、转换模型和行为模型等 3 类。同时，其诊断引擎包括一个候选状态管理器，用于在给定系统指令和观测的条件下，对一组最可能的候选状态进行追踪。当追踪结果与观测不一致时，使用验证和约束设计来识别冲突。该诊断引擎的一个重要特点是，冲突识别和候选状态追踪都是随着时间不断进行的。此后，在 Livingstone 的改进版本 Livingstone2 中，其诊断引擎则采用了 Kurien J. A. 研究提出的诊断推理思路，通过将具有相同概率的故障诊断问题进行优化求解，使其计算的复杂性随时间增长很慢甚至不增长。

基于定性模型的方法具有计算简单和快速等特点，但其诊断求解过程中通常会产生除真实解以外的大量虚假行为，即故障诊断的准确性不高。为此，近年来很多学者针对集成定性和定量知识的故障诊断方法进行了大量研究。而事实上，在许多情况下，系统的确是有可用的定量知识的。

3.1.2.3　基于人工智能的方法

基于人工智能的方法主要包括专家系统、人工神经网络和模糊理论等方法。

（1）专家系统

专家系统主要包括两个方面：一是建立专家知识库，包括故障征兆、故障模式和故障原因等知识；二是建立专家推理机，即建立特定的推理机制，运用知识进行诊断推理，得到故障诊断结果。该方法的优点在于可以有效地利用专家的经验，而不依赖于系统的数学模型，而且具有对故障的解释能力；缺点在于需要丰富的专家知识与经验，才能得到较为准确的诊断结果，对于新型故障无能为力。Rocketdyne 公司最早进行了 SSME 数据分析专家系统的研究，并研究开发了涡轮泵专家系统和射前专家系统。

基于专家系统的液体运载火箭发动机故障诊断方法主要存在以下不足：诊断知识获取困难，系统自学习能力不强，故障检测与诊断的实时性差、运行效率低，一般只能在发动机工作前准备或关机后分析的情况下离线使用等。

（2）人工神经网络

人工神经网络具有自学习的能力，在正确处理新型故障信息或现象的问题上，能够克服传统的以启发式规则为基础的专家系统的缺陷。目前，应用于液体运载火箭发动机故障检测与诊断的神经网络方法主要有前向多层感知神经网络、自组织神经网络、模糊神经网络、动态神经网络和混合神经网络等。

神经网络方法由于具有较强的容错能力，在某些信息丢失的情况下（例如部分传感器失效）仍可做出正确的诊断。这对于提高液体运载火箭发动机故障检测与诊断的可靠性而言，显得尤为重要。但是，该方法应用于故障诊断时，过分依赖于从历史数据中提取的典型模式或经验知识。

（3）模糊理论

在液体运载火箭发动机故障诊断过程中，存在着各种不确定性，主要包括各种干扰和噪声、测量误差、数学模型以及诊断知识描述的不精确等。而基于模糊理论的方法由于在处理系统复杂性及不确定性方面的优势而受到极大的关注。模糊理论的概念是由美国加州大学伯克利分校扎德（L. A. Zadeh）提出的。由于系统描述的复杂性和精确性将会随着系统的复杂程度的提升而相互排斥，在系统足够复杂的情况下，人类要求的精确性难以达到。因此，在描述复杂对象或系统的现象或状态时，为了使描述具有实际意义，在准确和简单之间做出权衡成为必要。模糊性的描述在一定情况下有利于对复杂事物进行高效的描述，从而有可能快速地做出正确的判断和处理。基于模糊理论的故障诊断首先应用于较为简单的系统，随后逐步发展，应用于较为复杂的系统。目前，其已在机械、化工、输电网络和航空航天等领域得到成功的应用。

基于模糊理论的故障诊断方法主要有基于模糊聚类的方法、基于模糊模型的方法以及模糊理论与其他方法相结合。

3.1.3　小结

基于数据驱动的故障诊断方法和基于人工智能的故障诊断方法本质上均未利用到研究对象的数学模型，而是在一定程度上将研究对象作为一个黑箱来处理。

基于数据驱动的故障诊断更多依赖于传感器的精度、故障模式特征、统计数据样本等因素对故障进行较为简单的逻辑判断，而基于人工智能的故障诊断则具有更强的基于统计学（专家知识库）的逻辑判断系统，这两种方法的优点在于计算的简单性和对专家经验知识等表示的直观性，但其过分依赖于数据信息和经验知识，而且对于超出专家系统规则库或数据统计规律的未知故障类型或模式，容易出现误检或误诊。

基于模型驱动的故障诊断系统则是利用可建立的液体运载火箭动力系统的物理数学模型对故障模式进行诊断，对故障的机理有最为直观的认知，但受限于对复杂系统的数学模型特别是故障模式建模困难的问题，难以涵盖所有故障模式。

液体运载火箭动力系统是一种复杂的流体-机械-热动力系统，从控制角度来看，其可视为一种高阶非线性复杂动态系统。目前，基于一般动态系统开发实现的各类故障检测与诊断方法很难直接应用于这类复杂系统。近年来，随着先进的信号测量技术、计算机技术、自动控制技术、非线性科学、人工智能技术等的不断发展及其在故障诊断领域中的应用，故障诊断技术正朝着综合化、集成化和智能化的方向发展。因此，综合利用发动机的各种信息和知识（包括数据、模型、语言、符号、图形和图像等），针对不同类型方法的优点和缺陷，将其综合集成应用，并基于恰当的决策机制给出故障检测与诊断的结果，实现取长补短，是对液体运载火箭动力系统进行有效故障诊断的关键，也是故障诊断技术的发展趋势。

3.2 发动机故障诊断技术发展历史及应用现状

3.2.1 发展历程

美国进行液体运载火箭发动机故障诊断系统研究的发展历程如图 3-1 所示，可以明显看出，其发展历程可以概括为"三个阶段，一条主线"。

1）初级阶段：始于 20 世纪 70 年代初美国对 Atlas、Titan 等一次性运载火箭发动机进行的关键参数上下限控制，开创了健康监控技术在液体运载火箭发动机领域的应用先例。其中，又以研制成功的 SSME 工作参数"红线阈值检测与报警"系统为代表。但该类系统使用固定的红线阈值，方法相对较为简单，只具有故障检测功能，

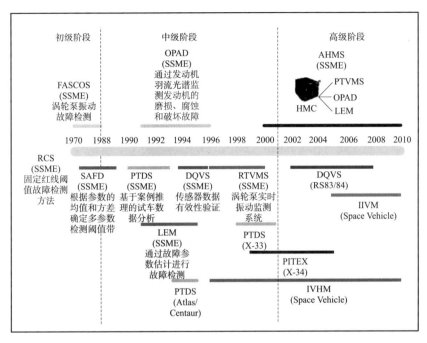

图 3-1　美国液体运载火箭发动机故障诊断系统发展历程（部分）

功能也比较单一。

2）中级阶段：以对上一阶段系统功能的提升和工程实用化、方法性能的改进为目标。其代表是 20 世纪 80 年代中期研制的用于 SSME 地面试车监控的 SAFD 系统，该系统显著加强了红线阈值监控的检测能力。同时期研制的有飞行加速度计安全关机系统（FASCOS）、发动机数据解释系统（Engine Data Interpretation System，EDIS）、试车后故障诊断系统（Post Test Diagnostic System，PTDS）、推进系统数据自动筛选系统（Automated Propulsion Data Screening，APDS）、实时振动监测系统（Real Time Vibration Monitoring System，RTVMS）、自动数据约简/参数选取系统（Automated Data Reduction/Feature Extraction，ADR/FE）等。

3）高级阶段：在空间运载计划（Space Launch Initiative，SLI）和 ISTP（Integrated Space Transportation Plan）的指导下，美国相继开展了多个先进健康监控或健康管理系统的研究和开发，包括健康监控系统（Health Monitoring System，HMS）、火箭发动机健康管理系统（Health Management System for Rocket Engine，HMSRE）、集成健康监控（Integrated Health Monitoring，IHM）、智能控制系统（Intelligent Control System，ICS）、智能集成管理系统（Intelligent Integrated Vehicle Management，IIVM）等多种系统框架或方案。此外，还包括美国 Gensym 公司多年来发展和不断持续改进的火箭发动机实时诊断系统开发平台 G2 等。

4）贯穿液体运载火箭发动机健康监控系统发展过程的"一条主线"是集成化、平台化和工程实用化。

液体运载火箭发动机健康监控系统的工程实用化毋庸置疑。健康监控系统研制的最终目的就是应用到发动机的研制、试验和实际运行中，发挥其提高发动机可靠性和安全性的最大效益。有关平台化的问题下文将结合典型健康监控系统进行具体分析。液体运载火箭发动机健康监控系统的集成化主要包含 3 个层次的含义：第一个层次为功能的集成，包括集成故障检测与隔离、故障预测与预报、寿命估计、维修计划等诸多功能，使发动机健康监控的内涵和功能进一步扩展，从单一的监控向综合健康管理迈进；第二个层次为方法的集成，包括集成基于规则、基于统计、基于模型等方法，提高系统检测与诊断的能力；第三个层次为专用传感测量与诊断技术的集成，如识别 SSME 轴承和燃烧室等关键结构部件故障的羽流光谱技术、监测涡轮叶片温度分布及其健康情况的光学高温测量技术等。液体运载火箭发动机健康监控系统集成化的代表是 2004 年 BCP 公司联合 MSFC 研制的 SSME 先进健康管理系统（Advanced Health Management System，AHMS）。该系统通过箭载健康管理计算机（Health Management Computer，HMC）集成了实时振动监控（RTVMS）、光学羽流异常检测（Optical Plume Anomaly

Detection，OPAD）和基于线性发动机模型（Linear Engine Model，LEM）的 3 个实时故障检测子系统，有效提高了 SSME 发射和升空阶段的可靠性和安全性。此外，HMSRE 也有效集成了红线关机、FASCOS 和 SAFD 等系统，共同组成并行开放式结构，对 SSME 的状态和故障进行更全面、更及时的检测。

3.2.2　红线参数法

在航天飞机飞行中，SSME 状态检测系统对发动机的 5 个参数进行实时的红线检测。一旦这些参数超过规定限度便关机，这 5 个参数都集中在高压涡轮泵上。这 5 个参数的选择、红线范围的类型和大小的确定都取决于以往的经验和工程准则。

为了避免因传感器失效导致误关机，在实时监控中采取了冗余措施和表决逻辑。监控系统在每一个数据采集周期都要判别各个传感器通道的数据是否在极限范围内。只有当某一传感器的输出在 3 个或 3 个以上的周期里都超限，才能为发动机的关机投一票，而只有测量某一红线参数的所有传感器的数据都超限才最后施行关机。

尽管采用了健康监控系统，在 SSME 的 1 200 次试车中仍然发生了 45 起故障，其中包括 27 起严重故障。与总的试车次数相比，故障只占很小比率，但是这些故障在时间和费用上所造成的影响很大，累计损失达数十亿美元。因此，考虑到时间、经费以及安全等因素，大量的调查、研究和试验都在进行，试图改进 SSME 健康监控系统的现状。

经验和统计分析都表明，液体运载火箭发动机中最值得监控的部件是高压涡轮泵，SSME 现在的红线参数也都集中在两个高压涡轮泵上。但是这些参数的选择是凭经验的，不一定最合理。为了更清楚地了解涡轮泵性能改变时发动机各参数的变化情况，以便为更好地选择红线参数提供依据，Sverdrup Technology 利用 SSME 的瞬态模型进行了分析研究。通过仿真考察 17 个发动机参数随涡轮泵性能的变化，推荐选出了 9 个较理想的红线参数。这 9 个参数中有 7

个都是发动机部件的压力，它们分别是主燃烧室冷却剂出口压力、主燃烧室燃烧剂喷注器压力、高压燃烧剂泵出口压力、燃烧剂预燃室压力、高压氧化剂泵出口压力、氧化剂预燃室压力、预燃室增压泵出口压力。另外两个分别为低压氧化剂涡轮泵转速和预燃室增压泵出口温度。

3.2.3　异常和故障检测系统

为了克服现行 SSME 的红线参数法（Red line）依赖传感器、算法简单、不能检测早期故障的特点，Rocketdyne 公司研制的异常和故障检测系统（System of Anomaly and Fault Detection，SAFD）采用了一种改进的故障检测算法，该算法由传感器测量和逻辑单元组成，测点有 23 个，包括部件的压差、压力、温度和阀门位置等。

逻辑单元有两个：一个是防护逻辑，它滤除测量本身的失效；另一个是检测异常特征的逻辑，它是整个检测系统的骨架。其核心是两个数据表：一个描述了 28 种故障实例的危害范围和每个故障引起的测量参数的变化方向；另一个概括了异常特征和异常值的变化。

图 3-2 所示为该算法的检测逻辑图，它针对下面的不同情况分别采用了 3 种不同的方法：

1）紧接一个规定的瞬变过程之后（指完成起动或调节之后的 2 s 内）；

2）缓慢发展的异常（在红线关机之前 100 s 出现）；

3）迅速发展的异常（在红线关机之前 500 ms 出现）。

对一些试车故障数据的核算表明，SAFD 算法能够比红线关机早发出关机信号，在某些情况下能提前 120～400 s。该系统被用于 SSME 的地面试车中，但是它只能适用于 SSME 的稳态工作过程，对瞬态变化过程中出现的异常无能为力。

3.2.4　试车后故障诊断系统

20 世纪 90 年代初期研制的 SSME 高压氧化剂涡轮泵试车后故

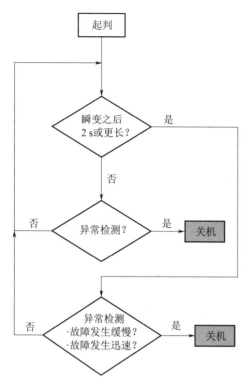

图 3 - 2 SAFD 故障检测逻辑图

障诊断系统 PTDS、1994 年研制的应用于 Atlas/Centaur 中的 PTDS 和 1998 — 2001 年研制的应用于 X - 33 主动力系统的 PTDS，是液体运载火箭发动机健康监控系统首个基于集成化和平台化的思想实现系列化的重要代表。在集成化方面，该系统一方面集成了多种数据分析、传感器验证与重构方法，用于对发动机试车后的大量实验数据进行分析，以确定发动机的运行状态；另一方面，系统通过提供与众多信息源的标准接口，有效集成数据处理和分析过程中所需要的大量数据信息、知识，自动完成发动机试验后及飞行后的状态检测与诊断。在平台化方面，该系统基于模块化的分解设计思想，将系统 4 大功能模块（智能化知识系统、应用支持模块、部件级分析模块、对话/信息管理模块）的各子模块都分解为"核心通用模块-特定发动机专用模块"的组合，而且核心通用模块可被继承和复用。因而，该系统具有较强的通用性和扩展性，不仅可有效实现功能模块的积木拼搭式组合和系统的快速组建，而且实现了与具体发动机对象的松耦合。

3.2.5　智能控制系统

自 20 世纪 90 年代初期以来，LeRC 根据 SSME 多年的试验和使用经验所研制的 ICS 实现了两个方面的集成。在系统功能方面，ICS 实现了发动机多变量基本控制（推力、混合比、涡轮泵转速、高压涡轮燃气温度、高压泵进口压力）同故障检测和诊断的有机集成。系统不仅可以完成发动机的故障检测、诊断和基本控制功能，还可以预测发动机的寿命，给出维修计划建议。在算法方面，ICS 结合了基于模型、基于规则的故障检测与诊断算法。但由于难以建立完善的发动机诊断模型和控制规则库，因而该系统只能对故障模式、故障检测与诊断算法、闭环多变量控制等进行仿真研究。

3.2.6　健康监控系统

近些年来，故障检测技术在理论和实践上取得了长足进步，这些技术包括对象匹配过滤器、贝叶斯检测器、自适应学习网络和人工智能这样相当广泛的范围。不同的检测方法在计算复杂程度上差别很大，但由于微处理器运算能力和内存容量的大幅度提高，许多方法都能满足实时监控的需要。

美国联合技术研究中心（UTRC）研制的一套健康监控系统综合运用了非线性回归算法（RESID）、时间序列算法（ARMA）和聚类分析算法（Cluster），利用 SSME 上现有的传感器成功地实现了所有工作模式下的故障检测，见表 3-1。

表 3 - 1 健康监控系统主要算法

工作模式	算法
起动、主级(包括推力调节)	RESID、ARMA、Cluster
关机	RESID

健康监控系统采用了多级递推结构。最低一级是传感器信息处理,中间几级决定各参数的正常/非正常条件,对各种算法的结果进行交叉检查,评定发动机特定部件的健康状态,最高一级决定整个发动机的健康状况,并做出是否关机的决策,如图 3 - 3 所示。

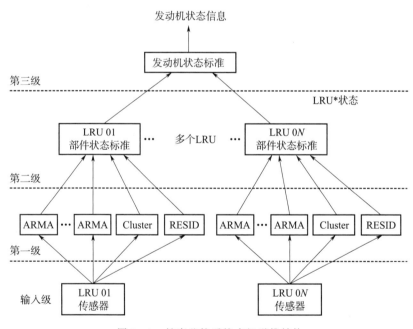

图 3 - 3 健康监控系统多级递推结构

发动机及各部件的状态标准都由专家系统方法生成,采取这样的结构可以获得低的虚警率,因为故障迹象要经历逐级确证。该系统对 SSME 的 16 组故障实例数据和 2 组正常试验数据进行的核算结果表明,其故障检出率达 100%,且具有抗传感器丢失的强壮性和对

SSME 多次结构更改的适应性，其检测时间比 SAFD 和 Redline 系统要短，大多数情况的故障都来得及关机。

3.2.7 健康管理系统

健康管理系统框架是由系统级的非正常参数算法同 Red line 和 SAFD 算法平行组合构成的，它可用来探测更广泛和更早期的故障。其中，模型算法使用了多传感器测量偏差的加权组合式来表征特定的发动机故障，使这个加权组合式非常敏感于几个参数的微小变化和少数几个参数的剧烈变化。该算法可以准确灵敏地发现该组合式表征的故障。

HMSRE 中最有代表性的是发动机系统级故障检测算法，如图 3-4 所示。其主要特点就是用一个能评价发动机系统故障的准则参数来进行检测，如果这个准则参数超过设定的范围，就表明发动机存在故障，应该实施关机。

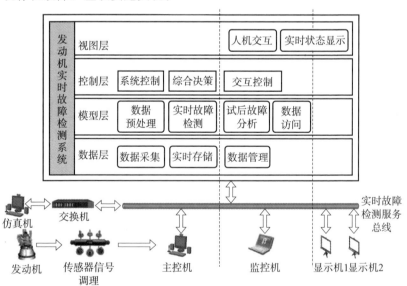

图 3-4 HMSRE 系统功能框图

3.2.8　先进健康管理系统

先进健康管理系统（AHMS）于 2004 年由波音-加州诺加帕克公司联合 MSFC 研制。该系统基于开放式结构设计的箭载健康管理计算机集成了实时振动监控、光学羽流异常检测和基于线性发动机模型的 3 个实时故障检测子系统，有效提高了 SSME 发射阶段、升空阶段的可靠性和安全性。AHMS 不仅可以通过振动信号实时监测高压涡轮泵的状态，而且可以通过调节发动机燃烧剂、氧化剂的流量大小和混合比实现对发动机工作状态的控制，算法的灵活性和可扩展性强。研究表明，针对 Block Ⅱ 型 SSME 所研制开发的 AHMS，可以有效降低航天飞机的升空损失概率并提高航天任务的成功概率，其在降低航天飞机升空损失概率方面的效果甚至优于型号本身改进的效果，如图 3 - 5 和图 3 - 6 所示。AHMS 中健康管理计算机的功能框图如图 3 - 7 所示。

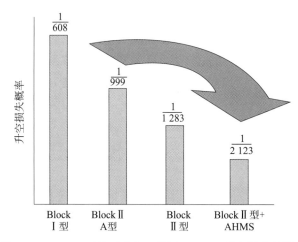

图 3 - 5　AHMS 对航天飞机（使用 SSME）升空损失的影响

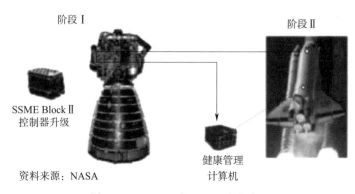

图 3 - 6　AHMS 在 SSME 中的应用

3.3　动力系统故障诊断技术路线规划

3.3.1　故障诊断对象

动力系统故障诊断对象主要包括发动机、辅助动力系统、增压输送系统、动力测控系统和加注供配气系统，发动机和辅助动力系统是诊断的重点。射前进行动力系统实时健康监测，用于故障预警和应急处理；飞行过程对发动机、辅助动力系统、增压输送系统进行故障诊断，并受全箭故障诊断系统统一指挥，结合其他系统状态，共同为全箭故障处置提供支撑。

3.3.2　总体设计原则

1）动力系统故障诊断是提高动力系统飞行可靠性的辅助手段，核心是确保飞行任务取得最大效益；与发动机地面试车不同的是，飞行任务对于保护发动机产品的优先级低于任务优先级，当两种需求冲突且具备可选前提时，应优先继续执行任务而非保护发动机产品。

2）故障诊断遵循"早检测、早预警、早隔离"的原则。对于突发性故障，即在短时间内（数秒以内）造成严重后果的故障，必须及时进行有效检测和隔离。

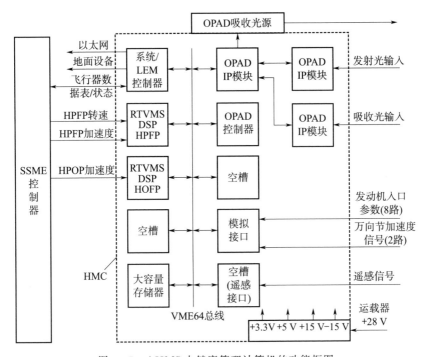

图 3-7 AHMS 中健康管理计算机的功能框图

LEM—线性发动机模型系统；OPAD—光学羽流异常探测系统；

RTVMS—实时振动监测系统；HMC—健康管理计算机；

HPFP—高压燃烧剂泵；HPOP—高压氧泵

3）严格控制动力系统故障的误诊率和漏诊率，在保证准确诊断重要故障的同时，最大限度避免将正常状态误判为故障状态。

4）由于动力系统工作过程的复杂性，模型和测量参数必然存在一定偏差，故障诊断系统必须具备一定的鲁棒性，以适应参数偏差、传感器数据波动、丢帧等。

5）具备良好的测试性，满足自动化测试的需求，出厂前实现100%测试覆盖，可通过搭载试车完成系统的功能性测试和验证。

6）故障诊断系统的可靠性不低于动力系统本身的可靠性。

7）原则上，对可提前预测的灾难性故障和性能衰退的故障做到

100％检测。针对不同故障模式，研究其检测的可行性，制定合理可行的故障检测方案。

8）基于提升系统可靠性和快速性的原则，制定不同故障模式的判定模型和判定准则。在发动机系统方案设计和组部件研制阶段，即开展故障检测的硬件方案及关键零、部件攻关工作，提高现有传感器的可靠性，研究无损检测等高性能传感器检测系统。

3.3.3　研制流程

在研制过程中，发动机故障诊断技术需满足故障诊断的实时性、准确性等指标，这就要求从设计之初的仿真分析到系统设计再到最后的产品综合性能考核，每一步都有科学的迭代和验证环节，同时系统内部诸多功能模块的有效结合也十分重要，这里给出了实时故障诊断技术总体研制构架，如图 3-8 所示。

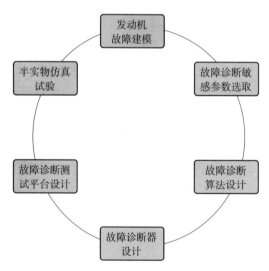

图 3-8　发动机故障诊断技术研制构架

研制过程是一个从设计至试验验证全生命周期的闭环架构。首先，建立发动机故障模型，并进行仿真分析；其次，研究发动机传感器测点分布及选取最敏感测量参数作为故障诊断监测对象；然后，设计不同应用场合的诊断算法结合试车数据或者仿真模型开展故障诊断研究，多种故障诊断算法交叉诊断并确定故障类型；之后，根据诊断算法复杂性开展故障诊断器（或健康管理器）、故障诊断测试平台等硬件产品设计，分别用于飞行过程中对发动机的状态监测、故障诊断，以及地面试车时的故障监测、故障分析；最后，通过半实物仿真试验对整个发动机实时故障诊断系统进行全面、系统的考核和测试，验证发动机实时故障诊断的效果，并不断对整个系统进行优化。

在实施过程中，动力系统故障诊断的流程如图 3 - 9 所示。基于组件 FMEA 和故障工况数据（飞行、试车），提取故障模式并按严酷度进行分类；按照严酷度等级将故障模式进行归并、分级，筛选出影响较大的典型故障。针对典型故障，辨识影响参数，通过多参数敏感度分析进一步获得故障判据；而后逐步发展，形成较为完备的故障分级判据库。结合发动机测量参数和故障判据，进行故障检测、故障隔离与故障辨识，向故障诊断系统给出动力系统健康状态参数、故障处理策略建议和故障发生后发动机主要性能参数，最终结合其他系统参数进行故障处置。

3.3.4　系统间逻辑职能及交互参数要求

动力系统故障诊断系统作为全箭故障诊断系统的一部分，需要与故障诊断系统、控制系统、结构系统、分离系统等相协调。动力系统故障诊断仅与全箭故障诊断系统交互数据而不进行独立的动力系统故障处理策略决策。

加注及存储阶段，动力系统将关键参数传递给箭体故障诊断系统，箭上数据采集设备由地面统一供电。

动力系统与故障诊断系统交互的关键参数至少应包括动力系统健康状态参数、故障处理策略建议和故障发生后发动机主要性能参数（推力、比冲、混合比、流量）3 类。

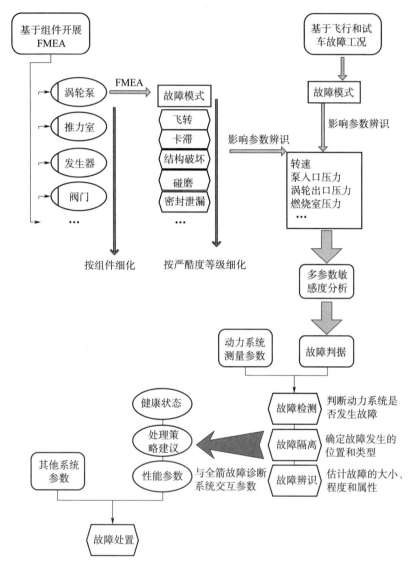

图 3-9　动力系统故障诊断的流程

在动力系统工作过程中，与其他系统的逻辑职能可以按照以下两种方案对比：

1）动力系统采集关键参数，并完成故障检测判定，将判定结果发送给全箭故障诊断系统。全箭故障诊断系统根据动力系统参数及其他系统综合判断箭体健康状态并做出决策，通过控制系统向动力系统给出相应的故障处理指令，同时制导系统、姿控系统等做出相应调整。

2）动力系统（或直接由测量系统负责）直接将采集的关键参数发送给故障诊断系统，故障诊断系统综合各路参数，判定动力系统的健康状态并通过控制系统给出相应的故障处理指令，同时制导系统、姿控系统等做出相应调整。

3.3.4.1　飞行动力学故障诊断策略

发动机故障形式复杂，其表现为推力大小异常。通过推力异常必然在速度、位置、姿态等参数有所体现以及它们之间的映射关系，即可反推发动机推力异常情况。基于飞行动力学参数的故障诊断拟采用多模型飞行动力学诊断技术，通过建立多种发动机失效后的飞行动力学模型，在线通过惯性测量参数对模型进行观测对比，从而确定全箭的工作状态。

基于飞行动力学的多模型故障诊断方法算法流程如下：

1）箭机为扩张状态观测器提供输入。包括上一拍的等效摆角指令和导航模块解算的状态量。

2）扩张状态观测器观测。利用扩张状态观测器观测出箭体状态量 x 和右函数项 $f(x, u, d, t)$，为多模型计算提供输入。

3）多模型计算生成残差序列。通过预先建立的多模型，在线计算模型导数项 $\dot{X}$，并与扩张状态观测器输入导数项 $\dot{X}_{ESO}$ 作差，累积生成残差序列。

4）寻优计算故障状态系数（推力系数或伺服机构卡死角度）。基于残差累积序列，在每个故障模型中在线寻优最小残差累积值，来求解当前故障模型的故障状态系数。

5）基于滑动残差序列的模式识别算法确定并输出故障模式和

参数。

飞行动力学故障诊断算法流程图如图 3-10 所示。

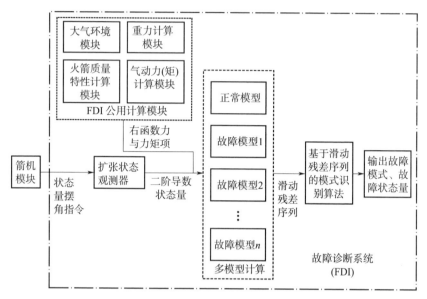

图 3-10　飞行动力学故障诊断算法流程图

3.3.4.2　全箭故障诊断策略

根据发动机故障诊断和飞行动力学故障诊断的实际特点，将两种方法的诊断结果进行有效的决策融合，可以得到可信度最高的诊断结果。计划按照不同飞行段，使用分段加权融合方法，对故障发动机编号和发动机推力系数两个诊断结果进行融合，具体策略如下：

（1）射前和点火起动段

射前和点火起动段因为未起飞，所以无法使用速度、过载、姿态、角速度等飞行动力学相关量开展故障诊断。所以该段仅使用基于发动机直采参数的故障诊断方法，无须决策融合。

（2）大气层内飞行段

当飞行高度处于 0～40 km 时，箭体受到大气层内风场等外部未知干扰力作用较强，这些外部干扰对于基于飞行动力学的故障诊断精度有一定影响，所以该段决策融合的权重倾向于基于发动机直采参数的故障诊断方法。

①故障发动机编号的决策融合

当任一方法诊断出结果，且结果持续一定时间时，按照两种情形来判断，具体逻辑图如图 3 - 11 所示，且该飞行段以动力系统故障诊断方法为主。

②故障发动机推力系数的决策融合

当两种方法仅一种输出时，无须推力系数的决策融合。当两种诊断算法均有输出，且一致性好，则推力系数进行加权平均，其余情形以发动机诊断结果为最终输出。

（3）大气层外飞行段

当飞行高度高于 40 km 时，箭体外部未知干扰力很小，动力学模型相对精准，所以基于飞行动力学的故障诊断方法可信度很高，但是存在一定的滞后性，所以仍需将两种方法有效结合。

①故障发动机编号的决策融合

当任一方法诊断出结果，且结果持续一定时间时，按照两种情形来判断，具体逻辑图如图 3 - 11 所示。不同之处是，当两种诊断方法均输出，且不一致时，该飞行段以飞行动力学故障诊断方法为主。

②故障发动机推力系数的决策融合

当两种方法仅一种输出时，无须推力系数的决策融合。当两种诊断算法均有输出，且一致性好，则推力系数进行加权平均。其余情形以飞行动力学故障诊断结果作为最终输出。

（4）故障处置

根据故障诊断结果，执行相应操作。当故障为系统内可控可处置时，如惯组内某陀螺故障，则采取惯组冗余切换等系统层级的措施。

故障发动机编号决策融合仅一种方法判断有故障，另一种方法判断无故障时

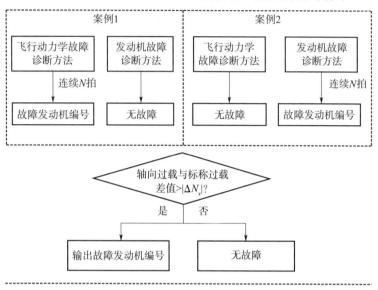

故障发动机编号决策融合两种方法均诊断有故障

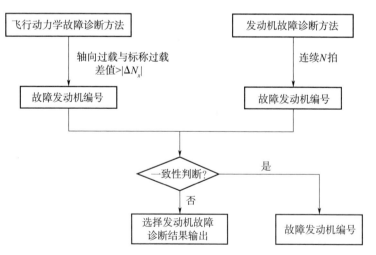

图 3-11　故障发动机编号的决策融合逻辑图

当出现故障影响全箭任务时，将依据实时任务运载能力、姿控稳定能力评估结果，采取全箭级措施，包括关闭故障发动机、任务重构、控制重构、应急分离、安全逃逸等。其中，安全逃逸属于载人任务独有的处置措施。

（5）全箭级故障诊断与处置算法软件信息流

全箭级故障诊断与处置算法软件的工作流程逻辑图如图 3 - 12 所示，其共包括飞行动力学故障诊断、发动机故障诊断、故障综合决策、任务重规划、故障诊断综合调度 5 个子模块。

3.3.5　故障模式分析

研究动力系统的故障模式及严重程度，辨识故障是造成功能上的衰减还是灾难性的后果；针对引起功能衰减的故障，量化研究故障对系统参数的影响，故障模式按严酷度等级分类。针对不同的故障模式，通过试验或者理论研究其数学模型，辨识其关键特征和典型代表参数，为制定合理可靠的故障判定准则提供依据。

动力系统故障模式按发展的时间效应（发生的速度）一般可以分为突变故障和缓变故障；按故障的影响范围一般可以分为局部性故障和整体性故障；按严酷度类别一般可以分为轻微、轻度、严重和恶性 4 种，其中，恶性故障指发展极快的严重故障。

在飞行任务中更应关注动力系统整体的功能、性能满足情况，一般对于故障影响范围的关注程度较故障严酷度低。而故障发展时间与故障严酷度的分类存在一定耦合性，故动力系统故障诊断优先依据严酷度进行故障模式归类分析。

3.3.5.1　严酷度类别

根据故障模式对人员和产品的影响确定其严酷度类别，动力系统严酷度类别的定义见表 3 - 2。

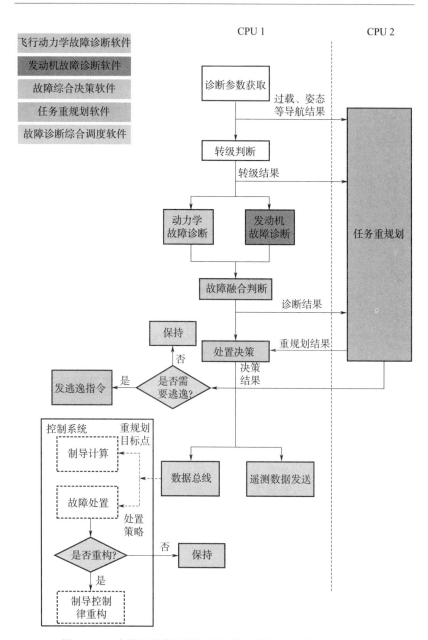

图 3-12　全箭级故障诊断与处置算法软件的工作流程逻辑图

表 3 - 2　动力系统严酷度类别

类别	名称	说明	处理对策
I	恶性(发展极快的严重故障)	该等级的故障是由于设计问题或者系统部件或附件出现故障而引起系统快速发展的严重故障,通常造成产品损毁,任务失败	需要尽早判断,尽早采取措施进行故障的隔离
II	严重	该等级的故障会造成产品损坏,应该立即采取措施来避免危险,该等级的故障如果措施得当,通常不会造成产品损毁	可以通过相应参数的判读进行识别,可以通过关闭故障发动机来隔离故障发展引起的后果
III	轻度	该等级的故障使产品受到一定程度的影响,无主要系统损坏,但是某些系统性能下降,任务降级	不处理
IV	轻微	轻于III的故障后果	不处理

3.3.5.2　常见的故障模式

动力系统故障模式是故障发生时的具体表现形式,其发生的机理多种多样。以大型泵压式液体运载火箭发动机为例,以研制中发生的故障统计为依据,按照故障时间归纳的主要故障模式见表 3 - 3。

表 3 - 3　动力系统主要故障模式

序号	故障模式	可能受影响参数	可能造成故障的严重程度
1	输送管破裂	泵入口压力	I
2	接头泄漏	压力参数	III
3	起动器异常	转速、泵后压力、室压等	I、II
4	热燃气泄漏	转速、泵后压力、室压等	I、II
5	涡轮泵摩擦力矩增大	转速、泵后压力、室压等	II
6	涡轮叶片断裂	转速、泵后压力、室压等	I、II
7	轴承损坏	转速、泵后压力、室压等	I、II
8	导管破裂	转速、泵后压力、室压等	I、II、III

续表

序号	故障模式	可能受影响参数	可能造成故障的严重程度
9	涡轮泵端面密封泄漏	转速、泵后压力、室压等	Ⅰ、Ⅱ、Ⅲ
10	活门泄漏	转速、泵后压力、室压等	Ⅰ、Ⅱ、Ⅲ
11	调节器偏差	室压	Ⅲ
12	管道小孔阻塞	转速、泵后压力、室压等	Ⅲ
13	活门工作异常	转速、泵后压力、室压等	Ⅰ、Ⅱ、Ⅲ

3.3.5.3　重大故障模式及故障检测方法

针对上述章节梳理出的泵压式发动机故障模式及可能的故障严重程度，重点对动力系统重大故障模式进行分析，主要针对几个大的组件、故障模式、故障原因、故障应用、测试参数、判别逻辑等进行梳理。动力系统故障诊断方案中一般采用最简单的红线法或阈值法，同时在传统意义上阈值门限判断的基础上，增设参数报警值，以提供火箭控制系统，提前进行控制重构计算，为后续快速策略切换赢得时间。具体梳理情况见表 3-4。

3.3.6　故障处理策略

动力系统故障处理必须由故障处理系统综合动力系统及全箭故障诊断系统其他参数进行顶层综合判断，而后采取处理策略（隔离），以实现总体性能最优。对单机的故障处理，不影响其他分机的正常工作，处理后的影响可控。在系统方案设计和组部件研制阶段，即开展故障处理的软硬件方案设计和匹配考核，保证故障处理与动力系统方案的协调性。故障处理策略应采用分级处理，初步分为"保持""关机"和"调节"3 类，每一类可以根据实际情况进一步细化，如关机可以细化为程序关机、紧急关机、立即断电等几档。

表 3 - 4　动力系统重大故障模式梳理（以泵压式发动机为例）

组件名称	功能	任务阶段	故障模式	故障原因	产品影响	故障影响	故障检测方法		严酷度类别
							测试参数	故障判别逻辑	
燃气发生器	提供涡轮工质	飞行阶段	串腔爆炸	结构强度薄弱或存在焊接质量缺陷	推力消失，发动机爆炸	任务失败	发生器压力、振动测点	发生器压力出现大幅升高，振动强烈出现剧烈冲击信号	I
			泄漏	密封面损伤或焊接部位存在缺陷	推力降低，严重的会出现推力消失	任务失败	发生器压力	发生器压力下降	I、II
短喷管推力室	燃烧推进剂产生推力	飞行阶段	泄漏	存在焊接质量缺陷	推力降低，严重的会出现推力消失	任务失败	推力室压力	推力室压力下降	I、II
涡轮泵	给推进剂增压	飞行阶段	性能偏离大	密封出现泄漏	推力降低，严重的会出现推力消失	任务失败	泵后压力、振动参数	泵后压力、振动参数数据出现异常	I、II
			结构破坏	气蚀破坏	推力消失，发动机爆炸	任务失败	泵后压力、振动参数	泵后压力、振动参数数据出现异常	I

续表

组件名称	功能	任务阶段	故障模式	故障原因	产品影响	故障影响	故障检测方法		严酷度类别
							测试参数	故障判别逻辑	
燃烧剂主阀	向推力室供应推进剂	飞行阶段	泄漏	密封面失效,或焊缝开裂	推力降低,严重的会出现推力消失	任务失败	泵后压力,推力室压力,涡轮泵转速,发生器燃气温度	燃泵后压力降低及推力室压力降低,涡轮泵转速下降,发生器温度升高	I、II
氧主阀	向推力室供应推进剂	飞行阶段	泄漏	密封面失效,或焊缝开裂	推力降低,严重的会出现推力消失	任务失败	泵后压力,推力室压力,涡轮泵转速,发生器燃气温度	氧泵后压力降低及推力室压力降低,涡轮泵转速下降,发生器燃气温度降低	I、II
燃烧剂副控阀	向发生器供应推进剂	飞行阶段	泄漏	密封面失效,或焊缝开裂	推力降低,严重的会出现推力消失	任务失败	泵后压力,推力室压力,涡轮泵转速,发生器燃气温度	泵后压力降低及推力室压力下降,涡轮泵转速下降,发生器温度升高	I、II
氧副控阀	向发生器供应推进剂	飞行阶段	泄漏	密封面失效,或焊缝开裂	推力降低,严重的会出现推力消失	任务失败	泵后压力,推力室压力,涡轮泵转速,发生器燃气温度	泵后压力降低及推力室压力下降,涡轮泵转速下降,发生器燃气温度降低	I、II

3.4 某型发动机典型故障建模仿真

3.4.1 某型发动机原理

某型氢氧发动机采用膨胀循环方式，推力水平为 10 吨级，主要包括氢供应系统、氧供应系统、涡轮气氢系统等子系统。系统工作原理为采用推力室冷却夹套作为加温器，将高温燃气的部分热量传递给低温液氢，使其变成具有一定做功能力的高温氢气，顺次驱动氢涡轮和氧涡轮后进入燃烧室燃烧，原理图如图 3-13 所示。

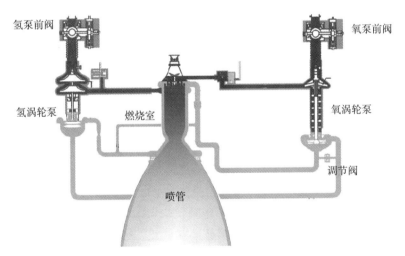

图 3-13 某型膨胀循环氢氧发动机原理图

采用 AMESim 平台编制了发动机仿真模型，并开展了典型故障工况的仿真分析，研究几类典型故障下发动机关键参数变化规律。

3.4.2 仿真模型建立

液体运载火箭发动机系统是一个耦合度极强的自洽系统，尤其是起动和关机过程历来都是发动机研制中关注的重中之重，起动和关机过程在极短时间内就经历了巨大的工况的跨越，分析难度很大。由于发动机试验成本较高，而且故障工况可能导致的后果难以精准预判，可能对产品、设施造成较大损失，主动设置故障的试验研究较为鲜见，数值仿真是主要研究方法。在研制和飞行过程中，未预料的故障数据是验证仿真模型准确性与适应性极为宝贵的资料。

图 3 - 14 给出的是基于多系统仿真平台 AMESim 建立的发动机动态特性仿真系统，给出了发动机的主要组件和特征。

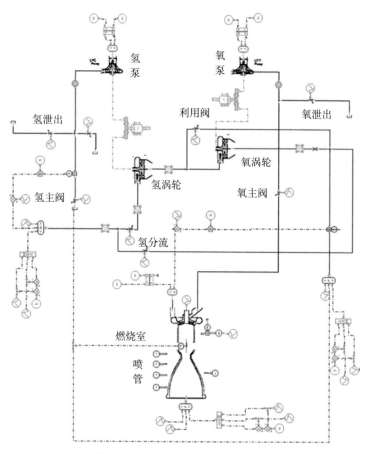

图 3 - 14　基于 AMESim 的发动机仿真系统（见彩插）

各组件仿真模型见表 3-5，具体设置详见 AMESim 仿真模型。

表 3-5　各组件仿真模型

序号	名称	模型
1	氢泵	
2	氧泵	
3	氢涡轮	

续表

序号	名称	模型
4	氧涡轮	
5	氢涡轮泵	
6	氧涡轮泵	
7	氢预泄阀、泵后到预泄阀间的管路	\n氢预泄阀
8	氧预泄阀、泵后到预泄阀间的管路	\n氧预泄阀
9	利用阀	利用阀

续表

序号	名称	模型
10	氢分流声速喷嘴	 氢分流声速喷嘴
11	冷却夹套	
12	推力室	

序号	名称	模型
13	大喷管	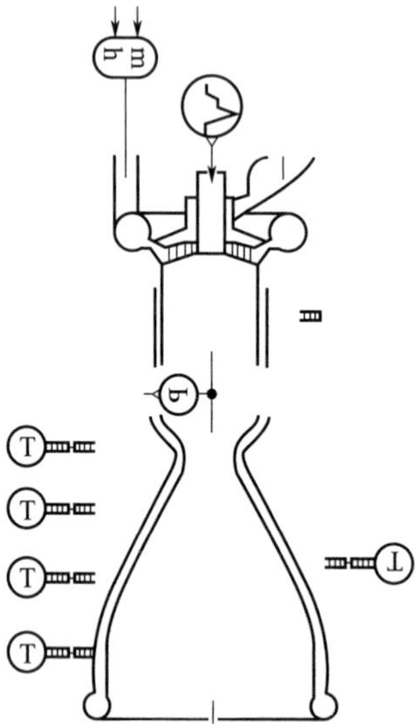

3.4.3　典型故障工况仿真

该型发动机组件众多，气液管路布局较复杂，且需两次起动，阀门动作次数较多，同时需要在复杂的力、热环境中工作。根据该发动机的特点，结合常见的发动机故障模式，梳理出该发动机可能出现的典型故障模式分别开展仿真分析。

3.4.3.1　故障 1：氢泵后管路及冷却夹套堵塞

设置 3 种不同程度的堵塞状态，仿真模型中系统正常起动后，在 5 s 时刻通过改变节流孔板开度，模拟通路堵塞的现象。故障状态 1 到故障状态 3，设置堵塞程度依次增大，正常和故障共计 4 种不同状态下，发动机流量变化如图 3 - 15 和图 3 - 16 所示，涡轮泵转速如图 3 - 17 和图 3 - 18 所示，泵出口压力变化如图 3 - 19 和图 3 - 20 所示，燃烧室压力变化如图 3 - 21 所示。

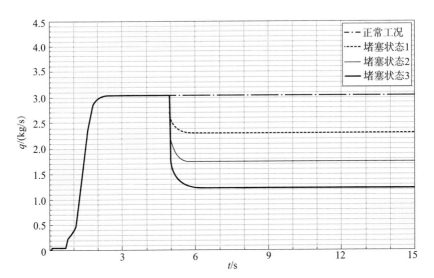

图 3 - 15 发动机氢流量变化（故障 1）

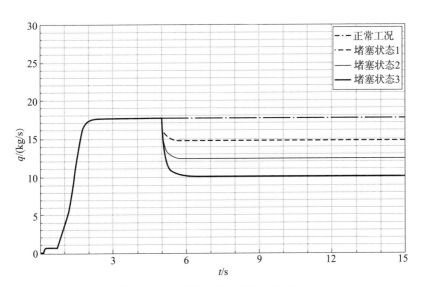

图 3 - 16 发动机氧流量变化（故障 1）

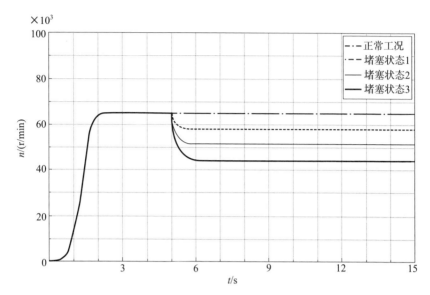

图 3-17 氢涡轮泵转速（故障 1）

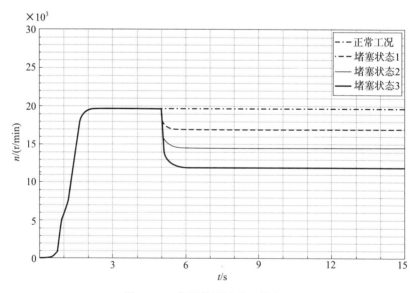

图 3-18 氧涡轮泵转速（故障 1）

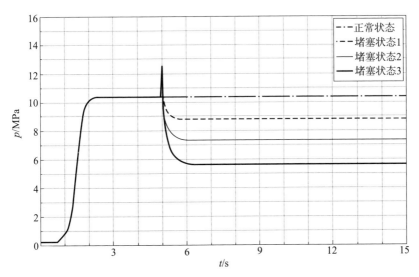

图 3-19　氢泵出口压力变化（故障 1）

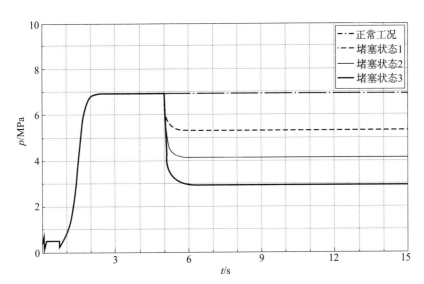

图 3-20　氧泵出口压力变化（故障 1）

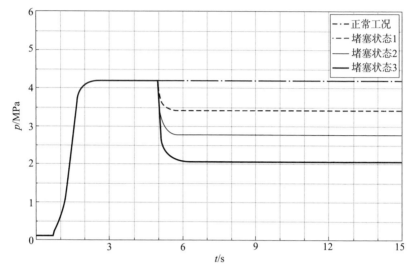

图 3-21　燃烧室压力变化（故障 1）

仿真结果表明：氢泵后管路及冷却夹套发生堵塞故障时，发动机推进剂流量、涡轮泵转速、燃烧室压力均快速下降。然而，氢泵出口压力呈现先突然升高，再快速下降至稳定值的趋势现象，分析这一现象的原因为：氢泵后管路及冷却夹套发生堵塞后，氢泵后流阻突然增大，泵后流体堆积在这部分容腔中，造成泵出口压力突增。随后由于驱动涡轮的气氢流量减小，涡轮泵转速快速下降，氢泵后压力也快速下降。

3.4.3.2　故障 2：氢涡轮至氧涡轮通路堵塞

设置 3 种不同程度的堵塞状态，仿真模型中系统正常起动后，在 5 s 时刻通过改变节流孔板开度，模拟通路堵塞的现象。故障状态 1 到故障状态 3，设置堵塞程度依次增大，正常和故障共计 4 种不同状态下，发动机流量变化如图 3-22 和图 3-23 所示，泵出口压力变化如图 3-24 和图 3-25 所示，燃烧室压力变化如图 3-26 所示。

仿真结果表明：氢涡轮至氧涡轮通路发生堵塞故障时，发动机推进剂流量、泵出口压力、燃烧室压力均快速下降。堵塞程度越大，各参数下降幅度也越大。

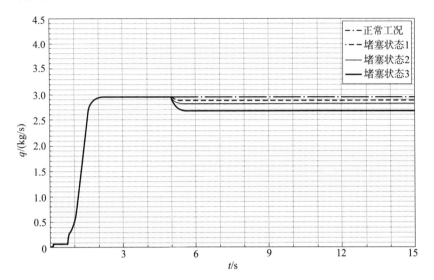

图 3-22　发动机氢流量变化（故障 2）

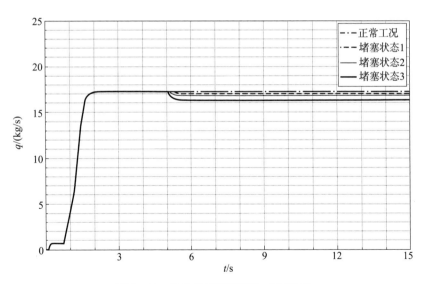

图 3-23　发动机氧流量变化（故障 2）

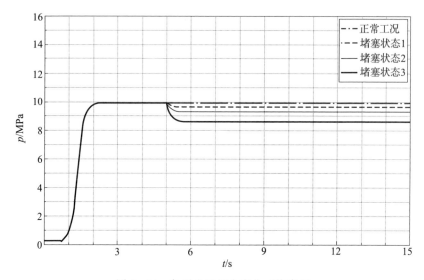

图 3-24　氢泵出口压力变化（故障 2）

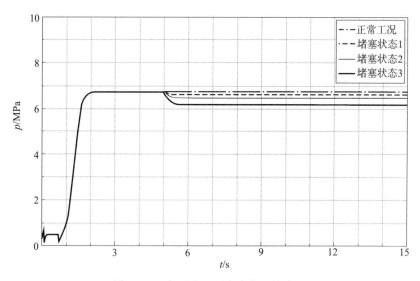

图 3-25　氧泵出口压力变化（故障 2）

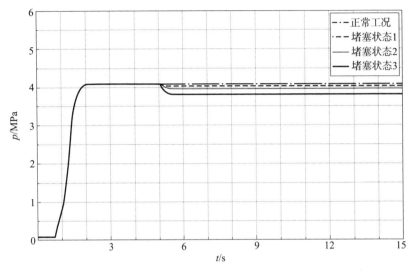

图 3-26　燃烧室压力变化（故障 2）

3.4.3.3　故障 3：氧泵后至氧主阀通路堵塞

　　设置 3 种不同程度的堵塞状态，仿真模型中系统正常起动后，在 5 s 时刻通过改变节流孔板开度，模拟通路堵塞的现象。故障状态 1 到故障状态 3，设置堵塞程度依次增大，正常和故障共计 4 种不同状态下，发动机流量变化如图 3-27 和图 3-28 所示，氢泵、氧泵转速变化分别如图 3-29 和图 3-30 所示，氧泵出口压力变化如图 3-31 所示，燃烧室压力变化如图 3-32 所示。

　　仿真结果表明：氧泵后至氧主阀通路发生堵塞故障时，氢泵流量增大、氧泵流量减小，氢泵和氧泵转速均升高，氧泵出口压力增大，燃烧室压力先突降，再小幅回升到比原值稍低的稳态值。分析其原因为，氧主路堵塞后，氧泵流量变小，由于氧泵负载减小，氢涡轮泵和氧涡轮泵转速均升高，导致氢泵流量增大、氧泵出口压力增大。燃烧室由于氧流量减小，混合比大幅减小，燃烧室压力相应也减小。

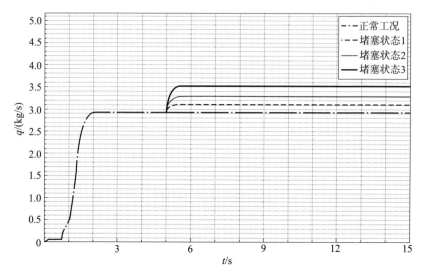

图 3 - 27　发动机氢流量变化（故障 3）

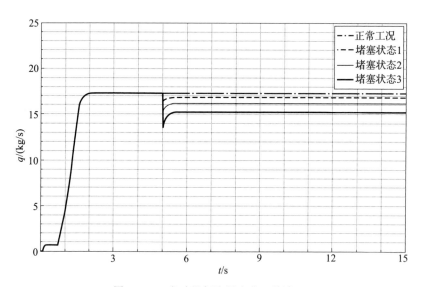

图 3 - 28　发动机氧流量变化（故障 3）

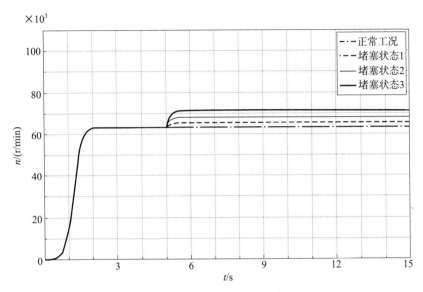

图 3-29　氢泵转速变化（故障 3）

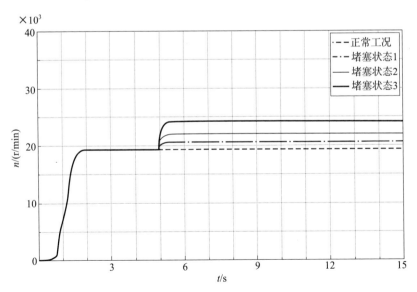

图 3-30　氧泵转速变化（故障 3）

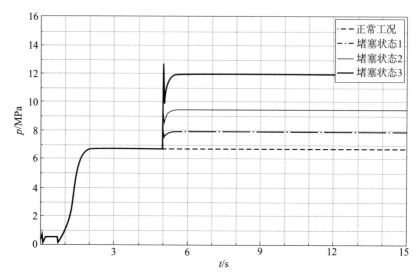

图 3-31　氧泵出口压力变化（故障3）

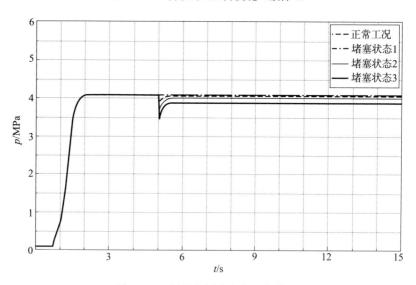

图 3-32　燃烧室压力变化（故障3）

3.4.3.4　故障 4：氢分流声速喷嘴堵塞

设置 3 种不同程度的堵塞状态，仿真模型中系统正常起动后，在

5 s 时刻通过改变节流孔板开度，模拟喷嘴堵塞的现象。故障状态 1 到故障状态 3，设置堵塞程度依次增大，正常和故障共计 4 种不同工况下，发动机流量变化如图 3 - 33 和图 3 - 34 所示，燃烧室压力变化如图 3 - 35 所示。

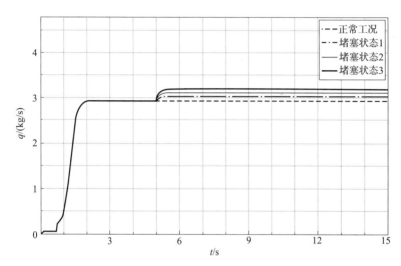

图 3 - 33　发动机氢流量变化（故障 4）

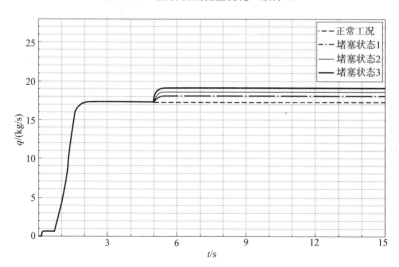

图 3 - 34　发动机氧流量变化（故障 4）

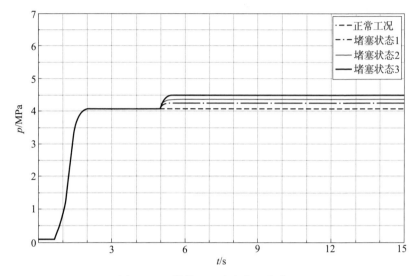

图 3 - 35　燃烧室压力变化（故障 4）

仿真结果表明：氢分流声速喷嘴堵塞时，氢分流流量减小，驱动涡轮泵的气氢流量增大，造成氢涡轮泵、氧涡轮泵转速均升高，引起发动机推进剂流量增大、燃烧室压力增大。

3.4.3.5　故障 5：氢泵后管路及冷却夹套泄漏

在仿真模型的泵后管路设置一个三通，其中一个出口对空排放。系统正常起动后，5 s 时刻将对空排放的阀门开度从 0 调整至 0.3，模拟氢泵后管路出现小幅度泄漏的故障工况。发动机流量变化如图 3 - 36 和图 3 - 37 所示，泵出口压力变化如图 3 - 38 和图 3 - 39 所示，燃烧室压力变化如图 3 - 40 所示。

仿真结果表明：氢泵后管路及冷却夹套出现泄漏后，氢泵流量呈现先突然增大、再快速减小至比原值更低的稳定值的趋势；氧泵流量、氢泵氧泵出口压力、燃烧室压力均呈现快速下降至更低的稳定值的趋势。

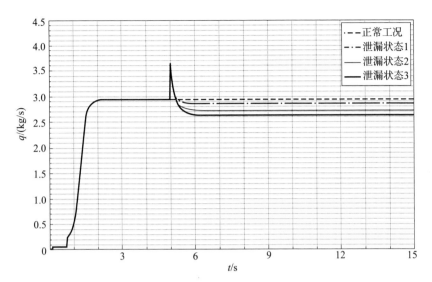

图 3 - 36　发动机氢流量变化（故障 5）

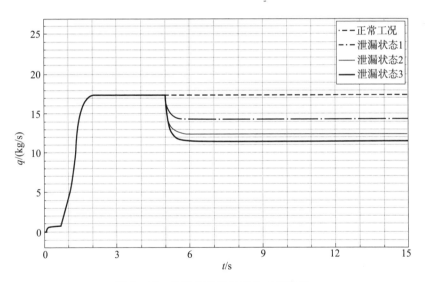

图 3 - 37　发动机氧流量变化（故障 5）

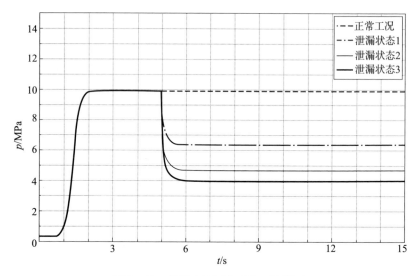

图 3-38 氢泵出口压力变化（故障 5）

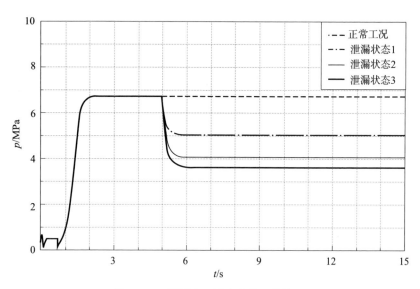

图 3-39 氧泵出口压力变化（故障 5）

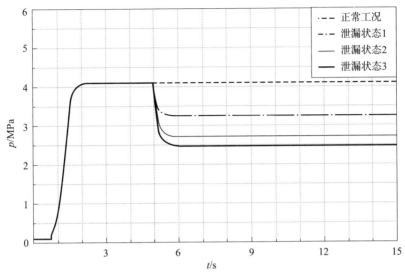

图 3-40　燃烧室压力变化（故障 5）

3.4.3.6　故障 6：氢涡轮至氧涡轮管路泄漏

在仿真模型的泵后管路设置一个三通，其中一个出口对空排放。系统正常起动后，5 s 时刻将对空排放的阀门开度改变 3 种状态，模拟氢涡轮至氧涡轮管路出现 3 种不同幅度泄漏的故障工况。发动机流量变化如图 3-41 和图 3-42 所示，泵出口压力变化如图 3-43 所示，燃烧室压力变化如图 3-44 所示。

仿真结果表明：氢涡轮至氧涡轮管路出现泄漏时，氢泵流量快速增大，氧泵流量、氧泵出口压力和燃烧室压力先快速减小，随后恢复至稳定值。新的稳定值可能比原值大，也可能比原值小，取决于泄漏量的大小。

分析其原因为：氢涡轮至氧涡轮管路出现泄漏后，驱动氢涡轮的气氢有一部分直接对空排放，导致氢涡轮出口背压减小，氢涡轮转速升高，引起氢泵流量和出口压力增大。氧涡轮在冷却夹套氢流量大幅增大的情况下，并且氢涡轮至氧涡轮管路存在一定的泄漏，氧涡轮总流量可能增大或者减小，因此氧涡轮的工况取决于泄漏量的大小。后续该项故障还需要进一步详细分析，定量地研究泄漏量与氧系统工况的关系。

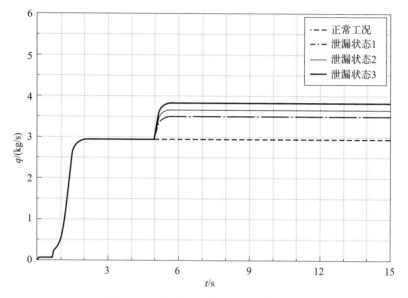

图 3 - 41 发动机氢流量变化（故障 6）

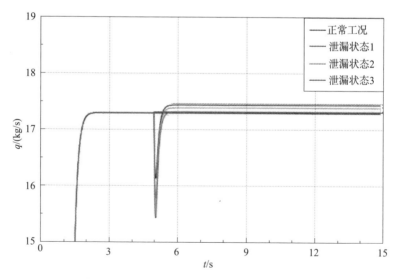

图 3 - 42 发动机氧流量变化（故障 6，见彩插）

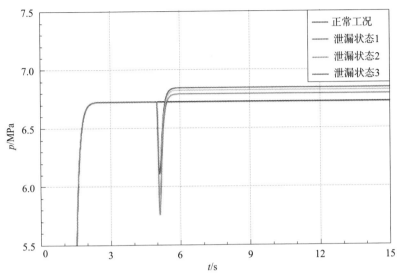

图 3-43　氧泵出口压力变化（故障 6，见彩插）

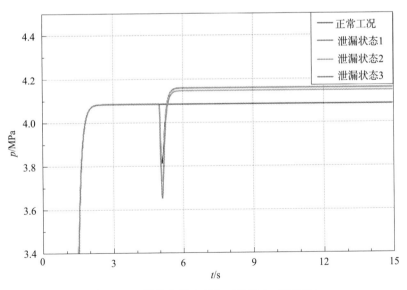

图 3-44　燃烧室压力变化（故障 6，见彩插）

3.4.3.7　故障 7：氧泵后至氧主阀管路泄漏

在仿真模型的泵后管路设置一个三通，其中一个出口对空排放。系统正常起动后，5 s 时刻将对空排放的阀门开度从 0 调整至 1，模拟氧泵后至氧主阀管路出现泄漏的故障工况。发动机流量变化如图 3-45 和图 3-46 所示，燃烧室压力变化如图 3-47 所示。

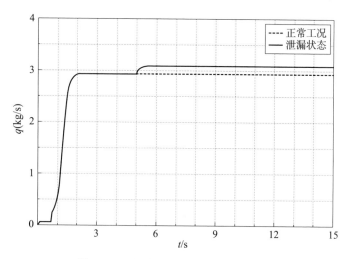

图 3-45　发动机氢流量变化（故障 7）

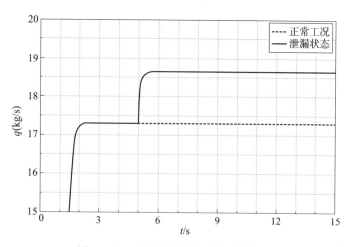

图 3-46　发动机氧流量变化（故障 7）

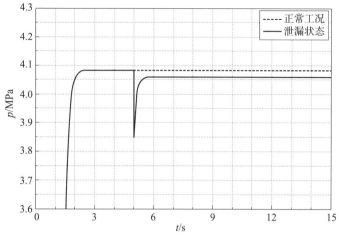

图 3-47　燃烧室压力变化（故障 7）

仿真结果表明：氧泵后至氧主阀管路泄漏后，氢涡轮泵、氧涡轮泵工况均提高，发动机推进剂流量增大，燃烧室压力先快速降低，随后增大至原值左右。分析其原因为：氧主路泄漏后，氧泵负载减小，涡轮泵转速增大，导致氢氧流量增大，从而维持燃烧室压力。

3.4.3.8　故障 8：推进剂利用阀开度异常故障

发动机的推进剂利用阀是用于调节发动机混合比的关键组件，对于发动机工况调节有着重要的作用。针对利用阀可能发生的开度异常故障工况，开展仿真研究。

设置两种利用阀开度异常故障，故障 1 为开度异常增大，在系统正常起动后，5 s 时刻将利用阀开度增大至原状态的 2 倍；故障 2 为开度异常减小，在系统正常起动后，5 s 时刻将利用阀开度减小至原状态的 50%。分析不同故障状态下发动机各参数变化情况。发动机流量变化如图 3-48 和图 3-49 所示，涡轮泵转速变化如图 3-50 和图 3-51 所示，泵出口压力变化如图 3-52 和图 3-53 所示，燃烧室压力变化如图 3-54 所示。

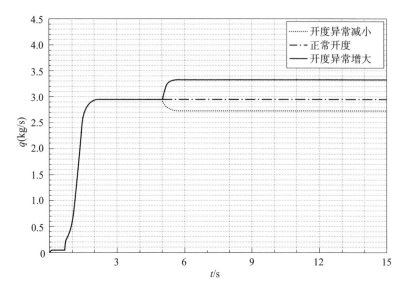

图 3 - 48　发动机氢流量变化（故障 8）

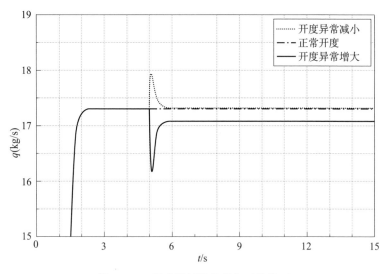

图 3 - 49　发动机氧流量变化（故障 8）

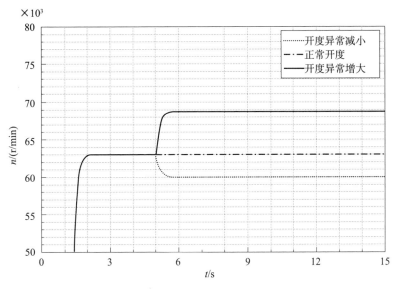

图 3-50　氢涡轮泵转速变化（故障 8）

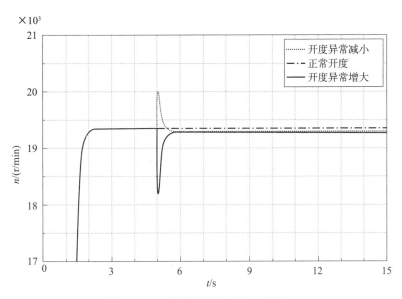

图 3-51　氧涡轮泵转速变化（故障 8）

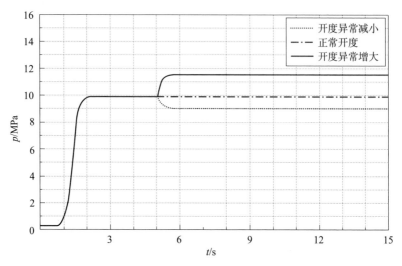

图 3 - 52　氢泵出口压力变化（故障 8）

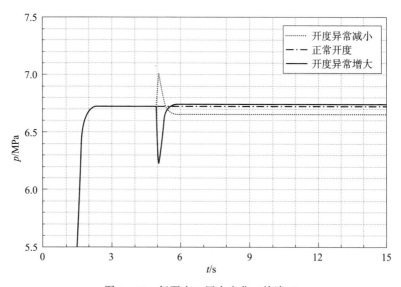

图 3 - 53　氧泵出口压力变化（故障 8）

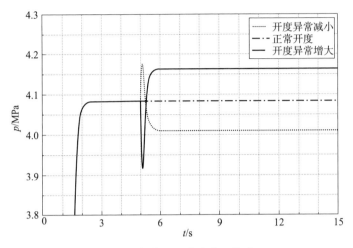

图 3 - 54　燃烧室压力变化（故障 8）

仿真结果表明：利用阀开度异常减小时，由于氢涡轮出口背压增大，导致氢涡轮泵转速降低，引起氢泵流量和出口压力降低。氧涡轮泵转速先是突然增大，随后逐渐降低至比原值更小的稳定值，这是由于利用阀开度异常减小后，进入氧涡轮的气氢流量突然增大，随后由于氢涡轮泵工况降低，引起气氢总流量降低，导致氧涡轮泵工况降低。利用阀开度异常增大时，各参数变化规律与开度减小相反。

3.4.3.9　小结

根据以上仿真分析，可以将各部分流体通道堵塞引起的发动机响应规律总结见表 3 - 6，其中箭头向上表示该参数增大，箭头向下表示该参数减小。

表 3 - 6　各部位堵塞引起的发动机参数变化规律

堵塞部位 ＼ 发动机参数	氢泵流量	氧泵流量	氢泵出口压力	氧泵出口压力	燃烧室压力
氢泵后管路及冷却夹套	↓	↓	↓	↓	↓
氢涡轮至氧涡轮通路	↓	↓	↓	↓	↓

续表

发动机参数 堵塞部位	氢泵流量	氧泵流量	氢泵出 口压力	氧泵出 口压力	燃烧室 压力
氧泵后至氧主阀通路	↑	↓	↑	↑	↓
氢分流声速喷嘴	↑	↓	↑	↑	↑

　　根据以上仿真分析，可以将各部分流体容腔泄漏引起的发动机参数变化规律，总结见表3-7，其中箭头向上表示该参数增大，箭头向下表示该参数减小，"不确定"表示该参数的变化情况由泄漏量决定，需要进一步开展定量分析。

表3-7　各部位泄漏引起的发动机参数变化规律

发动机参数 泄漏部位	氢泵流量	氧泵流量	氢泵出 口压力	氧泵出 口压力	燃烧室 压力
氢泵后管路及冷却夹套	↓	↓	↓	↑	↓
氢涡轮至氧涡轮管路	↑	↑	不确定	不确定	不确定
氧泵后至氧主阀管路	↑	↓	↑	↑	基本不变

　　在不同故障模式下，发动机参数变化规律的获得是制定优化发动机故障诊断算法、制定相关判据的重要支撑，具体数据的明确需要结合具体发动机和全箭其他系统适应性进行针对性的分析和确认。

3.5　发动机故障诊断算法研究

　　对液体运载火箭发动机进行故障检测是获得发动机工作状态、判断发动机工作过程是否发生故障的重要手段。国内外在液体运载火箭发动机故障检测方法方面已有大量的研究成果，一方面可以将较为成熟的方法应用于新型液体运载火箭发动机故障检测，另一方面是结合理论与方法的完善与提高，发展先进实用的故障检测算法。开展液体运载火箭发动机实时故障检测方法研究，能够为进一步研制发动机故障检测与诊断系统奠定基础，对提高发动机地面试车和飞行的可靠性和安全性具有十分重要的意义。

对液体运载火箭发动机的故障在线诊断,可以预警发动机故障工作状态的出现,并可对故障进行必要控制。由于在线实时计算能力的限制,必须考虑模型的精确性与简单性,合理的方案是针对发动机起动、关机过程和稳态工作过程的不同工作机理,分别利用不同的模型和故障诊断方法进行处理。

3.5.1　发动机起动故障诊断

液体运载火箭发动机起动过程具有时间短、参数变化剧烈和故障发生率高等特点,在其故障检测过程中存在着模型的不准确、非线性问题和各种干扰等众多不确定性的影响,这给发动机起动过程故障检测的准确性和实时性带来了困难。

RESID 递归结构辨识本质是基于复杂的学习网络的非线性回归算法,利用系统中传感器之间关系建立输入输出方程去预测传感器的输出。其模型的建立过程如图 3 - 55 所示。

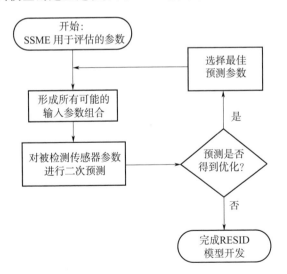

图 3 - 55　RESID 模型的建立过程

递归结构辨识方法的实质是通过不断的递归寻求最优的多项式表达式，每步递归训练所得的拟合均方误差会趋于一个最小值，当达到这个值时拟合的结果比较好，用此时拟合模型得到的结果作为新的参数，作为新的特征值，加入输入集中，用于实现下一步的递归拟合，不断地重复上述步骤。随着递归次数的增加，拟合的多项式阶次越高，拟合的准确性越高，当达到最大递归次数或者本次递归所有模型的均方误差均大于上一次递归结果模型的最小均方误差，则完成递归，认为这次的拟合是对数据最好的拟合结果。

基于此算法的故障诊断流程如图 3 - 56 所示：

第一步，对数据进行预处理。

第二步，根据训练数据集进行所有可以配对的 RESID 建模。

第三步，选择所有模型中预测均方估计误差最小的模型，确定该模型。

第四步，用确定的模型计算出来的待预测参数，作为下一级迭代建模用的新的特征值。

第五步，将训练数据代入建好的 RESID 模型中进行预测。

第六步，将预测值与测量值进行比较，得到残差值，若残差值大于阈值，则认为此刻的数据存在异常，当异常存在一定的时间段，则认为故障发生。

3.5.2　发动机稳态工况故障诊断

（1）时序分析算法

自回归滑动平均（Autoregressive moving average，ARMA）模型最主要的特点是利用已建立的 ARMA 模型对系统未来的行为进行外推预测。发动机正常工作测量值所建立的 ARMA 模型，用于表征发动机的正常工况。在发动机正常工作过程中，预测值和在给定时间窗口内的观测数据应相匹配。此时，测量值与预测值之间的残差应是正常分布的白噪声。如果发动机工作异常，那么预测值与实际

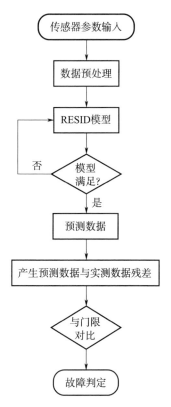

图 3 - 56　RESID 模型的诊断流程

测量值不相匹配，此时计算出的残差不再是白噪声。如果发动机在主级稳态工作期间工作正常，那么所建立的 ARMA 模型的计算残差是白噪声，其自相关函数应落在给定的统计置信区间内；否则，计算残差不再是白噪声，自相关函数也将超出置信区间。为了建立发动机具体监测参数的 ARMA 模型，应完成监测参数的确定、数据窗口的确定以及数据预处理。

ARMA 模型的诊断流程如图 3 - 57 所示。

第一步，对传感器参数进行预处理。

第二步，根据训练数据集建立 ARMA 模型。

第三步，将被测数据代入建好的 ARMA 模型中，该模型利用被测的时间序列数据中的前几个数据，预测即将产生的数据。

第四步，将预测值与输入的被测数据相比较，得到残差数据。

第五步，残差应该在门限值范围内，若超过门限值范围，则该参数产生警告。

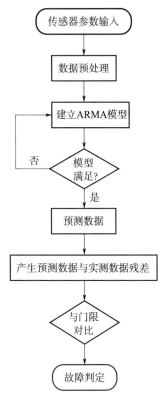

图 3-57　ARMA 模型的诊断流程

（2）聚类分析

聚类分析是数理统计科学中研究事物分类的一种方法，它是根据事物间的不同特征、亲疏程度和相似性等关系对它们进行分类的一种数学方法。

　　模糊聚类是一种基于数据的故障诊断算法，模糊聚类分析是一种采用模糊数学对事物按一定的模糊界限进行描述和分类的"软划分"方法，一般根据样本本身的属性、样本间的亲疏程度和相似性来定义模糊关系，并在此基础上根据一定的隶属度来确定聚类关系，即用模糊数学的方法定量地确定样本间的模糊关系，从而实现客观且准确的聚类分析。

　　目前，模糊聚类分析方法广泛应用于图像处理、模式识别、神经网络训练、气象分析和医学诊断、故障诊断等领域，均取得了满意的效果和客观的效益，具有重要的理论与实际应用价值。有关模糊聚类诊断算法在液体运载火箭发动机故障诊断的应用研究还比较少，研究结果表明，模糊聚类分析方法是一种有效、可靠的液体运载火箭发动机故障检测与诊断的新途径，算法的实时性和准确性都比较好。

　　可以依赖时间信息对发动机稳态工作过程的重要参数进行聚类处理，得到发动机稳态工作过程中各重要参数随时间的变化情况，作为正常工作过程的模式集。这里，正常工作过程模式集是根据正常试车数据训练得到的多个聚类中心。发动机稳态工作过程的故障检测就可以通过将实际数据和正常过程的模式集进行比较，来判断试车是否正常。将聚类准则选择为样本与聚类中心的距离，如果试车数据离正常过程的模式集中的某一个聚类中心较近，其隶属度大于设定阈值，则认为其隶属于正常模式；一旦发动机起动状态偏离正常起动过程的模式集较远的距离，最大的隶属度都小于设定阈值，则认为其不隶属于任何一个正常模式，判定发动机起动过程发生了故障。

　　在基于模糊聚类的故障检测算法对发动机稳态工作过程进行检测之前，先要进行监测向量选择、数据预处理以及检测阈值的确定，其算法流程如图 3 - 58 所示。

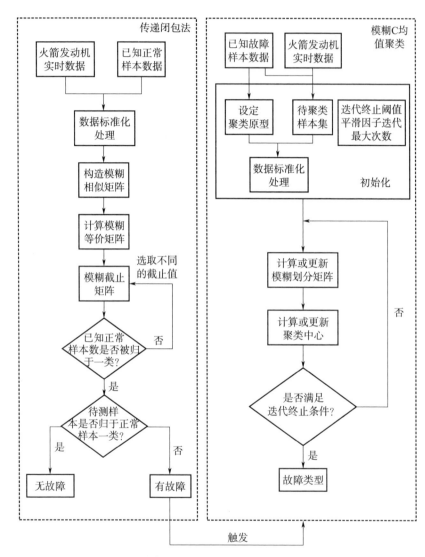

图 3-58　综合模糊聚类算法应用于故障诊断流程图

3.6　发动机故障诊断系统硬件设备

3.6.1　地面故障诊断设备

　　发动机故障诊断测试平台是发动机实时故障诊断系统后端处理的核心，该平台用于发动机地面热试车时故障检测与诊断，主要包括对热试车中的实时在线检测及试后的故障诊断与分析。它能够对试车试验数据（如振动、压力、转速等）进行实时在线监测和分析，同时兼容试后试验数据离线处理，能够灵活更改故障模型参数和选用不同的故障诊断算法进行故障分析和处理，以及生成故障诊断报告等。平台主要由实时监测系统、诊断分析系统和主工作站 3 部分构成。主工作站硬件支持以太网大容量数据传输，配有固态硬盘存储功能，具有良好的硬件扩展性能。同时，实时监测系统和诊断分析系统人性化的人机交互界面满足不同试验的个性化定制需求。最终构建的故障诊断测试平台如图 3 - 59 所示。

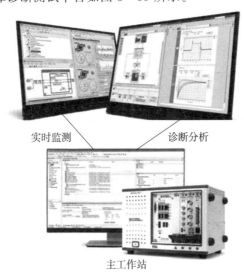

图 3 - 59　发动机故障诊断测试平台

3.6.2　飞行故障诊断设备

在飞行过程中需要增加一个健康管理器来实时对发动机进行状态监测、故障诊断，该设备需要与发动机控制器进行通信，通过采集传感器信息进行监测和诊断，并按照设定好的诊断逻辑向控制器反馈发动机的状态，在必要的时候实施紧急关机。

发动机健康管理器是实现发动机工作状态健康管理的核心，应具备的主要功能包括：精确采集相应数量的发动机传感器信号数据，快速诊断发动机系统故障并进行状态显示与故障报警，实现与发动机控制器的通信，具备数据记录和存储能力。健康管理器的示意图如图 3 - 60 所示，其由开关按钮、A/D 转换输入模块、故障监测与诊断模块、电源模块、通信模块和健康状态指示与故障报警模块 6 部分构成。

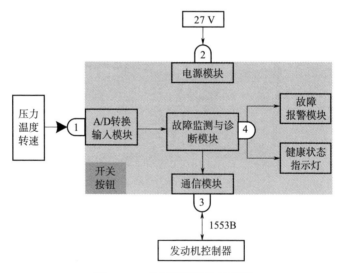

图 3 - 60　健康管理器的示意图

图 3 - 60 中开关按钮是控制健康管理器的开关，为使能信号；输入模块主要完成传感器检测信号 A/D 采集输入；故障监测与诊断

模块负责监测发动机运行状态，并根据传感器反馈数据对发动机系统故障进行诊断；电源模块则是为健康管理器系统供电并提供特定电压；通信模块旨在实现健康管理器与发动机控制器的通信，接收控制器指令并向控制器反馈健康状态监测结果；健康状态指示灯与故障报警模块用于显示故障诊断结果并实现报警功能。

3.6.3 故障诊断系统半实物仿真平台

以氢氧补燃发动机为例，故障诊断系统工作原理如图 3-61 所示，分为飞行和地面两种工作方式。飞行工作方式：主要由故障诊断器实时获取发动机测量参数，并综合敏感参数进行发动机实时状态分析，在故障诊断的过程中分别按照发动机起动—主级—关机 3 个不同过程采用不同方法进行诊断，最后给发动机控制器（箭体控制器）诊断结果及应对措施，保存发动机的部分数据，保证发动机

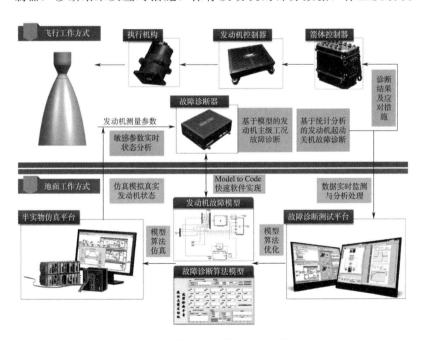

图 3-61 氢氧补燃发动机故障诊断系统工作原理

安全、可靠、高效工作。地面工作方式：构建故障诊断半实物仿真平台及故障诊断测试平台，实现故障诊断系统快速试验验证。半实物仿真平台运行发动机故障模型，用于仿真模拟真实发动机工作状态，运行故障诊断算法模型测试算法有效性，同时通过代码快速实现技术和硬件在回路试验对真实的故障诊断器软硬件匹配性能进行测试；最后由故障诊断测试平台对试验数据进行在线和离线监测与分析处理。

参 考 文 献

［1］ J F ZAKRAISEK. The Development of a Post‐test Diagnostic System for Rocket Engines ［R］. AIAA 91‐2528，1991.

［2］ M O HOFMANN. Enhancements to the Engine Data Interpretation System （EDIS） ［R］. NASA CR‐193363，1993.

［3］ 黄敏超. 液体火箭发动机故障的神经网络诊断研究 ［D］. 长沙：国防科技大学，1998.

［4］ C D PETTIT，S BARKHOUDARIAN，N DAUMAN，et al. Reusable Rocket Engine Advanced Health Management System：Architecture and Technology Evaluation Summary ［R］. AIAA 99‐2527，1999.

［5］ T R FIORUCCI，D R LAKIN，T D REYNOLDS. Advanced Engine Health Management Applications of the SSME Real‐time Vibration Monitoring System ［R］. AIAA 2000‐3622，2000.

［6］ F JUE，F KUCK. Space Shuttle Main Engine Options for the Future Shuttle ［R］. AIAA 2002‐3758，2002.

［7］ M DVIDSON，J STEPHENS. Advanced Health Management System for the Space Shuttle Main Engine ［R］. AIAA 2004‐3912，2004.

［8］ 谢廷峰. 液体火箭发动机健康监控关键技术研究 ［D］. 长沙：国防科技大学，2008.

［9］ 黄强. 高压补燃液氧煤油发动机故障检测与诊断技术研究 ［D］. 长沙：国防科技大学，2012.

［10］ 吴建军. 液体火箭发动机故障检测诊断理论与方法 ［M］. 北京：国防工业出版社，2013.

［11］ 聂侥. 基于过程神经网络的液体火箭发动机故障预测方法研究 ［D］. 长沙：国防科技大学，2017.

［12］ 吴建军，程玉强，崔星. 液体火箭发动机健康监控技术研究现状 ［J］. 上海航天 （中英文），2020，37 （1）：1‐10.

［13］ 邓晨，薛薇，郑孟伟，等. 基于改进 ARMA 模型的火箭发动机稳态工况过程实时故障诊断方法研究［J］. 计算机测量与控制，2020（02）：33 - 38.

［14］ 赵万里，郭迎清，杨菁，等. 液体火箭发动机故障诊断器设计及其 HIL 验证［J］. 北京航空航天大学学报，2019，45（10）：1995 - 2002.

第4章　推力调节技术

随着运载火箭设计技术及发动机研制技术的飞速发展，越来越多的运载火箭使用发动机推力调节技术，通过对发动机进行适当推力调节，可以改善运载火箭飞行性能。推力调节也是实现动力冗余的关键技术。无论是为提高火箭性能还是为实现动力冗余，推力调节技术都是发动机技术发展的重要方向。

4.1　发展历史及应用现状

通过对发动机进行适当节流，可以改善运载火箭的飞行性能。国外典型的运载火箭质子号M、宇宙神（见图4-1）、德尔它4等运载火箭在起动段、最大动压段和关机段都实施了不同的发动机节流技术，降低动压、控制过载，提高了运载火箭的性能。

我国在新一代运载火箭研制过程中开展了变推力的相关分析，但是由于应用目标不明确，没有进行过系统的研究及飞行试验，因此需要在新型发动机研制之初，突破传统设计理念，厘清变推力技术特点，并对相关变推力参数进行识别、提取及优化，为变推力对运载火箭性能影响提供技术牵引；运载火箭实施变推力飞行，除了影响运载能力之外，还对飞行过载、动压、热流和飞行载荷等飞行性能产生影响，因此需要联合弹道、载荷、姿控等专业进行多专业联合仿真。

国外运载火箭普遍使用变推力技术，美国的宇宙神运载火箭、航天飞机、SpaceX火箭采用了变推力技术，俄罗斯（苏联）的卫星号、联盟号、天顶号、安加拉号运载火箭也都采用了变推力技术，可以降低动压、控制过载，提高运载性能。对应发动机的主要性能

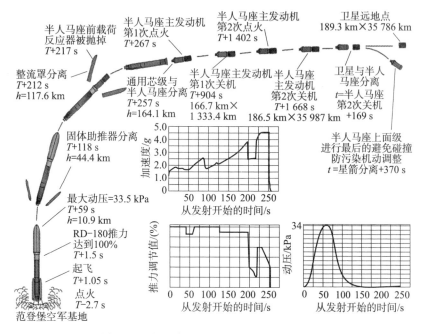

图 4-1　宇宙神 V 521 典型飞行剖面（GTO）

参数见表 4-1。在实际使用中，是否调节发动机推力及调节方式随具体发射任务而不同。航天飞机推力调节主要是为了减小动压，将气动载荷控制在控制面可承受范围内；运载火箭的推力调节主要是为了控制过载，减小弯曲力矩，将其控制在火箭可承受的范围内。载人火箭要考虑航天员的安全及健康，需将过载控制在航天员可承受的范围内。从国外液体发动机推力调节能力来看，一般推力节流能力很强，最低值基本能达到 50%～60%，最高值约为 115%。

表 4-1　国外主力火箭发动机性能参数统计

发动机	运载火箭	推进剂	推力/kN	比冲/(m/s)	推力调节能力
RD-0110	联盟号	液氧/煤油	298(V)	3 250(V)	50%～100%
RD-108	联盟号	液氧/煤油	746	2 480	30%～100%
隼-1D+	猎鹰 9 号	液氧/煤油	845	2 814	57%～100%

续表

发动机	运载火箭	推进剂	推力/kN	比冲/(m/s)	推力调节能力
NK-33	N-1	液氧/煤油	1 505	2 910	23%～115%
RD-191	安加拉系列	液氧/煤油	2 096(V)	3 310(V)	38%～100%
RD-180	宇宙神5	液氧/煤油	3 827	3 053	47%～100%
RD-171	天顶号	液氧/煤油	7 257	3 028	50%～100%
RL10B-2	半人马座	液氢/液氧	110(V)	4 565(V)	60%～100%
LE-5B	H-2B	液氢/液氧	137(V)	4 393(V)	60%～100%
LE-7A	H-2B	液氢/液氧	1 074(V)	4 207(V)	72%～100%
J-2X	Ares-1	液氢/液氧	1 308(V)	4 560(V)	82%～100%
RD-0120	能源号	液氢/液氧	1 517	3 518	25%～106%
SSME	航天飞机	液氢/液氧	1 670	3 562	50%～109%
RS-68	德尔它4	液氢/液氧	2 891	3 501	57%～102%

注:(V)表示真空参数。

4.2　推力调节需求优化

4.2.1　推力调节需求

通过对国内外变推力的调研分析,可以发现运载火箭推力调节除了可以应用在发动机故障情况下实现动力冗余以外,主要体现在降低飞行动压、过载,调节飞行参数和精确控制需求等方面。

(1) 降低飞行动压、过载

如果发动机推力较大,会引起较大的动压和过载,导致箭体结构设计重量增加或者受到破坏。在火箭总体方案不变的情况下,可以对发动机进行变推力,从而降低飞行的动压和最大过载,以保证火箭安全飞行,提高火箭结构效率的设计水平。

(2) 调节飞行参数

落区安全是火箭设计时不得不考虑的一个重要约束,除了通过调整级间比、俯仰程序角、偏航程序角等方法以外,还可以使用变推力的方法实现落区辅助调整。比如可以通过芯级推力节流，使得助推工作段时的全箭总重相比额定工况大，因此缩短了助推器落点的射程，延长了一级落点的航程；此外，可以通过火箭末级发动机节流，延长飞行时间，可以以时间换空间的方式，大幅提高发射高轨卫星的运载能力；最后飞行时间的延长对其他入轨点参数也有一定的调节作用，如调整入轨点测控弧段、调节入轨点幅角等。

（3）精确控制需求

子级回收及软着陆任务也对变推力提出了需求，如猎鹰 9 号子级原场回收任务分析中，为了保证飞行过载和高精度着陆控制，芯一级在上升段需要 9 台发动机工作，返回段需要 3 台发动机工作，减速段需要 2 台发动机工作，着陆段需要 1 台发动机工作。如果芯一级是 1 台发动机，要实现子级回收软着陆控制，则需要发动机具有很宽的变推力范围。

4.2.2　研究模型

4.2.2.1　动力学模型

建立在发射坐标系下的火箭的上升段弹道三自由度质点动力学方程为

$$
\begin{bmatrix} \dot{x} \\ \dot{y} \\ \dot{z} \end{bmatrix} = \begin{bmatrix} V_x \\ V_y \\ V_z \end{bmatrix}
\tag{4-1}
$$

$$
\begin{bmatrix} \dot{V}_x \\ \dot{V}_y \\ \dot{V}_z \end{bmatrix} = \frac{\boldsymbol{G}_B}{m} \begin{bmatrix} F \\ 0 \\ 0 \end{bmatrix} + \frac{\boldsymbol{G}_V}{m} \begin{bmatrix} F_x \\ F_y \\ F_z \end{bmatrix} + \begin{bmatrix} g_x \\ g_y \\ g_z \end{bmatrix}
\tag{4-2}
$$

$$
m = m_0 - \dot{m}t
\tag{4-3}
$$

式中，x、y、z 为位置分量；V_x、V_y、V_z 为速度分量；$\boldsymbol{G}_B$ 为箭体系到发射系转换矩阵；$\boldsymbol{G}_V$ 为速度系到发射系转换矩阵；g_x、g_y、g_z 为

引力加速度在发射系的分量；F 为发动机推力；F_x、F_y、F_z 分别为阻力、升力和侧向力；m 为火箭质量；m_0 为火箭起飞质量；$\dot{m}$ 为质量流量。

4.2.2.2　推力调节弹道设计模型

发动机变推力通过对发动机节流来实现，在变推力过程中，比冲、秒耗量和推力 3 方面都会发生变化。在弹道设计过程中，通过设置节流期间秒耗量和比冲与标准值的比例来模拟实际的变推力。

因此，推力公式可以改写为

$$P = I_{sp}\dot{m}(t) \tag{4-4}$$

式中，I_{sp} 为发动机比冲；$\dot{m}(t)$ 为质量流量，并为比冲和流量定义节流幅度、节流开始时间、节流结束时间 3 个参数，则比冲、流量可以改写为

$$\begin{cases} \dot{m} = \dot{m}_1, I_{sp} = I_{sp1} & \text{if } t \notin [t_1, t_2] \\ \dot{m} = \dot{m}_2, I_{sp} = I_{sp2} & \text{if } t \in [t_1, t_2] \end{cases} \tag{4-5}$$

式中，$\dot{m}_1$ 为发动机标准流量；$\dot{m}_2$ 为发动机节流后的流量；I_{sp1} 为发动机标准比冲；I_{sp2} 为发动机节流后比冲；t_1 和 t_2 分别为节流开始时间和节流结束时间。

在具体分析火箭运载能力时，可以事先一次性预设节流开始时间和节流结束时间以及节流的幅度，这样就可以灵活地模拟出火箭在各种分离情况下的推力变化及节流情况。

4.2.2.3　载荷计算模型

由于火箭为细长体，火箭载荷按照梁形式进行分析，即梁各截面的内力以轴力、弯矩、剪力的形式给出。载荷计算的原理为达朗贝尔原理

$$\sum_i \boldsymbol{F}_i - m_i \boldsymbol{a}_i = 0 \tag{4-6}$$

式中，i 为系统包括的质点个数；m_i 为第 i 个质点的质量；$\boldsymbol{a}_i$ 为第 i 个质点的加速度向量；$\boldsymbol{F}_i$ 为第 i 个质点受到的外力向量。

　　火箭在计算时，离散成为若干质点，从火箭一端开始计算每个质点微元的内力载荷，轴向载荷主要为轴力，计算公式为

$$T(x_k) = n_x g_0 \sum_{i=1}^{k} m_i + \sum_{i=1}^{k} D_i - \sum_{p} F_p \delta(x_k - x_{Tp}) \quad (4-7)$$

式中，n_x 为轴向过载；g_0 为重力加速度常数；D_i 为第 i 个质点的气动阻力；F_p 为轴向集中力（发动机轴向推力、捆绑位置集中轴向力等）；δ 为阶跃函数；x_{Tp} 为轴向集中力的位置。

　　横向载荷主要为弯矩与剪力，可以将横向载荷分为气动载荷和操纵载荷两部分，气动载荷由气动力引起，操纵载荷由发动机推力引起，两者计算方法相同。

$$\begin{cases} Q(x_k) = -n_y g_0 \sum_{i=1}^{k} m_i + \sum_{i=1}^{k} F_{qi} - \sum_{p} F_p \delta(x_k - x_{Tp}) \\ M(x_k) = \sum_{i=1}^{k} l_i Q(x_i) \end{cases}$$

$$(4-8)$$

式中，n_y 为横向过载；F_{qi} 为第 i 个质点的气动横向力；F_p 为横向集中力（发动机横向操纵力、捆绑位置集中横向力等）；δ 为阶跃函数；x_{Tp} 为横向集中力的位置；l_i 为第 i 个质量点与 $i-1$ 个质量点的距离。

　　通过载荷计算得到的火箭各截面轴力、弯矩、剪力需要等效成截面的均匀轴拉及轴压进行强度或者稳定性设计，等效的公式为

$$T_{等效} = T \pm \frac{2M}{r_{截面}} \quad (4-9)$$

4.2.3　推力调节技术应用场景

　　在故障状态下通过推力调节技术实现动力冗余的具体应用情况已在第 2.3.2 节中描述，本节重点说明正常状态下推力调节技术的应用情况。

　　对发动机进行适当推力调节，可以改善运载火箭的飞行性能，提高发射任务的可靠性。通常在起飞段，可以通过推力调节或者分级起动对发动机系统进行健康诊断，确认功能正常后发动机达到额

定推力起飞，提高发射可靠性；在经过大风区（大风区包括载荷设计的跨声速、最大动压、最大 q_a 工况）的时候，通过发动机推力调节降低动压，改善运载火箭飞行环境；关机段，通过推力调节可以有效降低飞行过载以及改善推进剂出流、减少推进剂不可用量。本节以芯级并联 4 个助推器构型为例对推力调节设计进行研究，该构型芯级 4 台发动机切向单摆，每个助推器两台发动机，内侧发动机固定，外侧发动机切向单摆。

4.2.3.1　起动段变推力设计研究

发动机节流或者分级起动是国外垂直发射运载器在起飞段常用的一种技术，通过节流或分级起动保证临射前和点火后数秒内对火箭和有效载荷进行健康状态的诊断，并在诊断出故障时实现终止发射，从而提高发射的可靠性和保障发射场安全。

典型的如质子号 M 下达点火指令后，1.35 s 推力达到额定推力的 40%，2.95 s 推力达到额定推力的 107%，3.10 s 起飞。能源号发射时，芯级发动机要比助推器发动机提前 8 s 点火，这时诊断系统对火箭进行最终健康检查，根据检查结果，发出助推器发动机点火的指令，火箭在达到全推力后起飞。

对于某型运载火箭，根据发动机 65% 的节流能力，如果全部发动机起飞时均进行节流使得推力小于重力，这足以保证火箭起飞前发动机的健康诊断时间。参考国外用于火箭起动段健康诊断的工作时间，如果将运载火箭的起动段节流诊断时间设为 2 s，则火箭在 2 s 节流起动诊断期间需要额外消耗掉推进剂，会导致运载能力下降 0.5%。因此运载火箭起动段的工作时序，主要根据发动机需要的健康诊断时间来确定，在确保健康诊断系统正常工作的情况下，要尽可能缩短用于健康诊断的时间。

4.2.3.2　飞行段变推力设计研究

（1）节流对象分析

针对本节研究的构型，可以分为芯级发动机节流、助推器摆动发动机节流、助推器固定发动机节流共 3 种方案。按照发动机是否摆动，实际可整合为两种方案。以芯级摆动发动机节流和助推器固定发动机节流为例，与标准弹道对比见表 4-2。芯级节流、助推器固定发动机节流飞行弹道下的最大 q_a 值相对标准弹道分别下降了 4%、7%，降低固定发动机推力对降低 q_a 效果更明显。

表 4-2　最大 q_a 状态节流效果对比

	标准弹道	芯级节流	助推器固定发动机节流
q /(N/m^2)	31 492	26 916	27 114
载荷攻角/(°)	5.03	5.65	5.45
q_a /(N/m^2)	2 765	2 652	2 578
俯仰摆角/(°)	7.00	7.81	6.48
偏航摆角/(°)	1.18	1.26	1.06

分析结果表明：无论是降低摆动发动机推力还是降低固定发动机推力，均能起到降低动压的效果，但是降低摆动发动机的推力同时会减小控制能力，导致载荷攻角增加。虽然动压下降，由于攻角增加导致 q_a 降低不明显，因此，最大动压区应优先选择固定发动机节流，这样对降低 q_a 效果更明显。

最大过载时刻一般发生在助推器或芯一级关机前，在此时间段内对发动机进行节流一方面可以降低飞行最大过载，降低此时间段内的结构轴压载荷，另一方面可以降低关机前发动机的推力，进而降低轴向的动载荷。助推器关机前选择仅对芯级发动机节流，将增加助推器向芯级传递的轴力，增加捆绑载荷引起的助推器弯矩载荷；选择仅对助推器发动机节流将减小助推器向芯级传递的轴力，降低捆绑载荷引起的助推器弯矩载荷。因此，从全箭的载荷上来看，最大过载时刻应优先选择助推器发动机节流，但仅节流助推器发动机将对运载能力造成一定程度的损失，对芯级发动机节流则相当于优先消耗助推器推进剂，可以降低运载能力的损失，实际选取最大过载时刻节流的发动机需要进行综合考虑。

（2）节流时机分析

一般而言，火箭结构部段的设计载荷出现在大风区（大风区包括载荷设计的跨声速、最大动压、最大 q_a 工况）或者最大过载时刻，大风区是火箭受到横向载荷最大的时间段，最大过载时刻是火箭受到轴向载荷最大的时间段，在这两个时刻进行节流将有效降低设计载荷，进而实现结构减重。宇宙神 3A 运载火箭飞行到大风区时，为了减缓动压及载荷，将推力调小至 65%，满足了运载火箭设计强度要求；此外，宇宙神 V 521 在 38～58 s 对发动机实施 50% 节流，实现将大风区最大动压由 34 kPa 降到 30 kPa。德尔它 4 重型火箭为了降低最大过载，芯级在助推器工作期间节流至 60%，助推器在分离期间也节流至 60%；宇宙神 5 重型火箭由于芯级推力过大，因此在芯级飞行段和助推飞行段从 59～226 s 助推器分离期间对芯一级节流至 50%，芯一级单独工作时间仍然进行节流，以保证助推器关机和芯一级关机时的最大过载均满足要求。

针对本节研究的构型，跨声速、最大动压、最大 q_a 时刻、最大过载时刻的无量纲载荷如图 4-2 所示（图 4-2～图 4-8 纵轴已无量纲化处理）。在标准飞行弹道下，距火箭尖点约 45 m 之前部段载

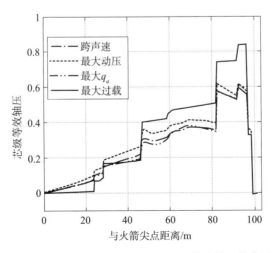

图 4-2　标准飞行弹道主要时刻芯级等效轴压载荷图

荷设计工况为跨声速时刻的飞行等效轴压载荷，在跨声速到最大动压段实施节流能有效降低相关结构的载荷，从而实现相关结构的轻量化。对于距火箭尖点约 45 m 之后的部段而言，最大过载时刻的轴压载荷是设计状态，只能采用助推器关机前节流降低最大过载的方式来减小载荷。因此，选择节流时机与不同结构的载荷设计状态直接相关。

（3）节流幅度分析

最理想的情况是节流后该时刻的载荷与次大载荷达到平衡，另外，还需考虑发动机的实际节流能力。以本节研究的对象为例，根据载荷要求需要将大风区最大动压由 36 kPa 降为 30 kPa，根据上文分析，在一级飞行至 40～76 s 期间将助推器固定发动机推力降为 70%，则可以实现将最大动压由 36 kPa 降为 30 kPa 的指标。采用大风区节流，可以降低距火箭尖点约 45 m 之前部段的无量纲飞行等效轴压载荷，如图 4-3 所示。

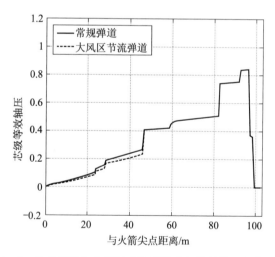

图 4-3　常规弹道和大风区节流弹道芯级等效轴压包络对比

为了降低距火箭尖点约 45 m 之后结构的轴压载荷，需要降低助推器分离前的最大过载。经过弹道计算、发动机节流能力与过载降低的整体协调，选择将助推飞行段最大过载下降 25%，这样首先保证对运载能力影响不大，损失约 0.2%，同时对发动机的节流要求也不太苛刻。通过分析芯一级从 123 s 到助推器关机节流 65%，助推器从 134 s 到关机节流 80%，可以在运载能力损失较小的情况下实现降低最大过载的需求。

经过弹道与载荷计算，得到节流弹道与常规弹道芯级轴力的对比（见图 4-4），芯级后段的载荷可以下降 10% 以上，此时芯级后段载荷最大的秒点不再是最大过载状态，而是芯级发动机节流前状态，如图 4-5 所示。由于选择了先芯级后助推器的节流方式，助推器的轴力载荷在芯级节流这段时间内有所上升（见图 4-6），但助推器的弯矩载荷有所降低，综合的等效轴压载荷包络与未节流的常规弹道基本一致，如图 4-7 所示。

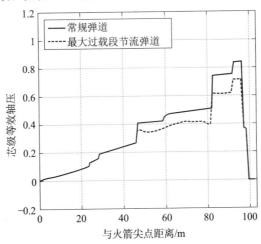

图 4-4　常规弹道和最大过载节流弹道芯级等效轴压包络对比

4.2.3.3　关机段变推力设计研究

发动机关机阶段引起的全箭动态冲击载荷是载荷中重要的一项，关机段通过推力节流以及多台发动机错开关机时刻的方式，可以降低发动机关机引起的动态载荷。本节就助推器关机前发动机节流以及助推器发动机不同关机策略对关机动态冲击载荷的影响进行研究。

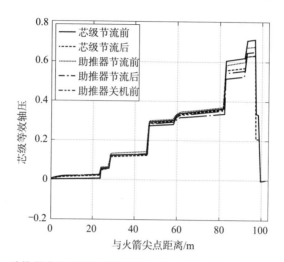

图 4 - 5　助推器分离前节流弹道选取计算工况的芯级等效轴压载荷对比

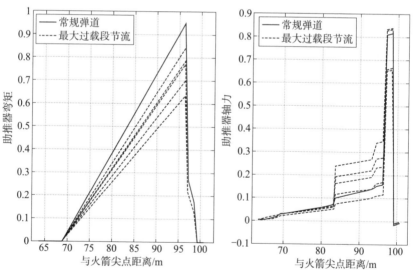

图 4 - 6　助推器分离前节流弹道选取计算工况的助推器弯矩与轴力载荷对比

　　根据发动机关机曲线和关机时序，计算了多种组合形式下运载火箭助推器关机段的冲击载荷，评估助推器关机形式对冲击载荷的

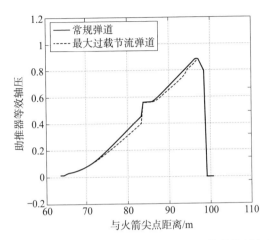

图 4 - 7　常规弹道和最大过载节流弹道助推器等效轴压包络对比

影响。冲击载荷的计算采用有限元模型的瞬态分析方法。发动机从额定推力分别经过 0.8 s、2.5 s、7.0 s 降低至 65% 推力的 3 种工况和不采用节流的载荷计算结果，如图 4 - 8 所示，其中负值代表压载荷，正值代表拉载荷。

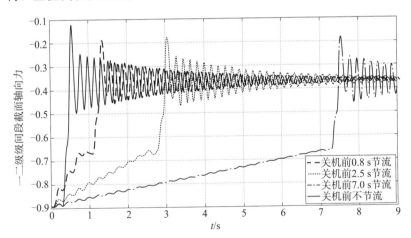

图 4 - 8　发动机节流时间对主捆绑和芯级载荷的影响

可以看出，在 8 台同时关机的情况下，发动机不采取节流的冲击载荷明显大于采取节流的载荷，但关机前节流时间与冲击载荷关联性不大。其中，第一个峰值主要是由于发动机关机曲线造成的，第二个峰值主要是由于助推器分离时载荷释放造成的。

4.2.4　小结

本节分别从降低飞行动压、过载、调节飞行参数以及精确控制需求等方面梳理了运载火箭对变推力的需求，并针对起动段、飞行段、关机段分析了变推力设计的方案，特别是针对飞行段从节流对象、节流时机、节流幅度阐述了变推力设计需求的具体分析方法。主要结论如下：

1）运载火箭对发动机变推力技术有广泛的应用需求，除了发动机故障情况下实现动力冗余以外，在起动段故障诊断、飞行段和关机段降低载荷方面将发挥重要作用。

2）发动机起动段通过节流或分级起动保证临射前和点火后数秒内对火箭进行健康诊断，起动时序需考虑故障诊断时间。发动机关机段节流能有效降低主捆绑最大受拉以及箭体冲击载荷。

3）飞行段选择节流时机与不同结构的载荷设计状态直接相关，节流幅度确定最理想的情况是节流后该时刻的载荷与次大载荷达到平衡，另外，还需考虑发动机的实际节流能力。

4.3　推力调节主要方式

液体运载火箭发动机推力调节的关键是对发动机中液体推进剂的流量和燃烧特性进行控制，从而达到控制推力的目标。一般而言，对于同一型发动机，推力室中流量与涡轮泵转速正相关；推进剂的燃烧特性与推力室压力和推进剂混合比密切相关，这两个参数又受涡轮泵转速和调节元件（可设置在管路、阀门、喷注面板等部位）特性影响。因此，工程上推力调节最终实现形式是对涡轮泵转速和调节元件开度的控制。

为实现推进剂能量的高效转化和剧烈释放，发动机一般工作在极高温、强振动和大热流的环境下，组织过程环节众多（如喷注、雾化、混合、燃烧、压缩、膨胀等）且对边界条件敏感，推力调节过程涉及涡轮泵、推力室、调节元件等关键组件，对材料、工艺、结构、密封等诸多方面均提出了较为苛刻的要求，是液体运载火箭发动机研制的难点。

根据推力调节后发动机推力变化方式的不同，一般可以分为连续式推力调节和阶跃式推力调节。

4.3.1　连续式推力调节

连续式推力调节是指通过发动机的机电一体化组件（如电动调节阀）与电气系统闭环耦合，实现推力在一定范围内的连续调节，发动机可以工作在该推力范围内的任一推力工况。

根据发动机系统设计，电动调节阀可以设置在液路或燃气路，对应不同的开度获得不同的推力，通过电机与机械阀门的匹配实现阀门开度的调整。目标推力由控制系统根据预先装定的诸元或飞行过程重构予以明确；室压、流量、混合比、过载等参数可以作为闭环反馈参数，由测量系统获得并提供控制系统用于判断推力调节是否已达到预期值。某型氢氧发动机系统原理图和连续式推力调节逻辑原理图如图 4-9 和图 4-10 所示。

连续式推力调节的主要优点包括两方面：一是可实现发动机推力的灵活调整，有利于满足主动段减载、动力冗余和垂直起降过程弹道优化对推力的需求；二是发动机自身工况变化较为缓和，对发动机的涡轮泵、推力室、密封组件等瞬间冲击较小，振动环境过渡平稳，整体可靠性更优。鉴于这两方面优点，大范围的连续式推力调节是当前液体运载火箭发动机推力调节的研究重点和热点。主要技术难点包括电动调节阀技术、高精度推力调节控制技术、宽推力范围稳定燃烧技术和大流量范围涡轮泵技术。

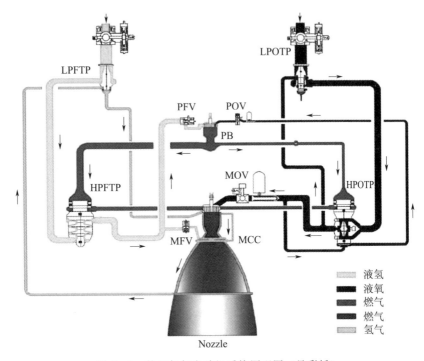

图 4-9　某型氢氧发动机系统原理图（见彩插）

LPFTP—氢预压泵；LPOTP—氧预压泵；PB—预燃室；PFV—预燃室氢调节阀；

POV—预燃室氧调节阀；MOV—推力室氧调节阀；MFV—氢主阀；

HPFTP—氢主泵；HPOTP—氧主泵；MCC—燃烧室

4.3.2　阶跃式推力调节

阶跃式推力调节又称为脉冲式推力调节，是指通过发动机调节元件的状态切换，实现多个推力工况的稳定工作，相邻工况间阶跃式调整。由于发动机可选的工作推力状态相对固定，电气系统的调节过程一般直接选用开环控制方案。可选的调节元件包括气动调节阀、电动调节阀和电磁阀等，调节元件可设置在气液主路或分支路。

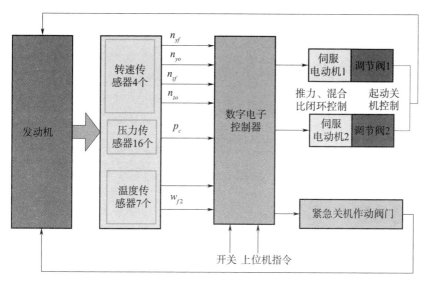

图 4 - 10　某型氢氧发动机连续式推力调节逻辑原理图

阶跃式推力调节的实现过程与连续式推力调节基本一致，但无须测量系统获取及反馈调节后的参数，一般根据任务需要进行分段式切换，同步实现混合比调节。阶跃式推力调节的主要优点是系统简单，易于工程实现；主要不足是推进调节能力有限，无法大范围偏离额定设计工况，不利于复杂任务剖面总体性能优化，同时调节过程工况切换较为剧烈，对发动机部组件冲击较大，不利于整体可靠性提升。

4.3.3　典型发动机推力调节方案

4.3.3.1　美国航天飞机主发动机

SSME 为美国航天飞机主发动机，推进剂为液氢液氧，采用泵压式补燃循环系统，额定真空推力为 209 t，真空比冲 452 s。推力可在额定值 50%～109% 的范围内进行调节，混合比可在 5.5～6.5 范围内进行调节。

图 4-11 所示为 SSME 系统简图。发动机采用两个预燃室分别驱动两台高压涡轮泵的方案，共设置 5 个连续调节阀，分别为氢主阀（MFV）、液氧主阀（MOV）、燃烧剂路预燃室氧化剂副阀（FPOV）、氧化剂路预燃室氧化剂副阀（OPOV）、冷却剂控制阀（CCV），冷却剂控制阀是液压作动的闸式阀门，其他 4 个阀门均为液压作动的球形阀。其中，氧化剂路预燃室氧化剂副阀为推力调节阀，监视推力室室压，用于调节氧涡轮流量；燃烧剂路预燃室氧化剂副阀为混合比调节阀，监视推力室混合比（推力室混合比由氢泵流量计与推力室室压测点的数值实时计算得到），用于调节氢涡轮流量；两个阀采用闭环控制，相互配合，单个阀动作无法实现单参数控制。氢、氧主阀在开机和关机时按照既定程序执行打开、关闭动作，主级时保持全开，节流状态下根据推力室压力控制阀门开度；冷却剂控制阀设置在氢泵后的一条分支上，用于控制进入冷却夹套的氢流量，阀门按照发动机既定程序动作，主级时保持全开，低工况（67%）保持半开。

图 4-12 所示为 SSME 控制系统示意图。控制器在得到主燃烧室压力信号后，与给定推力对应的主燃烧室参考压力信号做比较，而后调节氧化剂路预燃室氧化剂副阀开度，从而控制氧化剂路涡轮泵功率，调节氧化剂流量，调节推力水平（50%～109%）。同时，控制器得到燃烧剂流量信号，调节燃烧剂路预燃室氧化剂副阀开度，从而控制燃烧剂路涡轮泵功率，调节燃烧剂流量，调节主燃烧室混合比。

4.3.3.2　RD-0120 发动机

RD-0120 为能源号基础级发动机，推进剂为液氢液氧，采用泵压式补燃循环，额定真空推力为 186 t，额定真空比冲 456 s，混合比为 6，发动机推力可在 25%～106% 范围内进行调节。

图 4-13 所示为 RD-0120 发动机系统简图。发动机设置一个预燃室，富燃燃气驱动一个涡轮，涡轮驱动两台与涡轮同轴的泵，两台泵背对安装，以防止推进剂泄漏接触。发动机共设置两台调节阀，

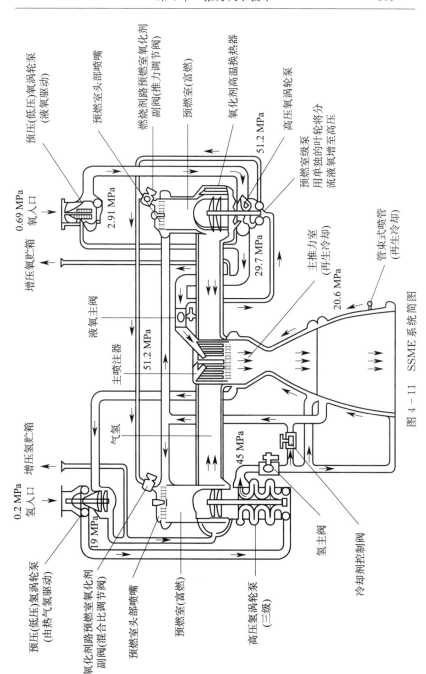

图 4 - 11　SSME 系统简图

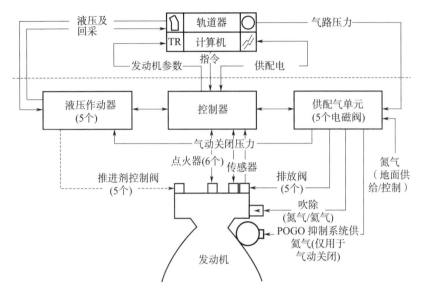

图 4-12 SSME 控制系统示意图

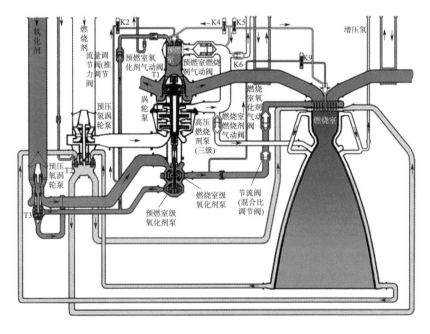

图 4-13 RD-0120 发动机系统简图（见彩插）

阀门均为电机驱动，其中，预燃室流量调节阀为推力调节阀，控制预燃室的氧化剂流量，从而改变涡轮输出功率，控制主路推进剂流量，进行推力调节；混合比调节阀设置在氧化剂泵后主路，为节流阀，用于调节进入推力室的液氧流量，对发动机混合比进行调控，该阀在50％推力工况前不工作，50％推力工况后开始工作。另外，由于两调节阀均不具备截止功能，因此在两调节阀的下游各设置了一个气动阀，控制管路通断。

4.3.3.3　LE-7A 发动机

LE-7A 发动机是日本 H-2A 火箭和 H-2B 火箭的一子级，是在 H-2 火箭的一子级 LE-7 的基础上改进而来的，采用泵压式补燃循环，额定真空推力为 112 t，可在 100％和 70％推力水平工作。

图 4-14 所示为日本 LE-7A 发动机系统简图。LE-7A 发动机采用一台预燃室带动两台独立的涡轮泵的系统方案，共设置两个调节阀。其中，预燃室液氧阀为推力调节阀，具有两个开度，非连续

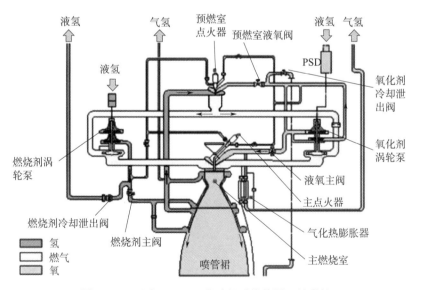

图 4-14　日本 LE-7A 发动机系统简图（见彩插）

调节阀,用来改变预燃室氧流量,控制涡轮输出功率;液氧主阀为混合比调节阀,具有 3 个开度,非连续调节,通过改变阀门开度,调节进入推力室的流量,控制推力室混合比。

4.3.3.4 RS‐68 氢氧发动机

RS‐68 氢氧发动机是由美国洛克达因公司在航天飞机主发动机(SSME)的基础上设计和制造的,采用泵压式燃气发生器循环,海平面比冲为 357 s,海平面推力为 295 t,真空推力为 334 t,混合比为 6,可以进行 57%～102% 的推力调节。

图 4‐15 所示为 RS‐68 氢氧发动机系统简图。发动机用一台燃气发生器给两台涡轮泵提供燃气,共设置 4 个连续调节阀,分别为燃气发生器氢阀、氧阀,推力室燃烧剂主阀和推力室氧化剂主阀,均为液压伺服阀。其中,发生器氧阀监视发生器室压,通过改变阀门开度控制进入的发生器氧流量,从而改变发生器工况,改变发生器室压;发生器氢阀监视发生器氧阀开度,与之随动,保持发生器混合比恒定;推力室氧主阀监视推力室室压,通过改变氧主阀压降,

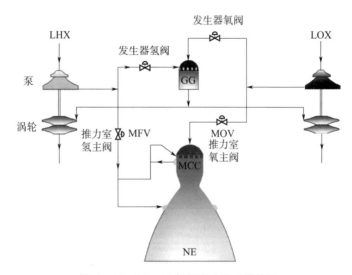

图 4‐15 RS‐68 氢氧发动机系统简图

控制氧泵后压力；推力室氢主阀监视推力室氧主阀的阀门开度，与之随动使推力室混合比在工况变化时保持不变。发动机设有 1 个控制器可控制发动机的起动、稳定工作、节流和关机，可根据指令在满推力和最大/最小推力之间运行和转换。当下达推力调节指令时，发生器氧阀作动，发生器氢阀随动，发生器工况发生变化，从而改变燃气流量和压力，两涡轮功率变化，氢泵、氧泵的扬程随之变化，推进剂流量发生改变，氢、氧主阀配合作动，控制泵后压力和推力室室压，完成发动机推力调节。

4.3.3.5　J-2X 发动机

J-2X 发动机采用开式燃气发生器循环，串联涡轮泵，工作模式分为主级模式和辅级模式。在主级模式下，发动机的真空推力为 133.36 t，混合比为 5.5，在辅级模式下，通过调节混合比至 4.5，发动机以 82% 的推力水平工作，推力为 109.77 t。发动机具备再次起动能力，并可在超过 30 km 的高空起动。

图 4-16 所示为 J-2X 发动机系统简图。发动机共配有 43 个阀门和作动器，其主要阀门包括燃烧剂主阀（MFV）、氧化剂主阀（MOV）、燃气发生器燃烧剂阀（GGFV）、燃气发生器氧化剂阀（GGOV）和氧化剂涡轮旁通阀（OTBV），推进剂主阀的设计采用了扇形球阀结构。氧化剂涡轮旁通阀为一台混合比调节阀，阀门开度可在 42%～100% 范围内连续调节，从而控制氧涡轮流量，以达到调整混合比的目的，这是产生辅级推力水平的主要手段。

4.3.3.6　LE-9 发动机

LE-9 发动机是日本在研的氢氧火箭发动机，采用开式膨胀循环，真空推力为单台 148 t，它将以双机并联的方式为日本新型主力运载火箭 H-3 提供主级动力，将是世界上首台用于主级动力的开式膨胀循环发动机。

LE-9 发动机系统简图如图 4-17 所示，该发动机要求具有深度节流能力，推力可在 60%～100% 范围内调节。发动机共设置氧

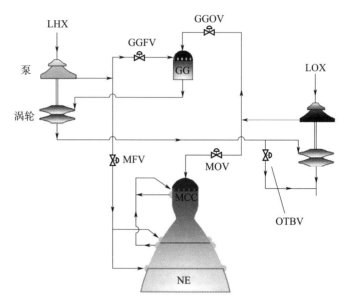

图 4-16 J-2X 发动机系统简图

化剂主阀（MOV）、燃烧剂主阀（MFV）和推力控制阀（TCV）3台连续调节阀，均由伺服电动机控制。其中，氧化剂主阀通过监视推力室氧头腔压力来控制进入推力室的氧流量，从而控制推力室混合比；推力控制阀设置在推力室身部夹套后涡轮侧分流路，通过监视推力室室压来控制进入涡轮的流量，从而控制涡轮泵输出功率；燃烧剂主阀设置在氢泵后推力室侧分流路，具有步进式推进剂流量控制功能，通过改变阀门开度，调整氢泵后进入推力室侧和夹套侧的流量分配比例，从而控制夹套出口温度，使涡轮入口温度保持在合适的范围内。

　　LE-9 发动机控制模块示意图如图 4-18 所示，控制器下达推力与混合比指令给阀门控制器，阀门控制器调节推力控制阀与氧化剂主阀的开度，从而改变相应管路流量，之后传感器将燃烧室压力及混合比数值反馈给阀门控制器，将反馈值与目标值做比较，进一步调节阀门开度，从而实现发动机推力与混合比的随意控制。

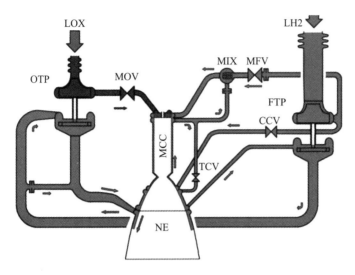

图 4 - 17　LE - 9 发动机系统简图

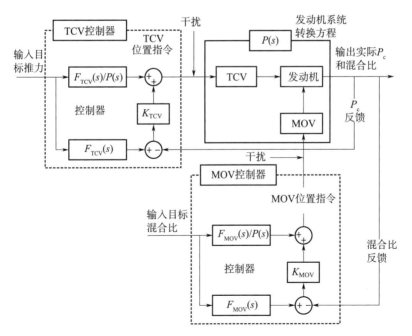

图 4 - 18　LE - 9 发动机控制模块示意图

4.3.3.7　Vulcain 发动机

图 4-19 所示为 Vulcain（火神）发动机系统简图，Vulcain 发动机是欧洲阿里安 5 芯级发动机，为燃气发生器循环，此发动机只具备混合比调节能力，无法控制发动机推力，混合比调节阀设置在氧涡轮燃气入口管路，为液压伺服阀，发动机采用开环控制，地面校准试车时用液压作动器及地面计算机进行校准，获得混合比控制阀的阀门开度与发动机混合比的转换函数，在飞行中，利用此转换函数就可以将火箭的混合比目标值转换为阀门的开度信号，实现发动机混合比控制。

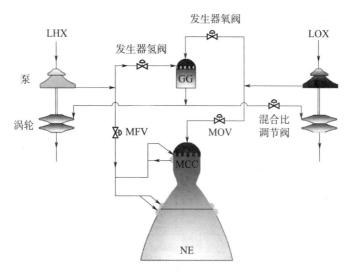

图 4-19　Vulcain 发动机系统简图

4.3.3.8　RD-180 发动机

RD-180 发动机推进剂为液氧/煤油，采用双推力室单涡轮泵富氧补燃循环系统，地面推力为 390 t，推力调节范围为 47%～100%，混合比调节范围为 ±7%。

RD-180 发动机系统简图如图 4-20 所示，氧化剂经预压泵、

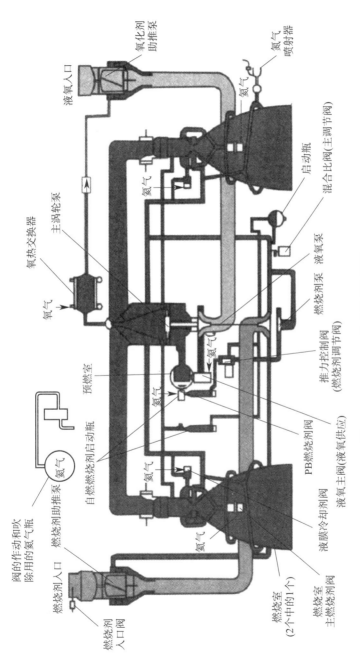

图 4 - 20　RD - 180 发动机系统简图

主泵增压后进入预燃室（燃气发生器），燃烧剂经预压泵、一级泵增压后分为两路，绝大部分经过推力室再生冷却通道进入推力室，小部分经过燃烧剂二级泵进一步增压后进入预燃室，全部氧化剂与小部分燃烧剂在预燃室中燃烧产生高压富氧燃气驱动涡轮，之后进入推力室与绝大部分燃烧剂进一步燃烧。

发动机利用安装在预燃室燃烧剂供应管路的流量调节器（由电机控制）改变进入预燃室的燃烧剂流量，使预燃室混合比发生改变，从而改变富氧燃气温度，进而改变涡轮功率，达到调节进入推力室推进剂流量、调节推力的目的。通过推力室燃烧剂供应管路的节流阀控制推力室混合比。

4.3.4　小结

本节对液体运载火箭发动机推力调节方式进行了阐述，并对国外典型发动机推力调节方案进行了介绍，主要结论如下：

1) 优选连续式推力调节；

2) 调节元件尽量设置在副系统中流量较小的一路；

3) 设置辅助调节元件，以使发动机在推力调节过程中混合比与比冲不发生较大变化；

4) 注意调节范围内及调节过程中发动机组件可承受，包括强度、刚度、密封、振动、热流等；

5) 喷管最佳膨胀比宜按照最大推力所对应的燃烧室压力优选；

6) 推力调节过程的时间尽量短，避免调节过程推力不稳定对飞行的干扰；

7) 推力调节精度尽量高，利于全箭综合性能优化；

8) 便于地面试车考核，包括组件级、半系统、全系统等不同层级的试验。

4.4　推力调节设计案例

本节以图 4-9 所示的某型氢氧发动机为例，对其推力调节系统设计过程进行展开介绍。

该发动机为典型的单预燃室补燃循环氢氧发动机，发动机工作原理如下：

1）液氢由贮箱流入发动机，经氢预压泵增压后进入氢主泵进一步增压，氢主泵后的液氢分为两路，大部分液氢直接流入预燃室，小部分液氢进入推力室冷却夹套对推力室进行冷却，同时吸热变为气氢，流出的气氢推动氢预压涡轮做功为氢预压泵提供能量，做功后的气氢进入推力室进行燃烧。

2）液氧由贮箱流入发动机，经氧预压泵增压后进入氧主泵进一步增压，氧主泵后的液氧分为 3 路，大部分液氧直接流入推力室，一小股液氧推动氧预压涡轮做功为氧预压泵提供能量，而后汇入氧主泵前主路，另一小股液氧进入氧预燃泵进一步增压而后进入预燃室。

3）进入预燃室的大流量液氢与小流量液氧混合燃烧产生温度较低的富氢燃气，分为两路分别驱动氢、氧主涡轮泵做功，而后流入推力室。

4）流入推力室的气氢、富氢燃气、液氧混合燃烧从喉部喷出产生推力。

发动机推力调节系统设计过程主要内容包括推力调节系统方案设计、系统仿真和试验研究等。

4.4.1　调节方案

发动机额定推力设定为 234 t，额定混合比设定为 6，推力调节系统设计目标为推力变化范围 50％～100％（保持混合比不变）、混合比变化范围±5％。推力调节基本方案为发动机流量连续调节，根据发动机系统方案以及泵压式发动机推力调节原理，结合世界各主要大推力发动机推力调节方式，提出 3 种备选推力调节系统方案，方案原理如图 4 - 21～图 4 - 23 所示。

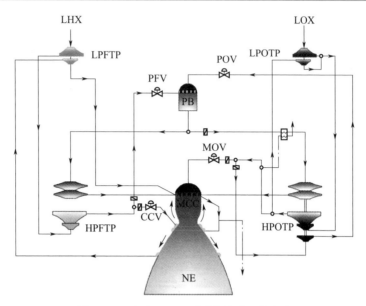

图 4 - 21　方案 1 ——副系统单路调节方案

PFV—预燃室氢阀；POV—预燃室氧阀；MOV—推力室氧阀；CCV—冷却剂控制阀

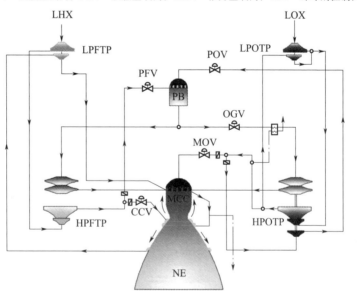

图 4 - 22　方案 2 ——氧化剂路燃气节流方案

OGV—燃气节流阀

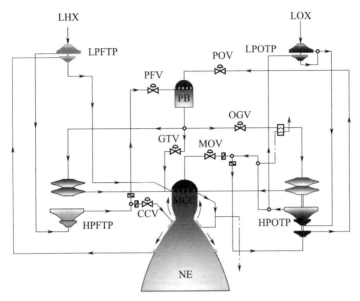

图 4-23   方案 3——涡轮前燃气分流方案

GTV—燃气旁通阀

方案 1（见图 4-21）为副系统单路调节方案，其中，POV 为预燃室氧阀，起推力调节作用，MOV 为推力室氧阀，起混合比调节作用。发动机工作时，PFV、CCV 打开，在额定工况下 POV 为全开状态，调节 MOV 开度控制混合比；调节 POV 开度，同时配合调节 MOV，改变预燃室氧化剂流量，进行推力调节。

方案 2（见图 4-22）为氧化剂路燃气节流方案，其中，PFV、CCV、MOV 为截止阀，POV 为推力调节阀，OGV 为混合比调节阀。发动机工作时，PFV、CCV、MOV 打开，在额定工况下 POV 全开，OGV 根据混合比的需要调节开度；调节 POV 开度，同时配合调节 OGV，改变预燃室氧化剂流量，调节推力。

方案 3（见图 4-23）为涡轮前燃气分流方案，其中 PFV、POV、CCV、MOV 为截止阀，GTV 为推力调节阀，OGV 为混合比调节阀。发动机工作时，PFV、POV、CCV、MOV 打开，在额定工况下 GTV 开度最小，OGV 根据混合比的需要调节开度；增大 GTV 开度，将部分富燃燃气直接导入推力室，降低双侧涡轮燃气量，减小推力，同时配合调节 OGV 开度，进行混合比调节。

　　方案 1 和方案 2 通过直接改变预燃室流量的方法调节涡轮泵功率，从而进行推力调节。方案 3 通过将预燃室后部分燃气直接引入推力室头腔的方法改变涡轮燃气量，进而改变涡轮泵功率调节推力。在混合比调节方面，方案 1 通过氧主阀直接调节进入推力室液氧流量进行混合比调节，方案 2 和方案 3 通过氧涡轮前燃气节流阀调节氢、氧涡轮燃气比例进行混合比调节。3 种方案各有利弊，其对比见表 4 - 3。

表 4 - 3　发动机变推力备选方案对比

方案	优点	缺点	实例
方案 1——副系统单路调节方案	1）只调节液路流量，容易实现 2）仅调节预燃室的较小流量组元，相对简单、可靠，结构质量小，容易与推力实现闭环控制 3）采用氧主阀直接控制推力室液氧流量，混合比控制较为直接	1）混合比调节阀作动会影响氧泵后压力，进而影响预燃室氧流量，混合比调节与推力耦合关系较强 2）依靠氧泵后憋压调节两涡轮功率之比，对氧涡轮效率影响较大	SSME RD - 0120 LE - 7A RD - 180
方案 2——氧化剂路燃气节流方案	1）调节预燃室较小组元流量调节推力，简单可靠，容易控制 2）采用控制涡轮功率的方式直接调节混合比，利用氧涡轮前燃气阀直接调节两涡轮燃气比例	1）推力室至氧泵后无可调节装置，氧泵后压力随推力室压力降低较快 2）高温燃气调节阀研制难度较大，无借鉴经验	Vulcain
方案 3——涡轮前燃气分流方案	1）调节过程中预燃室混合比变化较小，低工况喷嘴压降变化不大，有利于发生器燃烧稳定 2）直接调节涡轮燃气量，推力调节反应快	1）部分燃气不做功直接注入推力室，可能会降低比冲 2）高温燃气调节阀研制难度较大，无借鉴经验	J - 2X

4.4.2　系统仿真

4.4.2.1　推力调节对性能的影响

液体运载火箭发动机推力包括动量推力（占绝大部分）和压差推力两部分

$$F = \dot{m} v_e + A_e (p_e - p_a) = \dot{m} I_{sp} = A_t p_c C_F \qquad (4-10)$$

式中，F 为推力；$\dot{m}$ 为燃气质量流量；v_e 为喷管出口燃气速度；A_e、A_t 分别为喷管出口面积和喉部面积；p_e、p_a、p_c 分别为喷管出口压力、环境压力和燃烧室压力；I_{sp} 为比冲；C_F 为推力系数；$\dot{m} v_e$ 为动量推力；$A_e (p_e - p_a)$ 为压差推力。

根据拉瓦尔喷管流动的热力学分析，在一维、等熵、平衡流、喷管流动不分离的情况下，推力系数表示为

$$C_F = \sqrt{\frac{2k^2}{k-1}\left(\frac{2}{k+1}\right)^{\frac{k+1}{k-1}}\left[1-\left(\frac{p_e}{p_c}\right)^{\frac{k-1}{k}}\right]} + \varepsilon \frac{p_e - p_a}{p_c} \quad (4-11)$$

式中，k，ε 分别为燃气比热比和喷管面积比（即 $\varepsilon = A_e / A_t$）。

质量流量表示为

$$\dot{m} = A_t p_c = \frac{\sqrt[k]{\left(\frac{2}{k+1}\right)^{\frac{k+1}{k-1}}}}{\sqrt{kRT_c}} \qquad (4-12)$$

燃气速度 v_e 主要由推进剂的性能（燃烧室的 RT_c 值，即燃气常数与燃烧室温度之积）和喷管的压比（p_e / p_c）等因素决定，调节这两个参数在一项具体的工程项目上是不太现实的（需要改变推进剂种类或喷管尺寸），因此液体运载火箭发动机的推力调节一般通过调节发动机的流量 $\dot{m}$ 实现。根据式（4-10）和式（4-11）可知，在推进剂组合和喷管外形尺寸明确后，表征发动机推力的参数进一步明确为推力室压力、环境压力和燃气比热比，即

$$F = A_t p_c \left\{ \sqrt{\frac{2k^2}{k-1}\left(\frac{2}{k+1}\right)^{\frac{k+1}{k-1}}\left[1-\left(\frac{p_e}{p_c}\right)^{\frac{k-1}{k}}\right]} + \varepsilon \frac{p_e - p_a}{p_c} \right\}$$

$$(4-13)$$

对于最佳膨胀比状态（$p_e = p_a$），如进一步假定燃气比热比不随推力室压力变化而变化，发动机推力正比于燃烧室压力。对于基础级发动机，p_a随飞行高度增加而逐渐减小，推力和比冲有所增加，因此推力调节不宜长时间用于低空飞行段，会导致发动机性能损失。

在发动机推力调节过程中，燃烧室压力对发动机性能的影响主要体现在以下几个方面：

（1）燃气比热比 k

该参数是燃气所有组分的综合参数，每个组分的比热比、各组分所占摩尔比都与燃烧室压力密切相关，在液体运载火箭发动机燃烧温区内，k 值一般随压力的增大而减小。

（2）燃烧室 RT_c 值

燃气常数与燃烧室温度之积表征燃气做功能力，该参数与燃烧状态密切相关。

（3）能量转化效率

能量转化效率主要包括涡轮泵效率、燃烧效率、喷管效率 3 个方面。燃烧室压力是涡轮泵的下游，其工作参数直接影响涡轮泵参数，同时燃烧室压力对实际三维燃烧、流动过程偏离理论状态的程度具有决定性作用，体现为燃烧效率和喷管效率。

（4）调节过程时间效应

由于推力调节过程中燃烧室压力从原平衡状态重新达到新的平衡状态需要经过一个过渡期，在闭环控制中该过渡期将进一步延长，所以推力调节过程中一般会存在一个过渡期，即两次目标推力之间的转换状态。在过渡期内，发动机的推力、比冲、混合比等主要参数会出现较大波动，而过渡期的时间长度也将影响整个飞行任务。

（5）推力调节精度

在推力调节过程中，发动机的主要部组件一般将偏离额定工况，综合作用效果体现为推力、混合比的调节精度较额定状态有所降低；为了避免发动机推力调节过程多次超调干扰发动机正常工作、引发箭体抖动或控制发散，在控制系统闭环控制的边界设置时应予以适当放宽。

4.4.2.2　推力调节仿真

发动机推力、流量、比冲、推力室压力 4 个性能参数的关系为

$$q_{mc} = \frac{F_v}{I_{stc} g} = \frac{F_v}{I_{svth} g \eta_c \eta_n} \qquad (4-14)$$

$$p_c = \frac{C^* q_{mc}}{A_t} \qquad (4-15)$$

式中，F_v 为发动机真空推力；q_{mc} 为推力室流量；I_{stc} 为发动机实际比冲；I_{svth} 为发动机理论比冲；p_c 为推力室压力；C^* 为推力室燃气特征速度；A_t 为推力室喉部面积；η_c、η_n 分别为燃烧室效率、喷管效率；g 为重力加速度。

结合发动机系统数学模型，根据发动机的变推力要求，控制发动机混合比为 6，推力变化范围为 50%～100%，发动机工况变化情况如图 4 - 24～图 4 - 27 所示。

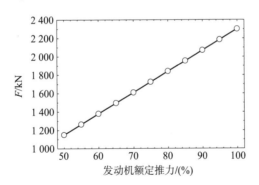

图 4 - 24　发动机推力变化情况（推力 50%～100%）

在发动机推力调节过程中，推力调节阀作动主要用于调节两高压涡轮泵转速（流量），同时混合比调节阀随动用于控制发动机混合比，仿真得到 3 种方案调节阀等效流通面积、压降曲线对比如图 4 - 28～图 4 - 33 所示，3 个工况点阀门等效流通面积及开度比例见表 4 - 4。

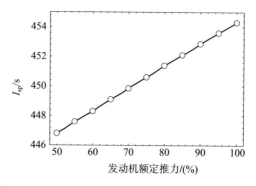

图 4-25　发动机比冲变化情况（推力 50%～100%）

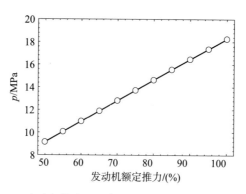

图 4-26　发动机推力室压力变化情况（推力 50%～100%）

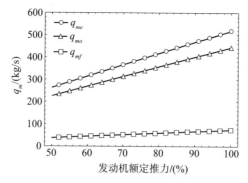

图 4-27　发动机推进剂流量变化情况（推力 50%～100%）

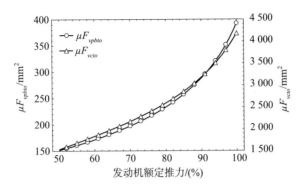

图 4-28 方案 1 调节阀等效流通面积

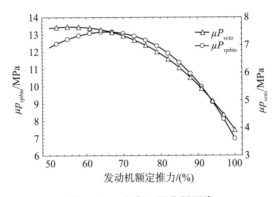

图 4-29 方案 1 调节阀压降

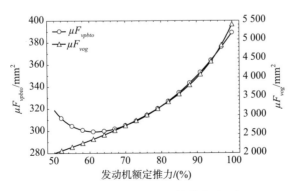

图 4-30 方案 2 调节阀等效流通面积

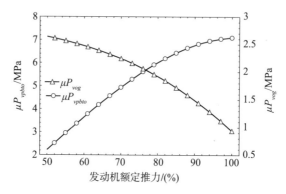

图 4 - 31　方案 2 调节阀压降

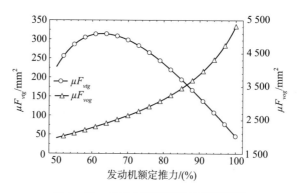

图 4 - 32　方案 3 调节阀等效流通面积

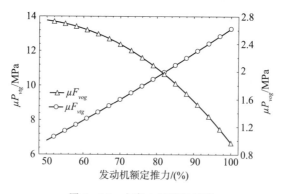

图 4 - 33　方案 3 调节阀压降

表 4 - 4　不同工况下调节阀等效流通面积及开度比例

（单位：mm²）

方案	阀门	100%	80%	拐点	50%
方案 1	推力调节阀（POV）	392.4（100%）	233.3（59.5%）	—	151.6（38.6%）
	混合比调节阀（MOV）	4 182（100%）	2 591（62.0%）	—	1 535（36.7%）
方案 2	推力调节阀（POV）	389.1（100%）	322.4（82.9%）	299（76.8%）	319（82.0%）
	混合比调节阀（OGV）	5 407（100%）	3 233（59.8%）	—	2 001（37.0%）
方案 3	推力调节阀（GTV）	45（14.3%）	236（75.2%）	314（100%）	226.9（72.0%）
	混合比调节阀（OGV）	5 324（100%）	3 127（58.7%）	—	1 963（36.9%）

注：表中阀门开度比例以 100%～50% 工况中阀门最大开度作为 100% 参照点。

对于方案 1，在推力水平降低过程中两阀门开度单调下降，且下降速度越来越慢，表明随着工况降低，推力对阀门的开度越来越敏感，在 80% 工况点两阀门开度均在 60% 附近，在 50% 工况点两阀门开度均在 40% 附近，阀门开度线性程度比较好。

对于方案 2，随着工况水平降低，混合比调节阀单调下降，线性程度比较好，在 80% 工况点、50% 工况点阀门开度分别在 60%、40% 左右；推力调节阀出现了不单调的情况，阀门开度先变小，后变大，在 62% 推力水平出现拐点。预燃室氧阀模型为

$$\mu F_v = \frac{q_m}{\sqrt{2\rho\Delta p}} \qquad (4-16)$$

由于液体密度可以视为不变，模型即为阀门开度 μF_v、流量 q_m、压降 Δp 的关系，由图 4 - 29 和图 4 - 30 可以看到，随着推力水平降低，Δp、q_m 基本呈线性下降趋势。由式（4 - 16）可知，当 Δp 较大时，$\sqrt{2\rho\Delta p}$ 呈缓慢下降趋势，下降速度低于 q_m，此时 μF_v 呈下降趋势；随着 Δp 越来越小，$\sqrt{2\rho\Delta p}$ 下降速度越来越快，当 Δp

小于一定值时，$\sqrt{2\rho\Delta p}$ 下降速度大于 q_m，此后 μF_v 转而开始变大，在这里转折点为 $\Delta p = 3.9$ MPa。经调整计算，提高推力调节阀初始压降后仍存在这个问题，因此方案 2 预燃室氧调节阀压降随工况降低而减小的固有弊端显现出来。方案 1 相比于方案 2，预燃室氧阀压降随工况降低总体呈上升趋势，不存在这个问题。

对于方案 3，混合比调节阀变化特性与方案 2 类似。对于推力调节阀，其阀门入口、出口压力取决于氢涡轮入口、出口压力，因此，随着工况水平降低，压降呈线性降低趋势。该方案推力调节的原理在于将未做功的预燃室燃气通过燃气调节阀直接导入推力室，减小涡轮燃气流量，因此，在额定工况下，将阀门逐渐打开使涡轮功率降低。但由于在这个过程中预燃室混合比也随之降低（见图 4 - 34），燃气做功能力越来越差，因此，在低工况时需要流量来补偿燃气做功能力差导致的涡轮功率不足，导致了燃气调节阀在 63% 工况以下需要降低阀门开度来补偿涡轮所需流量，通过燃气调节阀的流量如图 4 - 35 所示。

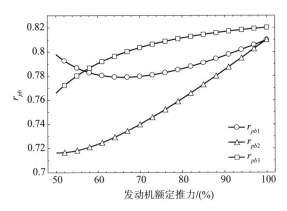

图 4 - 34　预燃室混合比（推力 50%～100%）

通过改变发动机组件结构参数发现方案 2 和方案 3 推力调节阀总会在 70% 工况以下出现阀门开度变化不单调的情况，因此，方案 2 和方案 3 只适用于不低于 70% 工况水平的调节。

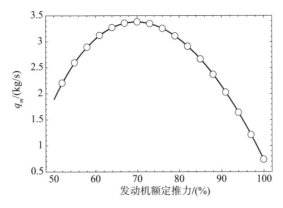

图 4 - 35　方案 3 燃气调节阀流量（推力 50％～100％）

4.4.2.3　混合比调节仿真

根据发动机系统指标要求，要求发动机具备±5％的混合比调节能力。一般情况下，为了降低发动机控制的复杂程度，混合比调节阀和推力调节阀之间的相关性要尽量小，即调节混合比调节阀改变混合比时，发动机推力偏差要尽可能小。将发动机推力调节阀固定在额定工况开度，只调节混合比调节阀开度，发动机混合比在 5.7～6.3 范围内变化时，3 种方案工况参数比较如图 4 - 36～图 4 - 49 所示。

由图 4 - 36～图 4 - 43 可以看出：随着混合比减小，推进剂中燃烧剂占比变大，3 种方案发动机比冲均增大；方案 1 推进剂总流量、室压、推力、预燃室压力均上升，而方案 2 和方案 3 呈下降趋势，预燃室混合比均呈减小趋势。由于是闭式循环，推力室混合比近似等于发动机混合比，推力室混合比在此未绘出。

对于方案 1，由于绝大部分的液氧直接经氧主阀进入推力室，欲减小发动机混合比，即减小推力室混合比，只需减小氧主阀（混合比调节阀）开度（见图 4 - 36），直接降低推力室液氧流量（见图 4 - 37）。如此会造成氧主泵后压力升高（见图 4 - 49），继而预燃室级泵流量增加，即预燃室氧流量增加（见图 4 - 45）。预燃室氧流量增加导致预燃室总流量增加、混合比偏高，燃气做功能力增强，氢、氧主涡轮功率增加（见图 4 - 46 和图 4 - 47），从而氢泵功率变大，氢流量增大。由于预燃室后燃气氢涡轮占比大，所以功率增加更明显，氢泵流量的增量大于氧泵，所以预燃室氢氧流量同时增加且氢流量增速大于氧流量（见图 4-44），因此预燃室压力升高（见图 4-42），混合比降低（见图 4-43）。由于氢、氧涡轮功率均增大，所以发动机推进剂流量增大（见图 4-40）、推力变大（见图 4-38）。

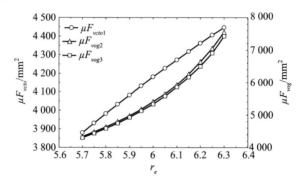

图 4-36　混合比调节阀等效流通面积（混合比 5.7～6.3）

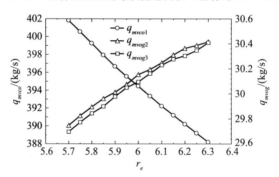

图 4-37　混合比调节阀流量（混合比 5.7～6.3）

对于方案 2 和方案 3，其混合比调节阀位于氧涡轮前，欲减小发动机混合比，直接减小阀门开度（见图 4-36），减少氧主涡轮燃气量，减小氧主涡轮功率（见图 4-47）。由于氧主涡轮功率下降后，直接导致发动机氧流量下降，混合比降低，因此对氢路影响不大，氢主涡轮功率、氢主泵后压力、发动机氢流量变化均不明显，预燃室、推力室氧流量降低，混合比降低，总流量降低，推力减小。

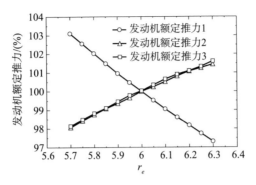

图 4 - 38 发动机推力 (混合比 5.7～6.3)

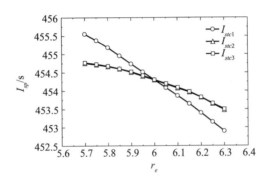

图 4 - 39 发动机比冲 (混合比 5.7～6.3)

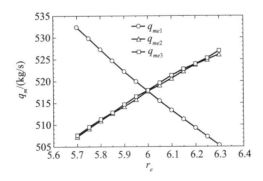

图 4 - 40 发动机推进剂总流量 (混合比 5.7～6.3)

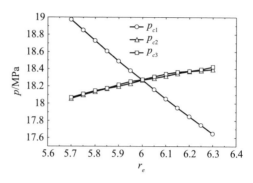

图 4 - 41　推力室压力（混合比 5.7~6.3）

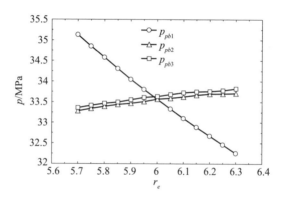

图 4 - 42　预燃室压力（混合比 5.7~6.3）

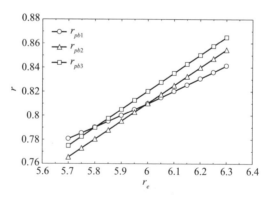

图 4 - 43　预燃室混合比（混合比 5.7~6.3）

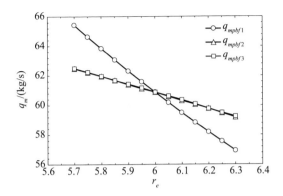

图 4 - 44 预燃室氢流量（混合比 5.7～6.3）

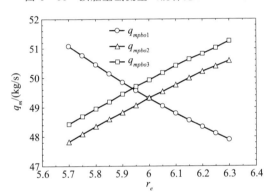

图 4 - 45 预燃室氧流量（混合比 5.7～6.3）

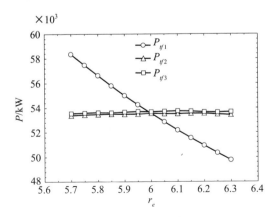

图 4 - 46 氢主涡轮功率（混合比 5.7～6.3）

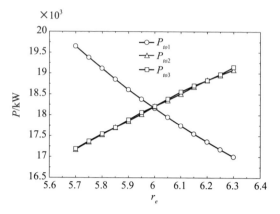

图 4 - 47　氧主涡轮功率（混合比 5.7～6.3）

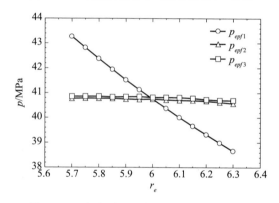

图 4 - 48　氢主泵后压力（混合比 5.7～6.3）

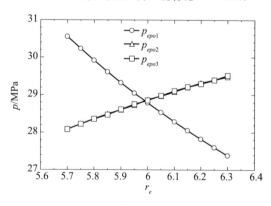

图 4 - 49　氧主泵后压力（混合比 5.7～6.3）

　　由图 4 - 38、图 4 - 39 及表 4 - 5、表 4 - 6 可以看出，固定发动机推力调节阀只调节混合比调节阀进行 ±5％ 混合比调节时，方案 2 和方案 3 推力、比冲变化范围比方案 1 小，不过相差很小，单独调节发动机混合比对推力、混合比的影响都在可接受范围内。

表 4 - 5　混合比变化对发动机推力水平的影响

发动机混合比	5.7(−0.5％)	6	6.3(+0.5％)
方案 1	103.1％	100％	97.31％
方案 2	98.07％	100％	101.4％
方案 3	98.14％	100％	101.6％

表 4 - 6　混合比变化对发动机比冲的影响

发动机混合比	5.7(−0.5％)	6	6.3(+0.5％)
方案 1	455.5	454.3	452.9
方案 2	454.8	454.3	453.5
方案 3	454.8	454.3	453.5

4.4.3　控制系统

　　发动机的工况变化包括推力、混合比的变化，对发动机的控制实际上就是对发动机推力、混合比的控制。对于整个控制系统，根据是否引入反馈，可以分为开环控制和闭环控制，开环控制系统和闭环控制系统示意图如图 4 - 50 和图 4 - 51 所示。

　　闭环控制是在开环控制的基础上采用传感器引入反馈实现闭环的，表 4 - 7 给出了对比情况。

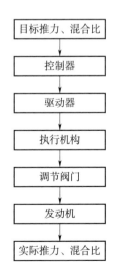

图 4 - 50　开环控制系统示意图

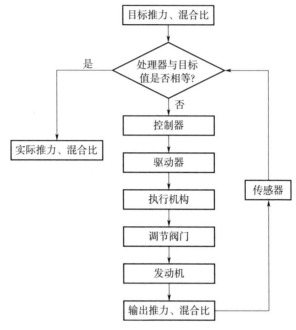

图 4 - 51　闭环控制系统示意图

表 4 - 7　开环控制与闭环控制比较

	开环控制	闭环控制
试验数据	需要(大量)	不需要(少量)
数学模型精度	较高	一般
控制精度	较差	较高
响应速度	较快	一般

对于开环控制系统，需要在仿真的基础上，通过大量的试验获得目标推力、混合比与调节阀开度的对应关系，以获得准确的发动机模型。在发动机工作时，针对目标参数，阀芯能够很快作动到目标位置，迅速实现调节目标，且控制系统较为简单，但这种控制方法精度较差，一般会带来较大的稳态误差。欧洲 Vulcain 发动机正是采用这种方法实现混合比调节。

对于闭环控制系统，在发动机变工况时，将目标参数与测得的实际参数的偏差信号作为控制系统的输入参数，不断进行反馈与调节，最终将偏差信号控制在一个很小的范围内，即将实际推力、混合比调到与目标参数吻合为止。这种方法不需要精度很高的数学模型，也不需要过多的试验数据，具有较高的稳态精度，但它延长了发动机推力调节过程的时间，增加了控制系统的复杂程度。美国 SSME 与日本 LE - 9 发动机均采用闭环控制系统进行推力、混合比的控制。

综合对比开环控制系统与闭环控制系统的优缺点，以可靠性为主要指导原则，本案例优选闭环控制与开环控制相结合的方法对发动机进行控制。

4.4.3.1　发动机参数实际值的确定

在发动机工作过程中，要对发动机的推力、混合比进行控制，就需要知道发动机的实际推力、混合比，而这两个工作参数是不能直接通过测量得到的，只能通过测量推进剂的压力、温度、流量等物理参数来计算发动机的实际推力、混合比。

（1）推力

由图 4 - 26 推力室压力与推力水平之间的关系可以看出，在调节发动机推力水平的过程中，发动机推力室压力与推力水平大致呈一次函数关系，因此，可以将推力室压力大小作为发动机推力大小的衡量指标，对图 4 - 26 室压、推力水平的关系进行拟合，得到以下关系式

$$p_c = 0.040\ 421\ 8 + 0.182\ 354 \cdot TL \qquad (4-17)$$

式中，TL 为发动机推力百分比水平（取 $50 \sim 100$，对应 $50\% \sim 100\%$ 推力）。

图 4 - 52 中细线为拟合曲线，可以看到吻合程度较高。如此，发动机的推力水平信号即转化为推力室压力信号，通过燃烧室压力传感器获得室压，进而用式（4 - 17）估算发动机推力大小。

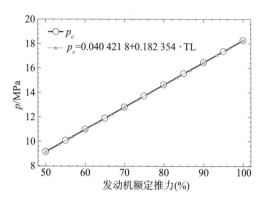

图 4 - 52　推力室压力随发动机推力水平变化拟合曲线（推力 50%～100%）

（2）混合比

要得到发动机的混合比，需要知道推进剂的质量流量，推进剂质量流量的获得一般通过节流元件来实现，测得节流元件上、下游的压力、温度参数，结合节流元件的特性计算得到推进剂流量。最简单的方法是采用喷注器特性以及喷前压力、温度参数，计算其中一种推进剂质量流量，然后结合室压确定另一种推进剂的质量流量。

对于本节研究对象，在预燃室液氧喷注器、推力室液氧喷注器前安装压力传感器和温度传感器，得到预燃室氧喷前压力 p_{ipbo} 、温度 T_{ipbo} ，推力室氧喷前压力 p_{ico} 、温度 T_{ico} ，并分别计算预燃室、推力室氧喷前密度 ρ_{ipbo} 、ρ_{ico} ，测得预燃室、推力室压力 p_{pb} 、p_c ，并结合预燃室、推力室氧喷注器流量特性，采用式（4 - 18）和式（4 - 19）计算得到预燃室、推力室氧流量，则发动机氧流量 q_{mo} 为二者之和

$$q_{mpbo} = \mu F_{pbo} \sqrt{2\rho_{ipbo}(p_{ipbo} - p_{pb})} \qquad (4-18)$$

$$q_{mclo} = \mu F_{co} \sqrt{2\rho_{ico}(p_{ico} - p_c)} \qquad (4-19)$$

$$q_{mo} = q_{mpbo} + q_{mclo} \qquad (4-20)$$

由式（4 - 15），通过推力室压力可得到推力室总流量 q_{mc} 。结合流量平衡模型中式（4 - 20），即可得到推力室混合比

$$r_c = \frac{q_{mo}}{q_{mc} - q_{mo}} \qquad (4-21)$$

对于发动机氢流量，在推力室氢流量之外，还有喷管排放冷却用氢 q_{mcn}，这股氢流量是通过声速喷嘴引出的，由式（4-22）声速喷嘴模型，只需测得其入口压力，结合其流量特性，即可得到氢冷却排放流量，进而发动机混合比用式（4-23）计算得到。

$$q_m = \mu F p_i \sqrt{\frac{k_g}{RT_i^*}\left(\frac{2}{k_g+1}\right)^{\frac{k_g+1}{k_g-1}}} \qquad (4-22)$$

式中，μ 为流量系数；F 为最小流通面积；p_i 为入口压力；k_g 为比热比；T_i^* 为等效温度。

$$r_e = \frac{q_{mo}}{q_{mf}} = \frac{q_{mo}}{q_{mc} - q_{mo} + q_{mcn}} \qquad (4-23)$$

4.4.3.2　推力调节控制方案

（1）推力调节

在发动机推力调节过程中，要求保持发动机混合比基本不变。在额定工况下，若只减小发动机推力调节阀（POV）开度，发动机混合比将迅速增加，如图 4-53 所示。

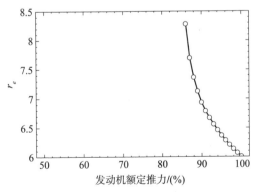

图 4-53　单独调节 POV 发动机混合比变化

因此，在 POV 作动过程中，混合比调节阀（MOV）需要随之作动，实现在保持发动机混合比不变的情况下改变推力，如图 4 - 54 所示。

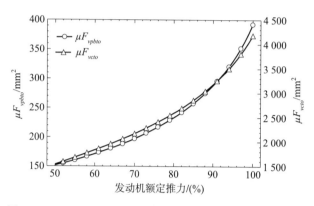

图 4 - 54　MOV（μF_{vcto}）、POV（μF_{vpbto}）等效流通面积

两阀门协调作动进行推力调节，有以下两种方案可供选择：

方案 1：推力、混合比调节均采用闭环控制

由图 4 - 54 可知，两阀门开度均随推力水平降低单调减小，因此，可采用推力室压力信号对 POV 形成闭环控制。若推力室压力高于目标压力，则减小 POV 开度，反之亦然；采用实测的混合比信号对 MOV 形成闭环控制，将实测的混合比与目标混合比进行比较，若实测混合比低于目标值，则增大 MOV 开度，反之亦然；两阀门协调作动，直到推力室压力与目标压力一致、混合比实测值与目标混合比一致，即认为发动机推力调节过程完成。

方案 2：推力调节采用闭环控制，混合比调节采用开环控制

将图 4 - 54 中 POV 等效流通面积（μF_{vpbto}）、MOV 等效流通面积（μF_{vcto}）对应关系表示在图 4 - 55 中，并对其关系进行拟合，拟合曲线与实际关系吻合程度较高，其关系式为

$$\mu F_{vcto} = -699.029 + 16.610\ 1\mu F_{vpbto} - 0.010\ 809\mu F_{vpbto}^2$$

$$(4 - 24)$$

由此，可采用发动机推力室压力信号对 POV 形成闭环控制，在 POV 作动过程中，以 POV 开度信号对 MOV 形成开环控制，MOV

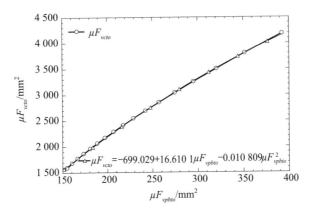

图 4-55 POV、MOV 等效流通面积对应关系

以式（4-24）的原则随 POV 作动。两阀门协调作动，直到推力室压力与目标压力一致，即认为发动机推力达到指定推力且混合比保持为 6。

采用此方法对发动机模型进行仿真计算，得到发动机推力、混合比变化曲线如图 4-56 和图 4-57 所示，其中下标"in"表示参数目标值，无下标表示实际值。

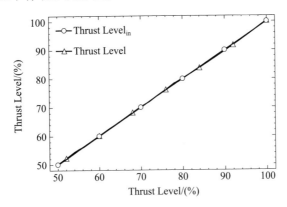

图 4-56 不同推力水平下目标推力与实际推力变化

可以看出，由于采用闭环控制，实际推力大小与目标值吻合较

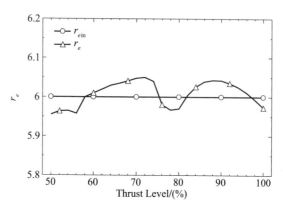

图 4-57　不同推力水平下目标混合比与实际混合比变化

好。混合比由于采用开环控制与目标值有偏差，但总体偏差在 5% 以内，可以接受。

由于混合比的测量可能会存在延迟较高的情况，混合比调节阀的作动同样会对推力（推力室压力）造成一定程度的影响，因此方案 1 可能会存在调节过程时间长，甚至调节出现反复不收敛的问题。相比之下，方案 2 的推力调节能够迅速到位，混合比可能会出现偏差，但经过试验将式（4-24）校准之后，混合比偏差可控。因此，采用方案 2 对发动机推力进行控制效果更好。

（2）混合比调节

根据发动机系统指标要求，要求发动机具备 ±5% 的混合比调节能力，由表 4-5 分析可知，若只改变 MOV 开度进行发动机混合比调节，在发动机混合比变化为 +5%、-5% 时，推力变化分别为 -2.69%，+3.1%，推力变化在可接受范围内。

因此，发动机混合比调节控制方案如下：采用实测的混合比信号对 MOV 形成闭环控制，将实测的混合比与目标混合比进行比较，若实测的混合比低于目标值，则增大 MOV 开度，反之亦然，直到混合比达到目标值，即认为混合比调节完成。在此过程中不改变 POV 开度。

4.4.4　小结

　　本节以某型补燃循环氢氧发动机为例，介绍了其推力调节方案的选择与实现过程。由某型补燃循环氢氧发动机的推力调节方案选择过程可以看出，对于泵压式液体运载火箭发动机，副系统单路调节方案无论是在性能还是在可实现性方面都较优，该方案也是世界上主流泵压式液体运载火箭发动机的主选方案，可以获得较高的发动机综合性能，如美国航天飞机主发动机 SSME，俄罗斯 RD - 0120、RD - 180 发动机等。

参 考 文 献

［1］ 张育林. 变推力液体火箭发动机及其控制技术［M］. 北京：国防工业出版社，2001.

［2］ 刘畅. 某型调节阀动态流场仿真及优化分析［D］. 中国运载火箭技术研究院，2019.

［3］ 许健，赵莹. 50 吨氢氧火箭发动机阀门研制技术［C］. 中国航天第三专业信息网第三十八届技术交流会暨第二届空天动力联合会议论文集——液体推进技术，2017.

［4］ 张小平. 补燃循环发动机推力调节研究［J］. 火箭推进，2008，34（4）：1-5.

［5］ 周宁. 重型补燃循环氢氧发动机变推力系统方案研究［D］. 中国运载火箭技术研究院，2018.

［6］ 马志滨，何麟书. 国外重型运载火箭发展趋势述评［J］. 固体火箭技术，2012，35（1）：1-4.

［7］ 李斌，张小平，马冬英. 我国新一代载人火箭液氧煤油发动机［J］. 载人航天，2014，20（5）：427-431.

［8］ 杨雷超，等. 变推力液体火箭发动机推力调节技术及工程实现［C］. 中国工程热物理学会燃烧学学术会议论文，2008.

［9］ K P VAN HOOSER, D P BRADLEY. Space Shuttle Main Engine—The Relentless Pursuit of Improvement［R］. AIAA，2011.

［10］ B K WOOD. Propulsion for the 21st Century-RS-68［R］. AIAA 2002-4324. USA：AIAA，2002.

［11］ 张金容，等. 泵压式液体火箭发动机变推力方案选择［J］. 航空动力学报，2008，23（5）：921-926.

［12］ W BUSCHULTE. 液体火箭发动机推力调节的能量转换研究［R］. 陈启智，译. 长沙：国防科技大学，1982.

［13］ T D BYRD, M H KYNARD. Progress on the J-2X Upper Stage Engine for the Ares Ⅰ Crew Launch Vehicle and the Ares Ⅴ Cargo Launch Vehicle [R]. AIAA，2007 - 5832.

[14]　HIDEO SUNAKAWA ，AKIHIDE KUROSU，KOICHI OKITA. Automatic Thrust and Mixture Ratio Control of LE - X：AIAA - 2008 - 4666 [R]. USA：AIAA，2008.

[15]　P ALLIOT，J F DELANGE，E EDELINE，V De KORVER. The VINCI Propulsion System：New Steps Toward Qualification [R]. AIAA，2014.

[16]　刘昆. 分级燃烧循环液氧/液氢发动机系统分布参数模型与通用仿真研究 [D]. 长沙：国防科技大学，1999.

第 5 章　推进剂交叉输送技术

推进剂交叉输送是一种可应用于液体运载火箭的推进剂高效利用方式，主要思路为：两级或多级火箭并联工作时，某一级在自身工作的同时向另一级输送推进剂，能够优化全箭加注量并且使火箭具备在发动机故障情况下实现推进剂最大化利用的能力。交叉输送技术打破了传统的增压输送模式，实现了不同推进模块之间推进剂的流动，发展出了一种新型的增压输送系统。该技术有两大应用价值：一是提高火箭运载能力，在并联火箭上采用推进剂交叉输送技术，可将助推器的推进剂补充至芯级，从而提前抛掉助推器死重，提高火箭运载能力；二是有助于实现火箭的动力冗余，当助推器发动机因故障关机后，采用交叉输送技术可将该助推器剩余的推进剂输送给芯级或其他助推器使用，从而实现推进剂的充分利用，这是实现动力冗余的必要条件。

目前，美国的宇宙神 D 火箭、土星 1 号运载火箭、航天飞机等部分使用了推进剂交叉输送技术，猎鹰 9 号重型运载火箭的原始方案中也采用了该技术。对于我国未来的大型、重型运载火箭，无论是为提高火箭性能还是为实现动力冗余，推进剂交叉输送技术都是值得深入研究的重要课题。

5.1　发展历史及应用现状

推进剂交叉输送技术的研究起步较早。1986 年 NASA 兰利研究中心的 Jams A. Martin 等人提出了第二代航天飞机 V - 2 两级全重复使用的方案，1992 年兰利研究中心的 Douglas. O. Stanley 等人进行了一种完全重复使用的载人发射系统的概念设计，在这两种运载器的设计中都采用了交叉输送技术,并且论证了使用推进剂交叉输送技术可以大量地减轻火箭的重量。减重效果如图 5-1 所示。

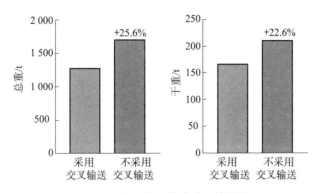

图 5-1　交叉输送技术减重效果图

1992 年,罗克韦尔公司太空部的 T. J. Gormley 和 Seshu. Vaddey 研究了推进剂交叉输送的不同形式,介绍了多种不同的贮箱布局形式和推进剂输送方案,并且比较了各自的优缺点,如图 5-2 所示。

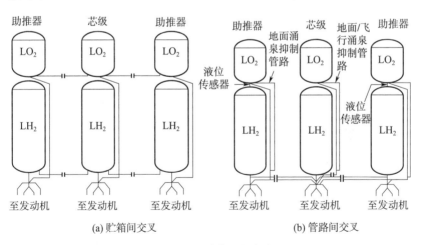

图 5-2　两种典型的方案

为进一步提高交叉输送技术的成熟度,推动工程应用,波音公司和 NASA 的马歇尔太空飞行中心在 2002—2006 年期间,针对第二代可重复使用的运载器进行了交叉输送技术应用研究。如图 5 - 3 所示,为了验证交叉输送技术,波音公司设计、建造了一个缩比试验

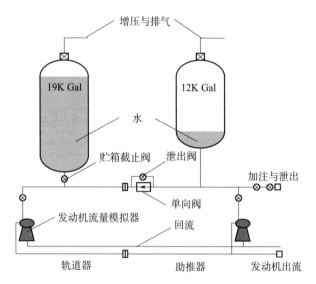

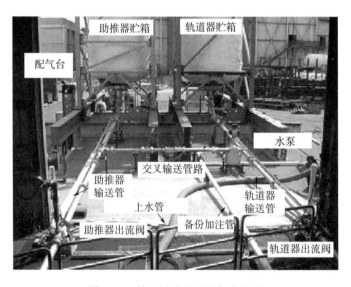

图 5 - 3　缩比试验原理图与实物图

系统，同时使用 EASY5 仿真软件建立了流体瞬变仿真模型和贮箱增压模型，并且为了保证系统模型中交叉输送阀门的动力学特性的准确性，建立了一个高精度的三维 CFD 模型。

国内学者较早地跟踪了国外交叉输送技术的发展动态。1987 年，孙国庆介绍了国外新一代天地往返航天运输系统的方案构想，提出开展推进剂交叉输送技术的研究，并且定性地论述了在芯级捆绑助推器的并联火箭上采用交叉输送技术将提升运载能力。

20 世纪 90 年代，国防科技大学的陈杰利用线性化质量方程的方法，分析了采用推进剂交叉输送技术的火箭性能，得出"具有 n 级芯级、交叉供应推进剂的并联推进方案，可以看成是 $n+1$ 级的串联推进方案"的结论。

北京航天发射技术研究所的符锡理介绍了推进剂交叉输送的基本概念，提出了贮箱并联供应和贮箱串联供应两种推进剂交叉供应系统方案，经过定性分析，得出"并联方案在系统的合理性、技术复杂性和难易程度等方面均优于串联系统"的结论。

上海宇航系统工程研究所的廖少英等人分析了贮箱间交叉和管路间交叉两种交叉输送系统方案，认为两者的原理和结构都可实现，管路间交叉的系统更简单可靠。同时，提出了对于火箭总体的自生增压方案，采取交叉增压与交叉输送耦合工作的方式，满足交叉输送阶段助推器的增压需求。

中国运载火箭技术研究院的张智等人论证了动力冗余技术对运载火箭可靠性提高的重要作用，提出推进剂交叉输送技术是实现动力冗余的关键技术之一。汤波等人对交叉输送的推进剂流动控制进行了计算和分析，结果表明：助推器向芯级交叉输送所需功率较大，不建议采用涡轮泵作为输送能源；压力控制推进剂交叉输送在实现上可行，但缺点是助推器贮箱所需压力较高、贮箱结构质量较大，并且在过载变化时对增压压力精度控制要求较高，因此技术难度较大；在阀门控制推进剂交叉输送的方案中，依靠阀门截断芯级贮箱推进剂出流，助推器贮箱可以充分利用过载和增压压力实现推进剂

的交叉流动，因此阀门控制是目前较理想的方案。马方超等人开展
了相关试验和仿真工作，该研究完成了贮箱增压模型、贮箱排液模
型、液位高度计算模型、交叉输送管路隔离阀模型等建模工作。仿
真分析了贮箱气枕压力随时间变化、发动机隔离阀前压力及流量的
变化，以及液位高度的变化。通过试验验证了推进剂交叉输送系统
方案在并联运载火箭中应用的可行性。

5.1.1　交叉输送结构形式

推进剂交叉输送系统的形式多样，按结构形式可以分为串联型
和并联型。并联形式交叉输送最为普遍，应用案例较多。按推进剂
交叉流动的位置不同，并联形式交叉输送可以分为贮箱间交叉和管
路间交叉。

目前，国内运载火箭未见推进剂交叉输送技术的工程应用，但
是火箭上面级和飞船动力系统采用的多贮箱推进剂并联输送的技术
与交叉输送技术有相似的结构和原理。神舟飞船推进系统液路采用
交叉供应方式，实现了对称安装的燃烧剂和氧化剂贮箱等量排放和
出口压力不变，从而保证了飞船质心的稳定和发动机性能的一致性。

梳理国外交叉输送技术应用的案例，具体分类如图 5－4 所示。

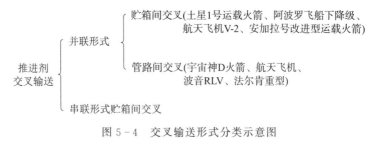

图 5－4　交叉输送形式分类示意图

5.1.1.1　并联形式贮箱间交叉

（1）土星 1 号运载火箭

土星 1 号运载火箭的一子级采用多个并联式推进剂贮箱，共同

供应 8 台主发动机，本质上是一种并联贮箱间交叉输送系统，具体如图 5 - 5 所示。

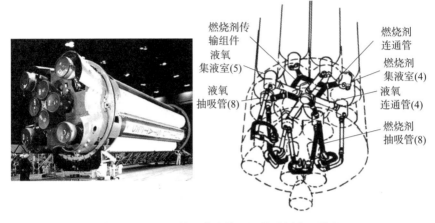

图 5 - 5　土星 1 号运载火箭一级推进剂交叉输送

火箭一级采用 8 台 H - 1 发动机，贮箱由 1 个中央液氧贮箱和 8 个外围贮箱组成，外围 4 个液氧箱和 4 个煤油箱相间布置。每个贮箱下底出口连接圆柱集液室，外围 4 个液氧贮箱分别从集液室引出管路与中央液氧贮箱集液室连接，5 个液氧贮箱的连接管路以十字形连通，外围 4 个煤油贮箱分别从集液室引出管路，通过 Y 型连通管道连通。每个外围贮箱的集液室底部分别引出两路，输送给两台发动机，液氧、煤油各 8 根管路分别与 8 台发动机相连。当某一台发动机发生故障时，推进剂可以输送给其余发动机。土星 1 号运载火箭实现了贮箱之间的交叉输送，但不涉及交叉输送管路的分离，属于子级内交叉输送。

（2）阿波罗飞船下降级

阿波罗飞船下降级的推进系统共有 4 个推进剂贮箱，如图 5 - 6 所示。其中，两个氧化剂箱并联，两个燃烧剂贮箱并联，供应 1 台主发动机工作。装有同种推进剂的两个贮箱分别通过主管路将推进剂输送至发动机，同时两贮箱底部通过一根连通管连接，推进剂可以在两个贮箱间流动。当两个贮箱内推进剂消耗速率不一致时，推进剂通过连通管从一个贮箱补充至另一个贮箱，实现了并联贮箱间的交叉输送。

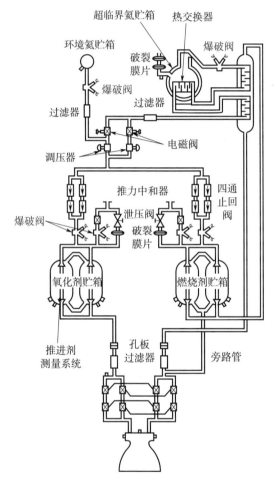

图 5-6 阿波罗飞船下降级推进系统

（3）第二代航天飞机

美国第二代航天飞机 V-2 为两级全重复使用的方案，采用并联构型、贮箱间交叉输送方式，其推进剂贮箱布局如图 5-7 所示。

V-2 航天飞机是一种由轨道器和助推器组成的两级飞行器，起飞时助推器与轨道器的主发动机同时起动工作，助推器贮箱向轨道器相应贮箱输送推进剂。该方案停留在技术攻关和演示验证阶段。

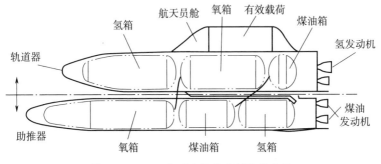

图 5-7　V-2 航天飞机推进剂贮箱布局

（4）改进型安加拉火箭

俄罗斯安加拉火箭在改进规划中，提出了芯级和助推器间交叉输送技术的应用方案。火箭起飞后推进剂由捆绑的助推器向芯级供应，助推器耗尽后分离，此时芯级还留有 90％～100％的推进剂。

安加拉火箭改进方案采用的交叉输送系统原理图如图 5-8 所示，采用的是并联构型、贮箱间交叉输送方式，助推器贮箱与芯级贮箱的推进剂分配采用压力差控制，在助推飞行段保证助推器贮箱的推进剂先使用，芯级贮箱的推进剂基本不消耗。在助推器分离前，通过提高芯级贮箱压力，隔离芯级贮箱和助推器贮箱，完成助推器和芯级的分离。助推器增压管路也是连通的，保证各助推器贮箱之间的气枕压力一致。该方案目前处于技术攻关阶段。

5.1.1.2　并联形式管路间交叉

（1）宇宙神 D 火箭

宇宙神 D 火箭基础级构型如图 5-9 所示，其由一子级和尾段的助推器组成，一子级包括贮箱和 1 台主发动机，助推器的 2 台发动机借助可分离的机械系统安装在一子级推力环上，外边用锥形整流

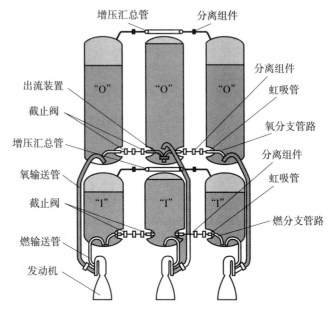

图 5-8　安加拉火箭改进方案采用的交叉输送系统原理图

罩保护。助推器发动机完成飞行任务后与尾段一起沿纵向与一子级分离。

助推器不带推进剂贮箱，火箭推进系统采用管路间交叉输送技术方案供应助推器发动机。在助推飞行段，芯级贮箱在向芯级发动机输送推进剂的同时，通过交叉输送管路向助推器发动机输送推进剂。分离时仅分离助推器发动机，芯级主发动机继续工作。宇宙神D 火箭既实现了飞行中液路的分离，还实现了发动机分支管路流量分配。

（2）航天飞机

航天飞机属于芯级不带贮箱的并联构型运载器，液氢和液氧推进剂全部贮存在轨道飞行器的外挂贮箱中，而主发动机设置在轨道飞行器上，由外挂贮箱采用管路间交叉输送的方式向轨道器的主发动机输送推进剂，总体布局如图 5-10 所示。

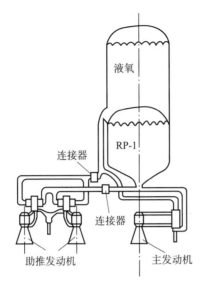

图 5-9　宇宙神 D 火箭基础级构型

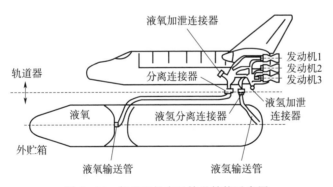

图 5-10　航天飞机交叉输送结构示意图

外挂贮箱通过脐带管路与轨道飞行器相连，主发动机提供的自生增压气体为外挂贮箱增压。推进剂输送管路将液氢、液氧推进剂从外挂贮箱输送给轨道器的 3 个主发动机。航天飞机实现了飞行中液路的分离和气路的分离。

（3）波音公司可重复使用运载器（RLV）

美国波音公司计划研制的新一代可重复使用运载器，提出了基于推进剂交叉输送技术的构型方案，采用的是管路间交叉输送的形式。其工作流程如图5-11所示：助推器和芯级采用相同的模块，在上升段助推器贮箱为助推器发动机输送推进剂的同时通过交叉输送管路向芯级发动机输送推进剂，当助推器的推进剂消耗一定程度时，助推器发动机开始节流，同时芯级打开推进剂隔离阀为芯级继续供给推进剂。当助推器分离时，芯级带着满箱的推进剂继续飞行。该方案停留在技术攻关和演示验证阶段。

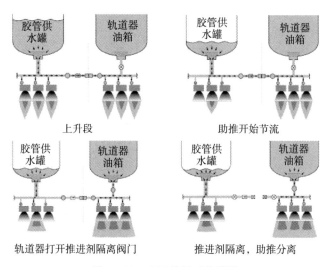

图5-11　交叉输送工作流程

（4）猎鹰重型火箭（图5-12）

猎鹰重型火箭的助推器和芯级采用通用模块，推进剂为液氧/煤油，曾计划采用管路间交叉输送方案。具体工作原理为：每个模块有9台发动机，芯一级邻近助推器的3台发动机由助推器贮箱供应推进剂，这样芯一级中有6台发动机由助推器贮箱供应推进剂，3台发动机由芯一级贮箱供应。在飞行初始段，27台发动机满工况工作，一定时间后，芯级为小推力状态。助推器工作结束分离后，芯级转化为额定工况。助推器和芯级分离后，芯级拥有较多的推进剂，从而提高运载能力。该方案尚未参与飞行。

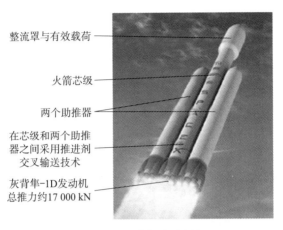

整流罩与有效载荷

火箭芯级

两个助推器

在芯级和两个助推器之间采用推进剂交叉输送技术

灰背隼-1D发动机总推力约17 000 kN

图 5 – 12　猎鹰重型火箭

5.1.1.3　串联形式贮箱间交叉

NASA 的马歇尔太空中心于 1984 年提出了一种三级并联的火箭方案并申请专利。火箭构型如图 5 – 13 所示，一子级由 2 台固体火箭组成，二子级由 3 台主发动机及前端大贮箱组成，三子级由 1 台主发动机及后端小贮箱组成。起飞时各级同时点火工作。二三子级之间实际上形成了串联形式的推进剂交叉输送：前端大贮箱的推进剂不仅供应其对应的 3 台主发动机，而且向后端小贮箱输送推进剂。当前端贮箱推进剂耗尽，前贮箱、3 台主发动机及其支撑结构件被抛离，此时后端小贮箱保持满箱状态并继续供应 1 台主发动机工作。该方案停留在原理和技术概念阶段。

5.1.2　交叉输送驱动控制方式

传统的推进剂输送一般在单一贮箱和状态一致的输送管路和发动机之间进行，交叉输送需要多个子级的贮箱和多种状态的输送管路和发动机协同工作，并且满足既定的流量和压力要求。在交叉输

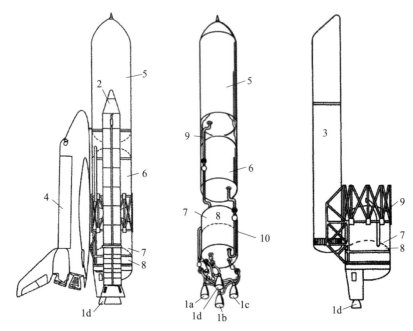

图 5 - 13　串联形式交叉输送

1a/1b/1c—二级主发动机；1d—三级主发动机；2—固体助推器；3/4—载荷（轨道器）；
5、6—前端大贮箱；7、8—后端小贮箱；9—氢箱交叉输送管；10—氧箱交叉输送管

送阶段为截断芯级推进剂出流、调节助推器的交叉输送流量，可以采用设置贮箱气枕压差和设置管路流阻调节阀两种方案，分别称为基于压力差的控制方案和基于调节阀的控制方案。

基于压力差控制方案的交叉输送系统如图 5 - 14 所示，交叉输送阶段依靠助推器与芯级贮箱压差驱动推进剂从助推器流向芯级发动机，同时阻止芯级推进剂出流。

其工作模式如下：

1）各贮箱按既定的要求预增压，管路充填推进剂；

2）打开助推器侧交叉输送隔离阀和芯级侧交叉输送隔离阀，打开所有的发动机泵前阀；

3）所有发动机起动，交叉输送阶段开始；

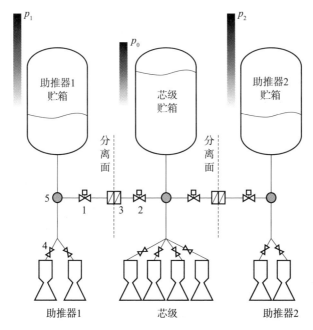

图 5-14　基于压力差控制方案的交叉输送系统

1—助推器侧交叉输送隔离阀；2—芯级侧交叉输送隔离阀；3—连接分离机构；

4—发动机泵前阀；5—交叉输送管路三通或多通

4）关闭助推器侧交叉输送隔离阀和芯级侧交叉输送隔离阀，芯级推进剂出流，所有助推器发动机关机；

5）连接分离机构解锁分离，助推器分离，芯级继续工作。

压力差控制方案完全依靠调节贮箱压差实现交叉输送流量的调节，在系统存在偏差或者发动机出现故障时，增压系统需要快速反应，对箱压进行针对性的调节，从而维持系统正常工作。该方案对增压系统提出了较高的要求。

基于调节阀控制方案的交叉输送系统如图 5-15 所示，与压力差控制方案的区别在于芯级上游主管路设置隔离阀，用以在交叉输送阶段隔离芯级推进剂，同时在交叉输送管路设置调节阀用以调节交叉输送管路流阻，从而实现对交叉输送流量的调节。

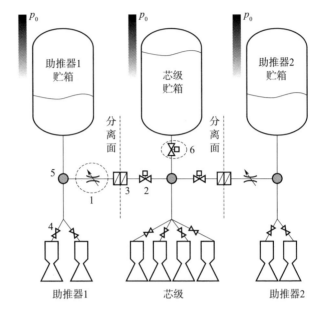

图 5-15　基于调节阀控制方案的交叉输送系统

1—助推器侧交叉输送调节阀；2—芯级侧交叉输送隔离阀；3—连接分离机构；
4—发动机泵前阀；5—交叉输送管路三通或多通；6—芯级主管路隔离阀

其工作模式如下：

1）各贮箱按既定的要求预增压，管路充填推进剂；

2）关闭芯级主管路隔离阀，打开助推器侧交叉输送调节阀和芯级侧交叉输送隔离阀，打开所有的发动机泵前阀；

3）所有发动机起动，交叉输送阶段开始；

4）打开芯级主管路隔离阀，关闭助推侧交叉输送调节阀和芯级侧交叉输送隔离阀，芯级推进剂出流，所有助推器发动机关机；

5）连接分离机构解锁分离，助推器分离，芯级继续工作。

调节阀控制方案不依赖贮箱压差实现推进剂交叉输送，由于芯级主管路隔离阀的隔断作用，交叉输送阶段芯级推进剂完全不消耗。在系统存在偏差或者发动机出现故障时，依靠调节阀的开度变化，对交叉输送管路流阻进行调节，进而调节交叉输送流量，维持系统正常工作。该方案对流阻调节阀的性能提出了较高的要求。

5.2 基于压力差控制方案的系统特性

本节主要研究两助推器构型、基于压力差控制方案的交叉输送系统特性，系统原理图如图 5 - 14 所示。

5.2.1 额定状态系统参数设计

5.2.1.1 流量特性

（1）稳态流量

2018—2019 年在北京航天试验技术研究所开展了压力控制方案的交叉输送试验。为了便于比较，对试验所得各流量值进行无量纲化处理，流量试验数据与单台发动机额定流量 4.25 kg/s 的比值作为无量纲流量。交叉输送总流量随贮箱出口压差变化规律的试验结果如图 5 - 16 所示。图中交叉输送总流量与贮箱出口压差正相关，且基本呈线性关系。

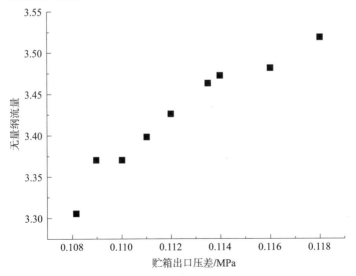

图 5 - 16 交叉输送总流量随贮箱出口压差变化规律的试验结果（试验值）

为进一步拓展研究范围，量化分析稳态流量与贮箱出口压力的关系，采用系统仿真的方法进行稳态流量特性研究。交叉输送总流量与贮箱出口压差的关系如图 5 - 17 所示，本节所研究的系统存在一个临界压差值 0.131 6 MPa，使得交叉输送总流量等于芯级发动机总流量，即额定交叉输送流量。并且，贮箱出口压差每增加 0.01 MPa，交叉输送无量纲总流量增加 0.3（额定总流量为 4，即变化率为 7.5%）。

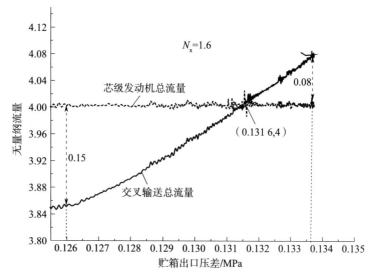

图 5 - 17　交叉输送总流量随贮箱出口压差变化（仿真值）

为验证仿真结果的可靠性，将其与试验数据进行比较，结果如图 5 - 18 所示。图中方块表示试验值，曲线表示仿真值，横坐标为贮箱出口压差，纵坐标为交叉输送总流量。图中，0.108～0.118 MPa 区间的试验值与仿真值基本吻合，表明仿真得出的流量特性较为可靠；0.118～0.132 MPa 区间为仿真拓展研究的结果，通过仿真结果发现，如果贮箱出口压差过大，将引起交叉输送总流量大于额定值，即芯级贮箱推进剂反流的现象。

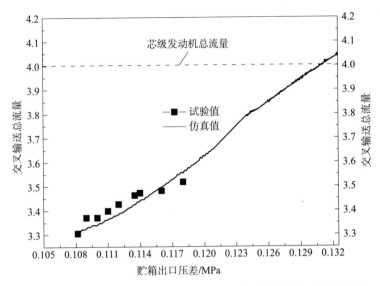

图 5-18 交叉输送总流量随贮箱出口压差变化（试验值与仿真值比较）

通过试验和仿真研究表明：基于压力差控制方案的交叉输送稳态流量与助推器贮箱和芯级贮箱的出口压差呈线性关系，对其较为敏感，贮箱出口压差每变化 0.01 MPa，交叉输送总流量变化 7.5%。本系统中存在一个临界压差 0.131 6 MPa，使得交叉输送总流量达到额定值。无论贮箱压差大于还是小于该临界值，交叉输送总流量都无法稳定在额定值。

因此基于压力差控制的交叉输送系统对贮箱压差需要进行严格控制，应该根据系统对于交叉输送流量偏差的允许程度设置贮箱压力带宽。对于火箭实际飞行，还必须考虑飞行过载对贮箱压差的影响，因此贮箱气枕压力必须结合过载的变化进行动态控制和调节。

（2）瞬态流量

交叉输送系统稳态工作过程分为两个阶段，第一阶段为助推器和芯级共同工作段，第二阶段为芯级独立工作段。由第一阶段向第二阶段转换的过程称为切换过程，其持续时间由交叉输送隔离阀动作时间决定。

为研究切换过程中的流量变化情况及其影响，分析试验过程中在切换阶段关键流量参数的变化，分析流量变化引起的管路水击特性，评估切换过程可能对系统造成的影响。试验中切换过程的阀门动作时序如图 5 - 19 所示。

图 5 - 19　试验中切换过程的阀门动作时序

图 5 - 20 中曲线表明，交叉输送隔离阀关闭引起的水击压力峰值为 0.415 MPa，为稳态压力值的 115%。图 5 - 21（a）中曲线表明，切换过程中芯级发动机泵前阀入口未出现明显的水击现象，芯级泵前阀入口压力降低是由于芯级箱压低于助推器箱压。当芯级发动机由助推器贮箱供应切换到芯级贮箱供应后，芯级泵前阀入口压

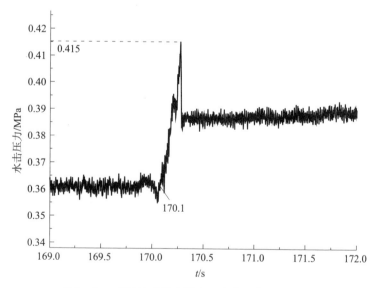

图 5 - 20　交叉输送隔离阀入口水击压力（试验值）

力随之降低。图 5 - 21（b）中曲线表明，助推器发动机泵前阀入口压力存在两次跳动，第一次小幅上跳是由于交叉输送隔离阀关闭引起助推器发动机入口压力小幅增大，第二次出现较明显的水击压力是由于助推器发动机关机所致的，水击压力峰值达到 0.646 MPa，为稳态压力值的 230%。

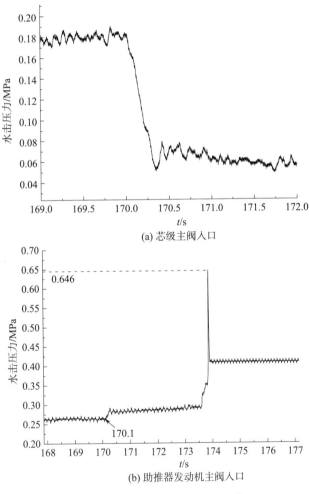

(a) 芯级主阀入口

(b) 助推器发动机主阀入口

图 5 - 21　发动机水击压力（试验值）

通过仿真研究阀门关闭顺序和动作时间对水击压力的影响，基于压力差控制方案的交叉输送系统的切换过程可以采取两种切换模式：助推器关机前切换、助推器关机后切换。第 1 种模式为先关闭交叉输送隔离阀，之后关闭助推器发动机；第 2 种模式为先关闭助推器发动机，再关闭交叉输送隔离阀。分别研究两种切换模式下，隔离阀动作时间对水击压力的影响。

第 1 种模式下发动机泵前阀入口水击压力峰值统计见表 5 - 1。阀门动作时间越短、水击压力越大，当交叉输送隔离阀动作时间大于 0.5 s 时，水击压力基本可以忽略。表 5 - 1 表明第 1 种切换模式下，芯级发动机泵前阀前水击压力大于助推器发动机泵前阀。

表 5 - 1　　第 1 种模式下发动机泵前阀入口水击压力峰值统计

隔离阀关闭时间		0.1 s	0.2 s	0.5 s	1 s
芯级发动机泵前阀	正水击	1 MPa	0.7 MPa	0.18 MPa	0.05 MPa
	负水击	0.7 MPa	0.6 MPa	0.2 MPa	0.08 MPa
助推器发动机泵前阀	正水击	0.75 MPa	0.45 MPa	0.1 MPa	0.04 MPa
	负水击	0.52 MPa	0.35 MPa	0.08 MPa	0.02 MPa

第 2 种模式下发动机泵前阀入口水击压力峰值见表 5 - 2。

表 5 - 2　　第 2 种模式下发动机泵前阀入口水击压力峰值

隔离阀关闭时间		0.1 s	0.2 s	0.5 s	1 s
芯级发动机泵前阀	正水击	1.42 MPa	0.8 MPa	0.2 MPa	0.05 MPa
	负水击	0.7 MPa	0.7 MPa	0.18 MPa	0.00 MPa
助推器发动机泵前阀	正水击	0.39 MPa	0.39 MPa	0.39 MPa	0.39 MPa
	负水击	0.26 MPa	0.26 MPa	0.26 MPa	0.26 MPa

模式 1 与模式 2 比较发现，在切换过程中交叉输送隔离阀和芯级发动机泵前阀入口水击压力峰值较大，并且当阀门动作时间小于

0.5 s 时，模式 1 对减小交叉输送隔离阀水击压力有利，模式 2 对减小助推器发动机泵前阀水击压力有利。

5.2.1.2　增压特性

交叉输送技术实现了助推器和芯级之间的推进剂共用，同时对贮箱增压系统提出了新的需求。一方面助推器所带推进剂同时供应自身发动机和部分芯级发动机使用，助推器贮箱的总流量比独立工作时增大；另一方面由于交叉输送的作用，芯级发动机的泵入口压力受助推器贮箱压力的影响。因此必须根据交叉输送的增压需求制定相应的贮箱增压方案。

自生增压和气瓶贮气增压是大型液体运载火箭常用的两种增压形式。自生增压系统的增压气体来源于动力系统内部，与发动机紧密耦合。气瓶贮气增压系统是将增压气体存储在高压气瓶中，与发动机工作状态无关，便于对进气流量实施较为精确的控制。

针对自生增压方案，为充分利用芯级发动机产生的增压气体，缓解助推器贮箱增压用气量需求较大的压力，采用交叉增压技术是可行的方法，即在推进剂交叉输送阶段，将芯级发动机产生的增压气体引入助推器贮箱，与助推器发动机产生的增压气体共同为助推器贮箱增压。

针对气瓶贮气增压方案，为充分发挥其"与发动机解耦、调节可控性好"的优点，采用基于液位差反馈的闭式增压是较好的选择，即以不同子级的贮箱液位差作为反馈信号和控制目标，对贮箱增压进气量进行闭式控制。

（1）自生增压

自生增压方案如图 5 - 22 红色部分所示，在交叉输送阶段，芯级的增压气体进入助推器贮箱，与助推器发动机产生的增压气体共同为贮箱增压；交叉输送结束后，芯级发动机产生的增压气体全部进入芯级贮箱，这种增压方案被称为交叉增压。

为验证交叉增压-交叉输送耦合工作的可行性，获取系统增压特性，开展自生增压与交叉输送试验研究。试验系统如图 5 - 23 所示，

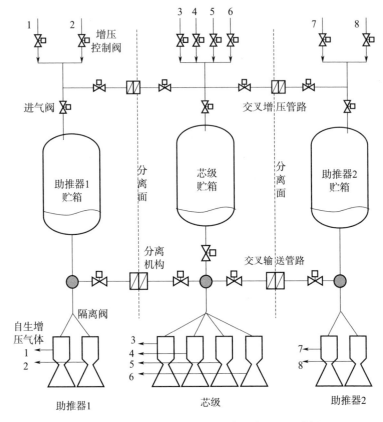

图 5-22　交叉输送-交叉增压系统示意图（见彩插）

增压系统以常温氮气作为增压气体，设置 8 条增压供气管路模拟 8 台发动机产生的自生增压气体，供气管路上通过"减压器＋声速喷嘴"组合实现进气流量稳定；采用交叉增压技术，通过交叉管路将 3 个贮箱增压进气路连通，交叉增压管路上设置隔离阀。各贮箱增压汇总管设置进气阀，用以控制进气通路。

试验方案为：在交叉输送阶段，所有增压进气管路的增压控制阀全开，交叉增压管路隔离阀打开，芯级进气阀关闭，助推器 1 和助推器 2 的进气阀打开，芯级的四路进气通过交叉增压管路分别进入两助推器贮箱增压；交叉输送结束之后，关闭交叉增压管路隔离

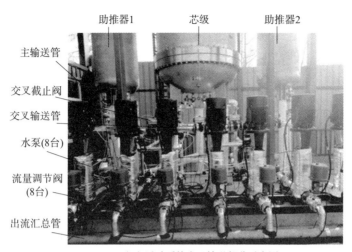

（a）试验系统交叉输送部分示意图

（b）试验系统交叉增压部分示意图

图 5-23 交叉增压试验系统示意图

阀，打开芯级进气阀，芯级四路增压气体进入芯级贮箱增压。

图 5-24 反映了芯级向助推器交叉增压的流量变化，结果表明系统起动后，芯级向两个助推器交叉增压流量基本相同；图 5-25 反映了助推器向芯级交叉输送流量的变化，结果表明两助推器向芯

级交叉输送流量基本相同，且交叉输送无量纲值均为 2 左右，即交叉输送达到额定工况；图 5-26 和图 5-27 反映了贮箱气枕压力和贮箱液位变化，表明交叉输送按设计状态顺利实现，贮箱增压需求得到了保障。

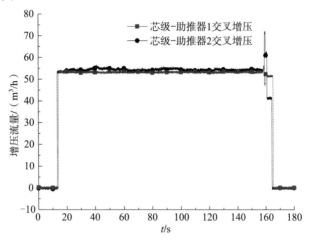

图 5-24　交叉增压的流量变化

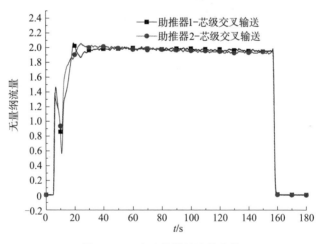

图 5-25　交叉输送的流量变化

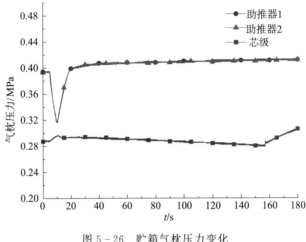

图 5 - 26 贮箱气枕压力变化

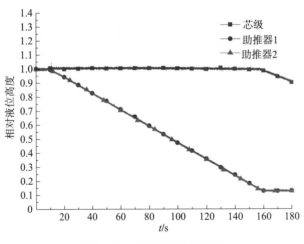

图 5 - 27 贮箱液位高度变化

分析试验结果表明：交叉输送与交叉增压能够耦合工作，交叉增压系统利用芯级产生的增压气体给助推器贮箱增压，能够满足助推器贮箱的增压需求；在正常工况下，芯级产生的增压气体被平均分配到两个助推器贮箱，实现了贮箱增压的匹配，保持两助推器贮箱气枕压力基本一致。

（2）气瓶贮气增压

气瓶贮气增压便于对进气流量实施较为精确的控制。交叉输送系统中两个助推器共同为芯级发动机供应推进剂，为保持不同助推器推进剂的同步消耗，需要对两助推器液位差进行精确控制。针对气瓶贮气增压系统，采用基于贮箱液位差反馈的闭式增压方案，以两助推器推进剂液位差为控制指标，系统方案如图 5-28 所示。

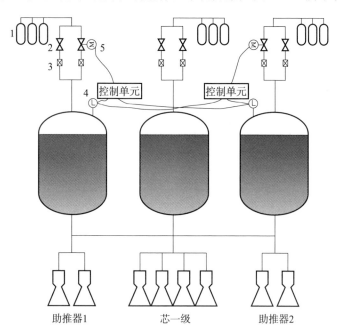

图 5-28　基于液位差反馈的气瓶增压方案

1—气瓶；2—主增电磁阀；3—声速喷嘴；4—推进剂液位计；5—辅增电磁阀

闭式增压反馈控制策略为：贮箱增压采用"主增＋辅增"两路进气，主增路保持常开状态，辅增路受液位差反馈单元控制开闭状态。反馈控制单元的控制逻辑示意图如图 5-29 所示，横坐标"ΔL"为输入信号，$\Delta L = L_1 - L_2$（L_1 表示助推器 1 液位，L_2 表示助推器 2 液位）；纵坐标"Signal"为输出信号。

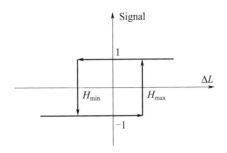

图 5 - 29　反馈控制单元的控制逻辑示意图

两个助推器的辅增电磁阀的开闭受控制单元输出信号"Signal"控制，输出信号为"1"时，助推器 1 的辅增电磁阀打开，助推器 2 的辅增电磁阀关闭；输出信号为"－1"时，助推器 1 的辅增电磁阀关闭，助推器 2 的辅增电磁阀打开。输出与输入的关系为滞回式开关触发，如果输入没有超过上限值或者低于下限值，则输出信号保持原状态。

为研究气瓶增压与交叉输送耦合工作的效果，设置发动机流量极限偏差工况：关闭助推器 1 一台发动机，利用仿真模型分析工作过程中增压流量和两助推器液位变化的情况，图 5 - 30 中两助推器液位处于动态平衡状态，未出现大幅液位差；图 5 - 31 表明辅增流量受反馈控制器多次调节，图 5 - 32 中曲线表明两助推器箱压根据液位变化实现了动态调节。

研究结果表明：某一助推器关闭 1 台发动机的极限偏差工况下，通过基于液位差反馈的气瓶增压与推进剂交叉输送耦合工作，系统能够通过控制辅增进气路的开闭，实现两助推器贮箱箱压的动态调节，实现推进剂平衡出流，维持两助推器液位基本一致。

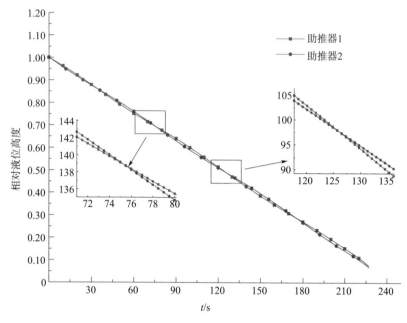

图 5-30　两助推器推进剂液位变化（见彩插）

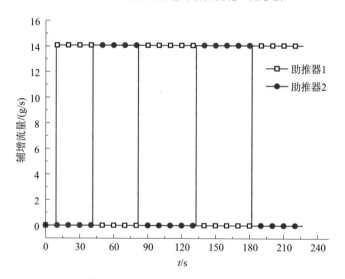

图 5-31　两助推器辅增流量变化

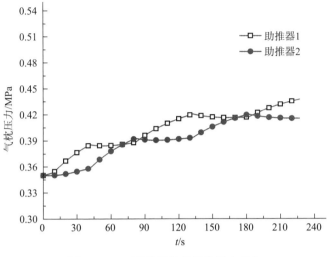

图 5 - 32　两助推器贮箱气枕压力变化

5.2.2　偏差工况系统调节特性

5.2.2.1　初始液位偏差

对于多个助推器并联工作的火箭，如果其初始液位存在偏差，将造成推进剂剩余问题，而交叉输送系统具有不同助推器的输送路相互连通的特点，可通过系统调节消除液位偏差。为研究系统对于初始液位偏差的适应能力，通过试验验证箱压调节措施的有效性，通过仿真进一步量化箱压调节要求。

试验共进行 3 组，两助推器设置 5% 的初始液位差。第 1 组为无调压措施试验，第 2 组试验先关闭一路进气，过 50 s 左右再关闭另一路进气，第 3 组直接关闭两路进气。

图 5 - 33 所示为第 1 组无措施试验的两助推器液位高度变化情况，图中表明两助推器液位始终存在偏差。

图 5 - 34 所示为第 2 组和第 3 组试验的两助推器液位高度变化情

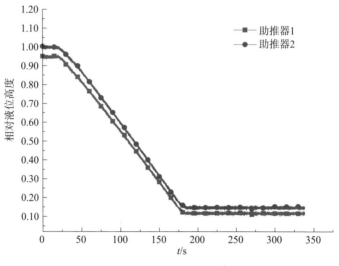

图 5-33　两助推器液位高度变化（无调压措施）

况，图 5-35 所示为第 2 组和第 3 组试验的两助推器贮箱气枕压力变化情况。从第 2 组试验的液位高度和气枕压力变化可以看出，63 s 时刻将助推器 1 的气枕压力值降低后，助推器 1 的液位下降速率减小，助推 2 的液位下降速率增大，116 s 时刻进一步降低助推器 1 的气枕压力之后，这一变化趋势更明显，两助推器于 140 s 时刻达到液位平衡。第 3 组试验在 47 s 时刻将助推器 1 的气枕压力大幅降低，则助推器的液位下降速率快速减小，助推器 1 和助推器 2 于 90 s 时刻达到液位平衡。

5.2.2.2　气枕压力带偏差

贮箱气枕压力差是影响交叉输送系统性能的关键因素，基于压力差控制方案的交叉输送系统对贮箱气枕压力的控制精度要求较高。火箭的增压系统在实际工作过程中可能存在的系统偏差有：保险阀打开压力偏差、增压流量偏差、控制回路延时偏差、传感器测量偏差、电磁阀开闭延时偏差、增压后效偏差和温度偏差。各种偏差综

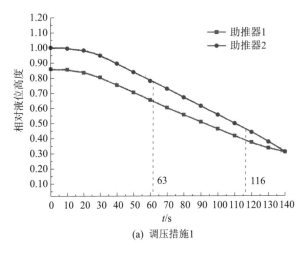

(a) 调压措施1

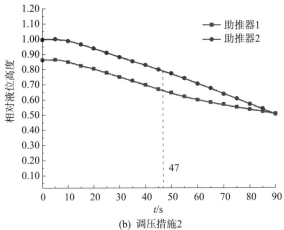

(b) 调压措施2

图 5 - 34　两助推器液位高度变化（有调压措施）

合作用可能导致贮箱气枕压力带发生偏差，从而影响交叉输送系统的工作性能。

为研究贮箱气枕压力带偏差对基于压力差控制方案的交叉输送系统的影响，开展仿真研究，设置不同的贮箱压力带偏差见表 5 - 3。

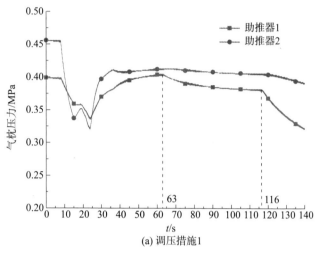

(a) 调压措施1

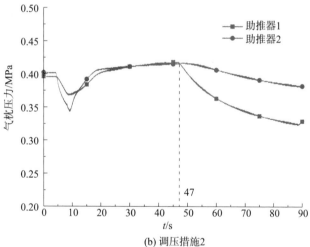

(b) 调压措施2

图 5-35　两助推器贮箱气枕压力变化（有调压措施）

表 5-3　两助推器贮箱气枕压力带

	工况 1	工况 2	工况 3	工况 4	工况 5	工况 6
助推器 1 贮箱气枕压力带/MPa	$0.45^{+0.015}$	$0.45^{+0.02}$	$0.45^{+0.03}$	$0.45^{+0.04}$	$0.45^{+0.05}$	$0.45^{+0.06}$

续表

	工况 1	工况 2	工况 3	工况 4	工况 5	工况 6
助推器 2 贮箱 气枕压力带/MPa	$0.45^{+0.01}$	$0.45^{+0.01}$	$0.45^{+0.01}$	$0.45^{+0.01}$	$0.45^{+0.01}$	$0.45^{+0.01}$

　　两助推器贮箱的气枕压力带设计值均为 $0.45^{+0.01}$ MPa，仿真中增大助推器 1 贮箱的压力带宽，结果表明，助推器 1 的交叉输送流量将增大，助推器 1 提前达到耗尽关机液位，此时助推器 2 将剩余部分推进剂。在压力带宽的各种偏差情况下，剩余推进剂量如图 5 - 36 所示，图中纵坐标"相对液位剩余量"表示两助推器最后液位之差与初始加注液位的比值，该无量纲量反映了推进剂剩余量大小。

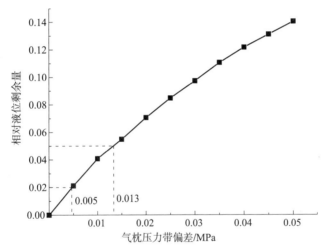

图 5 - 36　推进剂剩余量与气枕压力带偏差关系

　　推进剂剩余量与气枕压力带偏差值呈正相关，若需要将推进剂剩余量控制在 5% 以内，必须将气枕压力带偏差值减小至 0.013 MPa（偏差率 8.6%）以下；若需要将推进剂剩余量控制在 2% 以内，则必须将气枕压力带偏差值减小至 0.005 MPa（偏差率 3.3%）以下。

5.2.3 故障工况系统调节特性

动力系统是影响火箭性能、可靠性、安全性的重要分系统，具有工作环境恶劣、耦合环节多、安全性风险突出等特点，而发动机故障将直接影响发射任务的成败。动力冗余指运载火箭在一台或数台发动机关机的情况下，仍能完成正常入轨任务，国外称为"停机能力"。对于多助推器捆绑式运载火箭，部分发动机异常关机后，各推进模块内推进剂消耗不平衡，助推器分离时剩余大量推进剂，严重影响火箭运载能力。采用推进剂交叉输送技术是解决推进剂剩余问题、支撑实现动力冗余的有效途径。

为研究推进剂交叉输送系统在发动机停机故障工况下的适应性，验证交叉输送技术解决故障子级的推进剂剩余问题的效果，采用试验验证与仿真分析结合的方法，研究了多种典型的发动机停机故障工况。

系统采用自生增压方案，针对表 5-4 所示的典型发动机故障工况开展试验和仿真研究。

表 5-4 典型的发动机故障工况

	关闭发动机	故障发生时间/s	所属模块	增压气路状态
故障 1	A1	47	助推器 1	关闭助推器 1 一路供气
故障 2	芯 2	43	芯级	关闭芯级一路供气
故障 3	A1、A2	A1:33 A2:57	助推器 1	关闭助推器 1 两路供气
故障 4	A1、B1	A1:29 B2:61	助推器 1、助推器 2	关闭助推器 1 和助推器 2 各一路供气
故障 5	A1、芯 2	A1:31 芯 2:41	助推器、芯级	关闭助推器 1 和芯级各一路供气

注：A1 表示助推器 1 的 1 号发动机，A2 表示助推器 1 的 2 号发动机，芯 2 表示芯级的 2 号发动机，B1 表示助推器 2 的 1 号发动机。

试验结果见表 5-5，表中第 2 列为各故障工况下两助推器贮箱液位高度变化情况，纵坐标"相对液位高度"表示实际液位与初始液位高度的比值；表中第 3 列为各故障工况下两助推器交叉输送流量变化，纵坐标"无量纲流量"表示实际流量与单台发动机额定流量的比值。

表 5-5　各故障工况下贮箱液位和交叉输送流量变化（试验值）

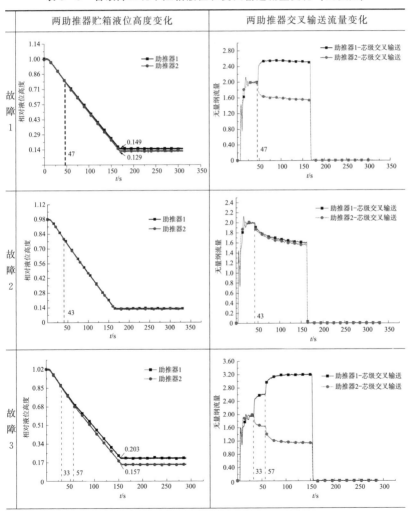

续表

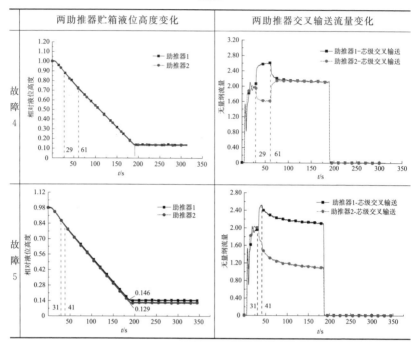

试验结果表明：在分别关闭助推器 1 的 1 台和 2 台发动机后，交叉输送流量根据故障工况发生了相应的调整，即增大助推器 1 向芯级交叉输送的流量，降低助推器 2 向芯级交叉输送的流量，从而维持两助推器的平衡消耗。当芯级 1 台发动机发生故障后，两助推器向芯级交叉输送的流量同步减小，液位继续维持平衡。当两助推器各 1 台发动机发生故障时，其向芯级交叉输送的流量仍然保持相同，从而维持液位基本平衡。各工况下当助推器关机分离时，两助推器最后液位高度统计如图 5-37 所示。

针对以上典型的发动机故障工况开展仿真分析，所得助推器分离时所剩推进剂液位如图 5-37 所示（受试验条件的限制，试验系统关机液位设置较高，因此同一工况下关机时液位试验值大于仿真值）。为评估交叉输送应对发动机故障的效果，定义"推进剂相对剩余量"为：助推器分离时，两助推器液位差值与初始液位高度的比

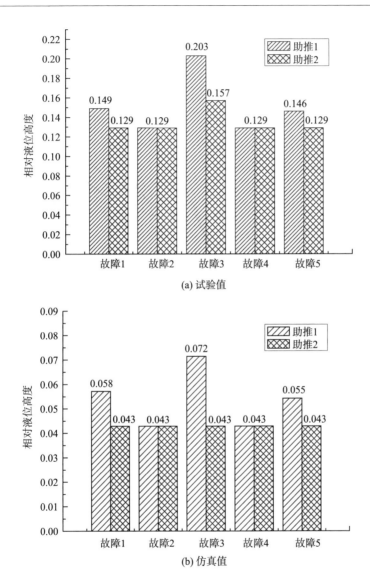

图 5 - 37　助推器关机时液位值

值。各故障工况下交叉输送效果的比较见表 5 - 6。从表中对比结果可以看出，试验值与仿真值比较吻合，可以得出以下结论：

1）交叉输送系统具有较好的故障适应性，具备在发动机故障工况下满足助推器贮箱增压需求，将故障助推器内剩余推进剂输送至芯级发动机的功能。对于 1 台发动机发生故障或者多个模块各 1 台发动机发生故障的工况，推进剂相对剩余量不足 2%；对于单个助推器 2 台发动机均发生故障的工况，推进剂相对剩余量为 4.6%。

2）经过试验与仿真结果对比，表明仿真模型可以较准确地模拟交叉输送系统故障工况的工作特性。由于试验过程中过载处于地面恒定状态，与真实飞行中的过载变化状态有一定的差异，采用仿真的方法可以在真实的过载状态下拓展研究更多的故障工况。

表 5 - 6　各故障工况下交叉输送效果的比较

	故障发动机	所属推进模块	推进剂相对剩余量试验值	推进剂相对剩余量仿真值
故障 1	A1	助推器 1	2%	1.5%
故障 2	芯 2	芯级	0	0
故障 3	A1、A2	助推器 1	4.6%	2.9%
故障 4	A1、B1	助推器 1、助推器 2	0	0
故障 5	A1、芯 2	助推器 1、芯级	1.7%	1.2%

5.2.4　小结

基于压力差控制方案的交叉输送系统性能对贮箱气枕压力比较敏感，对增压系统要求较高，其系统特性主要体现在以下 5 个方面：

1）额定工况下交叉输送流量受贮箱压差直接影响，存在临界压差使得交叉输送总流量达到额定值，因此系统应结合飞行过载对贮箱压差进行严格控制。

2）在交叉输送切换过程中，芯级发动机由助推器推进剂供应向芯级推进剂供应过渡平稳，应采用"先关闭交叉输送隔离阀、再关闭助推器发动机"的切换模式，以抑制切换过程的管路阀门水击危害。

3）对于不同的增压形式，交叉输送系统可以选择不同的增压方案。自生增压方案系统较简单、组件少，但是对推进剂液位进行开环调节，调节精度不高；气瓶增压方案系统较复杂、组件多，对推进剂液位进行闭环调节，调节精度较高。

4）系统对于不同助推器的初始液位偏差有一定的调节能力，对压力带偏差容忍度较小。为保证交叉输送按预定流量进行，对贮箱气枕压力的控制精度要求较高。

5）系统具有较好的发动机故障适应性，具备在发动机发生故障工况下满足助推器贮箱增压需求，将故障助推器内剩余推进剂输送至芯级发动机的能力，为动力冗余提供支撑。

5.3　基于调节阀控制方案的系统特性

本节主要研究两助推器构型、基于调节阀控制方案的交叉输送系统特性，系统原理图如图 5-15 所示。

5.3.1　额定状态系统参数设计

（1）稳态流量特性

基于调节阀控制方案的交叉输送系统依靠芯级上游主管路上的隔离阀截断芯级推进剂出流，通过交叉输送管路上的流阻调节阀调节推进剂交叉输送流量。研究调节阀控制方案交叉输送系统在稳态工况下的流量特性，分析供应芯级发动机的流量来源分配情况。能否达到额定的流量分配状态并保持稳定，是衡量系统性能及其稳定性的依据。

为研究系统的稳态流量特性，进行调节阀控制方案的交叉输送试验。试验系统采用"离心泵＋流量调节阀"组合模拟泵压式火箭发动机对管路系统的抽吸作用。为便于比较，对试验所得各流量值进行无量纲化处理，将流量试验数据与单台发动机额定流量 4.25 kg/s 的比值作为无量纲流量。交叉输送流量与调节阀开度关系如图 5-38 所示。

研究两助推器交叉输送调节阀开度不一致状态下的交叉输送流量特性，在仿真计算中保持助推器 2 交叉输送调节阀开度不变、连续改变助推器 1 调节阀开度，调节阀开度变化如图 5-39 所示，交

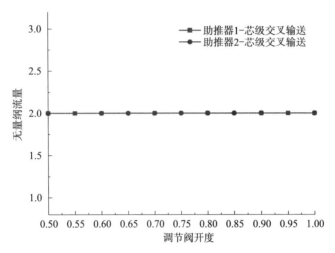

图 5 - 38 交叉输送流量与调节阀开度关系（两助推器调节阀开度一致）

叉输送流量变化如图 5 - 40 所示。图中曲线表明，通过改变某一助推器交叉输送调节阀的开度，可以实现对交叉输送流量的调节，调节阀开度减小的助推器向芯级交叉输送的流量也减小，另一助推器交叉输送流量相应增大，并且两助推器交叉输送流量之和（交叉输送总流量）保持不变。

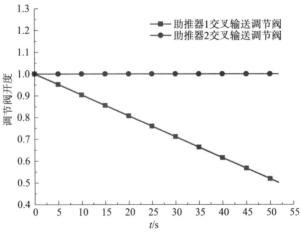

图 5 - 39 调节阀开度变化

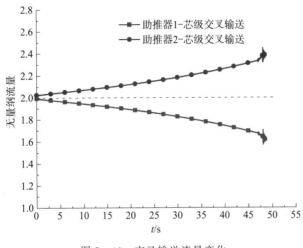

图 5-40 交叉输送流量变化

（2）瞬态流量特性

切换过程是一个瞬态过程，其持续时间由交叉输送隔离阀动作时间决定。为研究切换过程中的流量变化情况及其影响，分析试验过程中在切换阶段关键流量参数的变化，分析流量变化引起的管路水击特性，评估切换过程可能对系统造成的影响。试验中切换过程的阀门动作时序如图 5-41 所示。

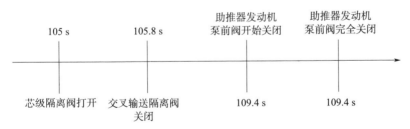

图 5-41 试验中切换过程的阀门动作时序

进一步分析切换过程流量变化引起的水击特性，调节阀控制方案需要芯级隔离阀和交叉输送隔离阀协调配合，在切换过程中两者的动作顺序可能对系统产生影响。通过仿真研究两处阀门的不同动作时序产生的芯级发动机水击压力，设置 2 类共 5 种动作时序，第 1 类为"先开芯级隔离阀，再关交叉输送隔离阀"；第 2 类为"先关交叉输送隔离阀，再开芯级隔离阀"，水击压力如图 5 - 42 所示。

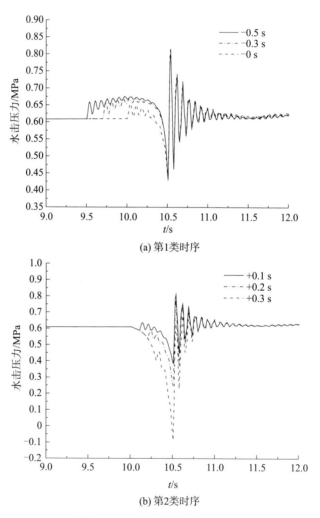

(a) 第1类时序

(b) 第2类时序

图 5 - 42　芯级发动机水击压力

图 5-42 中曲线表明，对于第 1 类时序，打开芯级隔离阀与关闭交叉输送隔离阀的时间间隔长短对水击压力峰值没有影响；对于第 2 类时序，打开芯级隔离阀的时间越晚，芯级发动机负水击压力峰值越大。分析其原因在于，当交叉输送隔离阀先关闭时，从助推器向芯级发动机供应推进剂的流路被截断。如果芯级隔离阀没有及时打开，芯级推进剂不能及时输送至芯级发动机，导致芯级发动机入口出现负水击现象，严重时将影响发动机正常工作。因此，基于调节阀控制方案的交叉输送系统的切换过程应采取第 1 类切换时序，适当地提前打开芯级隔离阀。

5.3.2　偏差工况系统调节特性

对于不同助推器的初始液位偏差，基于调节阀控制的交叉输送系统可以采用对交叉输送管路调节阀进行节流的措施，在交叉输送过程中消除液位偏差，并且交叉输送调节阀节流对芯级发动机入口压力影响较小。初始液位偏差程度越大，消除所需时间越长；调节阀节流程度越大，液位偏差消除所需时间越短。

系统对输送管路流阻设计精度要求较高，为保证交叉输送按预定流量进行，确保剩余推进剂量少于 5%，交叉输送管路流阻偏差率应控制在 23% 以下，助推器上游主管路流阻偏差率控制在 30.75% 以下。工程上应通过提高管路的制造精度和装配精度、准确预测管路内流体的流速和流态、对低温管路采取严密的绝热保护措施等方法，控制管路实际流阻与设计值的偏差。

5.3.2.1　初始液位偏差

为研究基于调节阀的交叉输送系统对于并联贮箱初始液位偏差的适应能力，采用系统仿真的方法进行偏差适应性研究。设置 10% 的初始液位偏差，图 5-43 表示不采取调节措施的状态下和将助推器 1 的交叉输送管路调节阀流通面积节流至 75% 状态下，两助推器液位变化情况。

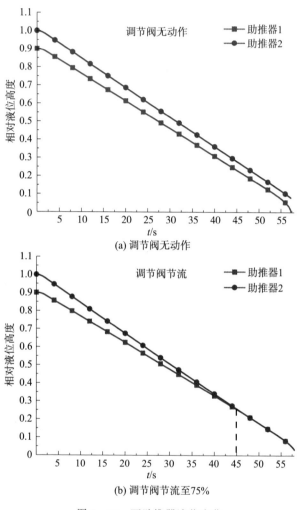

(a) 调节阀无动作

(b) 调节阀节流至75%

图 5 - 43　两助推器液位变化

　　图 5 - 43 中表明，当两助推器初始液位存在偏差时，若不采取调节措施，在交叉输送过程中该液位偏差无法被消除；对液位较低的助推器 1 的交叉输送管路调节阀进行节流，可以减小助推器 1 向芯级交叉输送的流量，从而减慢助推器 1 的推进剂消耗速度，在 45 s 时刻实现了两助推器内液位的平衡。

进一步研究液位偏差消除所需时间与调节阀节流程度的关系，在每一种液位偏差情况下设置不同的调节阀节流程度，获得偏差消除所需时间，如图 5-44 所示。图中横坐标表示从 0 至 30% 的初始液位偏差，纵坐标表示液位达到平衡所需时间，5 条曲线分别代表 5 种调节阀节流程度对应的平衡时间。从图 5-44 中看出，在相同的调节阀节流状态下，初始液位偏差越大，平衡所需时间越长；在相同初始液位偏差状态下，调节阀节流程度越大，平衡所需时间越短。

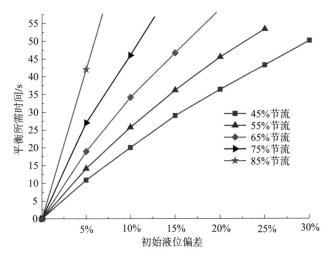

图 5-44　不同节流程度下液位偏差消除所需时间

5.3.2.2　管路流阻偏差

交叉输送管路和助推器的上游主管路流阻是影响交叉输送系统性能的关键因素，基于调节阀控制方案的系统对管路流阻的控制精度要求较高。在生产装配过程中产生的误差、管路在工作过程中的变形以及管内流态变化等都可能导致输送管路流阻产生一定的偏差，从而影响交叉输送系统工作性能。通过仿真研究，分别开展系统对交叉输送管路和助推器上游主管路流阻偏差的适应性分析。

（1）对交叉输送管路流阻偏差的适应性

为研究交叉输送管路流阻偏差对系统的影响，评估偏差适应性，设置不同的交叉输送管路流阻偏差工况，见表 5 - 7。

表 5 - 7　两助推器交叉输送管路流阻

	工况 1	工况 2	工况 3	工况 4	工况 5	工况 6	工况 7	工况 8
助推器 1 交叉输送管路流阻/kPa	42.2	44.0	45.8	47.2	48.5	50.7	53.0	54.6
助推器 2 交叉输送管路流阻/kPa	41.6	41.6	41.6	41.6	41.6	41.6	41.6	41.6
流阻偏差/kPa	0.6	2.4	4.2	5.6	6.9	9.1	11.4	13

结果表明，助推器 1 的交叉输送管路流阻增大后，交叉输送流量将减小，助推器 2 提前达到耗尽关机液位，此时助推器 1 将剩余部分推进剂。在各种流阻偏差情况下，剩余推进剂量如图 5 - 45 所示，图中纵坐标"相对液位剩余量"表示两助推器最后液位之差与初始加注液位的比值，该无量纲量反映了推进剂剩余量大小。

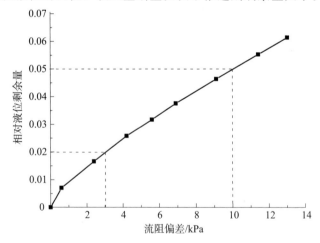

图 5 - 45　推进剂剩余量与交叉输送管路流阻偏差关系

图 5 - 45 中曲线表明，推进剂剩余量与交叉输送管路流阻偏差值呈正相关，若要将推进剂剩余量控制在 5% 以内，则必须将流阻偏

差值控制在 10 kPa（偏差率 23%）以下；若要将推进剂剩余量控制在 2% 以内，则必须将流阻偏差值减小至 3 kPa（偏差率 7%）以下。

（2）对助推器上游主管路流阻偏差的适应性

为研究助推器上游主管路流阻偏差对系统的影响，评估偏差适应性，设置不同的助推器上游主管路流阻偏差工况，见表 5-8。

表 5-8　两助推器上游主管路流阻

	工况 1	工况 2	工况 3	工况 4	工况 5	工况 6	工况 7	工况 8
助推器 1 上游主管路流阻/kPa	40.5	42.7	45.1	46.8	48.7	51.4	54.6	56.8
助推器 2 上游主管路流阻/kPa	39.6	39.6	39.6	39.6	39.6	39.6	39.6	39.6
流阻偏差/kPa	0.9	3.1	5.5	7.2	9.1	11.8	15	17.2

结果表明，助推器 1 的上游主管路流阻增大后，交叉输送流量将减小，助推器 2 提前达到耗尽关机液位，此时助推器 1 将剩余部分推进剂。在各种流阻偏差情况下，剩余推进剂量如图 5-46 所示，图中纵坐标"相对液位剩余量"表示两助推器最后液位之差与初始加注液位的比值，该无量纲量反映了推进剂剩余量大小。

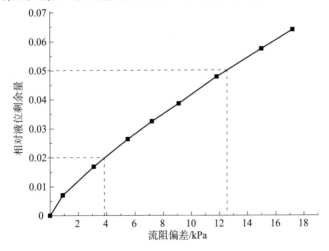

图 5-46　推进剂剩余量与助推器上游主管路流阻偏差关系

图 5 - 46 中曲线表明，推进剂剩余量与上游主管路流阻偏差值呈正相关，若要将推进剂剩余量控制在 5% 以内，则必须将流阻偏差值控制在 12.3 kPa（偏差率 30.75%）以下；若要将推进剂剩余量控制在 2% 以内，则必须将流阻偏差值减小至 3.8 kPa（偏差率 9.5%）以下。

5.3.3　故障工况系统调节特性

为研究基于调节阀控制的交叉输送系统在发动机停机故障工况下的适应性，验证交叉输送技术解决故障子级的推进剂剩余问题的效果，采用仿真分析的方法研究了多种典型的发动机停机故障工况。典型的发动机停机故障工况见表 5 - 9。

表 5 - 9　典型的发动机停机故障工况

	关闭发动机	故障发生时间/s	所属模块	调节措施
故障 1	A1	10	助推器 1	10 s 时刻助推器 2 交叉输送调节阀节流至 60% 并保持至交叉输送结束
故障 2	芯 2	10	芯级	调节阀无动作
故障 3	A1、A2	10、30	助推器 1	10 s 时刻助推器 2 交叉输送调节阀节流至 60%，30 s 时刻节流至 33%
故障 4	A1、B1	10、30	助推器 1、助推器 2	10 s 时刻助推器 2 交叉输送调节阀节流至 60%，30 s 时刻恢复不节流状态
故障 5	A1、芯 2	10、30	助推器 1、芯级	10 s 时刻助推器 2 交叉输送调节阀节流至 60% 并保持至交叉输送结束

注：A1 表示助推器 1 的 1 号发动机，A2 表示助推器 1 的 2 号发动机，芯 2 表示芯级的 2 号发动机，B1 表示助推器 2 的 1 号发动机。

仿真结果见表 5 - 10，表中第 2 列为各故障工况下两助推器贮箱液位高度变化情况，纵坐标"相对液位高度"表示实际液位与初始液位高度的比值；表中第 3 列为各故障工况下两助推器交叉输送流量变化，纵坐标"无量纲流量"表示实际流量与单台发动机额定流量的比值。

表 5 - 10　各故障工况下贮箱液位和交叉输送流量变化（见彩插）

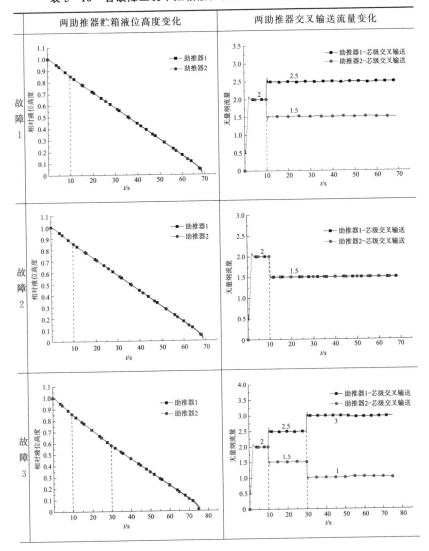

续表

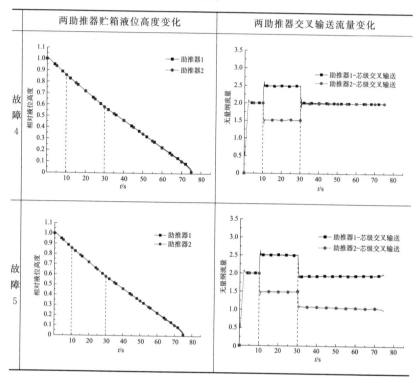

仿真结果表明：在关闭助推器 1 的 1 台发动机后，通过对助推器 2 的交叉输送调节阀进行 60% 节流的措施，可以改变两助推器的交叉输送流量，保持总流量相同，从而维持两助推器平衡消耗；在关闭助推器 1 的两台发动机后，助推器 2 的交叉输送调节阀需要进行 33% 的节流才能达到平衡消耗的目的；在两助推器各关闭 1 台发动机，或关闭芯级 1 台发动机时，不需要节流措施也能保持两助推器的平衡消耗。

综合来看，基于调节阀的交叉输送系统能够较好地应对典型的发动机停机故障，对于两助推器各关闭 1 台发动机和关闭芯级 1 台发动机的故障，系统不需调节措施也能保持平衡消耗；对于单一助推器的发动机关机故障，通过对另一助推器交叉输送调节阀进行适当的节流，能够改变两助推器的交叉输送流量,从而维持两助推器平衡消耗。

5.3.4 小结

基于调节阀控制方案的交叉输送系统性能对调节阀可靠性和调节精度要求较高,其系统特性主要体现在以下 5 个方面:

1)额定工况交叉输送总流量始终等于芯级发动机总流量,与贮箱压差无关。改变某一助推器交叉输送调节阀的开度,可以实现对交叉输送流量的调节。

2)切换过程产生的水击压力峰值与阀门动作时序密切相关,为保证芯级发动机入口不出现破坏性的负水击现象,切换过程应采取“先开芯级隔离阀、再关交叉输送隔离阀”的动作时序。

3)两助推器的初始液位偏差可以通过调节阀节流措施消除,液位偏差程度越大,消除所需时间越长;调节阀节流程度越大,消除所需时间越短。

4)系统对交叉输送管路流阻和助推器上游主管路流阻精度要求较高,为保证交叉输送按预定流量进行,确保剩余推进剂量较小,必须严格控制两处管路的流阻偏差。

5)基于调节阀的交叉输送系统能够较好地应对典型的发动机停机故障,对于典型的故障模式,能够调节两助推器的交叉输送流量,从而维持两助推器平衡消耗。

5.4 交叉输送系统动力冗余控制策略

运载火箭交叉输送系统的两大功能分别是提升运载能力和支撑动力冗余,动力系统正常工作时,系统按照既定的方案进行交叉输送;当某一台或多台发动机因故障而关机时,系统需要按照一定的策略进行交叉输送流量调节。

在基于压力差控制方案的系统中,助推器箱压由发动机泵最低入口压力条件和维持交叉输送所需气枕压差共同决定,助推器箱压范围为 0.31~0.39 MPa，系统通过调节增压进气流量，间接实现对交叉输送流量的调节；在基于调节阀控制方案的系统中，助推器箱压以满足发动机泵入口压力条件为目标，助推器箱压范围为 0.3~0.31 MPa，系统通过改变管路流阻，直接调节交叉输送流量。

从系统性能角度评估，调节阀方案的动力冗余控制策略更简单直接，压力差方案则需通过调节箱压间接实现交叉输送流量调节；从结构重量角度评估，压力差方案因为贮箱压力上限提高导致贮箱和增压系统重量增加，调节阀方案因在芯级主管路上增加隔离阀导致输送系统结构重量增加。就本节研究的系统而言，调节阀方案所需的大口径低温阀门总重量大于箱压上限提高导致的结构增重。

5.4.1　基于压力差的控制策略

压力差控制方案通过控制贮箱气枕压力实现推进剂交叉输送，当出现发动机故障时，依靠调节贮箱增压进气流量，从而实现调节气枕压力，进而调节交叉输送流量的目的。系统方案如图 5-47 所示，每个助推器的交叉增压管路上均设置调节阀，受控制单元输出的信号控制其开度，对交叉增压流量进行调节。

在该方案中，助推器箱压的设计需同时考虑满足发动机泵最低入口压力要求和维持交叉输送所需气枕压差要求（贮箱结构强度要求作为校核），由于故障工况下需要的气枕压差高于正常工况，为了避免助推器箱压过高带来的结构重量代价，考虑降低交叉输送阶段芯级箱压。根据某火箭典型任务剖面，本节以芯级箱压 0.2 MPa 作为计算工况，助推器箱压由交叉输送系统所需气枕压差推算。

针对典型的 5 类发动机故障模式，以维持系统中两助推器平衡消耗为目标，制定了相应的控制策略。系统的调节效果见表 5-11。结果表明，对增压流量的调节达到了调节交叉输送流量的效果，实现了故障工况下两助推器平衡消耗的目的。

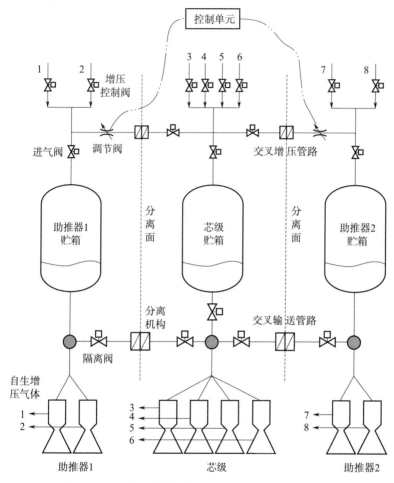

图 5 - 47　压力差控制方案的动力冗余控制策略示意图

5.4.2　基于调节阀的控制策略

调节阀控制方案通过改变交叉输送管路上的调节阀开度以改变流阻,在不需要改变贮箱气枕压力的情况下调节交叉输送流量。系统方案如图 5 - 48 所示,每个助推器的交叉输送管路上均设置调节阀,受控制单元输出的信号控制其开度,直接对交叉输送流量进行调节。

表 5 - 11　典型故障工况控制策略及调节效果

工况	故障发动机	措施	交叉增压流量/(kg/s)		气枕压力带/MPa		交叉输送流量/(kg/s)		推进剂总流量/(kg/s)		交叉输送效果
			助推器 1	助推器 2	助推器 1	助推器 2	助推器 1	助推器 2	助推器 1	助推器 2	
正常工况	—	—	4.343	4.343	0.33~0.35	0.33~0.35	2 024	2 024	4 362	4 362	同时耗尽,工作时间 105 s
故障模式 1	助推器 1 一台	助推器 2 节流阀节流至 40%	6.241	2.445	0.33~0.37	0.315~0.33	2 543	1 326	3 693	3 693	同时耗尽,工作时间 116 s
故障模式 2	芯级一台	无措施	3.105	3.105	0.33~0.35	0.33~0.35	1 513	1 513	3 787	3 787	同时耗尽,工作时间 116 s
故障模式 3	助推器 1 两台	助推器 2 节流阀节流至 21%	7.556	1.13	0.33~0.39	0.31~0.33	3 067	732	3 096	3 096	同时耗尽,工作时间 130 s
故障模式 4	助推器 1, 2 各一台	无措施	4.343	4.343	0.33~0.355	0.33~0.355	1 915	1 915	3 096	3 096	同时耗尽,工作时间 130 s
故障模式 5	助推器 1, 芯级各一台	助推器 2 节流阀节流至 40%	4.652	1.923	0.33~0.36	0.318~0.345	1 959	803	3 142	3 142	同时耗尽,工作时间 130 s

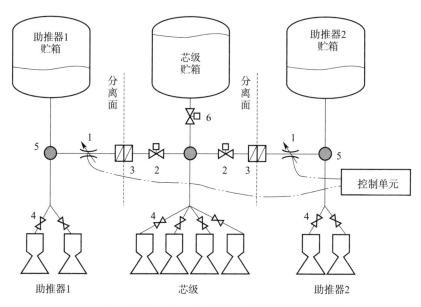

图 5-48　调节阀控制方案的动力冗余控制策略示意图

1—助推器侧交叉输送调节阀；2—芯级侧交叉输送隔离阀；3—连接分离机构；

4—发动机泵前阀；5—交叉输送管路三通或多通；6—芯级主管路隔离阀

在该方案中，由于芯级上游主管路的隔离阀阻断了芯级推进剂流动，因此芯级箱压不影响交叉输送系统工作，按贮箱载荷要求的最低压力下限设计即可。助推器箱压的设计需满足发动机泵入口压力最低要求（贮箱结构强度要求作为校核），根据某火箭典型任务剖面，本节以助推器箱压 0.3 MPa 作为计算工况。

针对典型的 5 类发动机故障模式，以维持系统中两助推器平衡消耗为目标，制定了相应的控制策略，系统的调节效果见表 5-12。结果表明，对管路调节阀的节流措施达到了调节交叉输送流量的效果，实现了故障工况下两助推器平衡消耗的目的。

表 5 - 12　典型故障工况控制策略及调节效果

工况	故障发动机	措施	交叉管路流阻/[Pa/(kg/s)]		气枕压力带/MPa		交叉输送流量/(kg/s)		推进剂总流量/(kg/s)		交叉输送效果
			助推器 1	助推器 2	助推器 1	助推器 2	助推器 1	助推器 2	助推器 1	助推器 2	
正常工况	—	—	17	17	0.30~0.31	0.30~0.31	2 342	2 342	4 684	4 684	同时耗尽,工作时间 105 s
故障模式 1	助推器 1 一台	助推器 2 调节阀节流至 60%	21	35	0.30~0.31	0.30~0.31	2 914	1 768	4 100	4 100	同时耗尽,工作时间 116 s
故障模式 2	芯级一台	无措施	13	13	0.30~0.31	0.30~0.31	1 760	1 760	4 100	4 100	同时耗尽,工作时间 116 s
故障模式 3	助推器两台	助推器 2 调节阀节流至 33%	26	78	0.30~0.31	0.30~0.31	3 502	1 181	3 502	3 502	同时耗尽,工作时间 130 s
故障模式 4	助推器 1,2 各一台	无措施	17	17	0.30~0.31	0.30~0.31	2 342	2 342	3 502	3 502	同时耗尽,工作时间 130 s
故障模式 5	助推器 1,芯级各一台	助推器 2 调节阀节流至 50%	17	33	0.30~0.31	0.30~0.31	2 309	1 208	3 490	3 550	同时耗尽,工作时间 130 s

5.5　交叉输送技术实现

交叉输送技术的实现，需要对关键单机开展研制攻关，同时需要解决复杂工况下交叉输送系统的增压问题，保证交叉输送系统内液体流动不发生气蚀、空化等现象，满足发动机泵入口压力需求。

5.5.1　交叉输送隔离阀

隔离阀是交叉输送系统的关键单机，它在工作中需要接收外部信号，进而实现通路启闭，并且保证密封。

美国航天飞机液氢和液氧交叉供应管路隔离阀如图 5 - 49 所示，该阀阀瓣采用碟阀形式。根据管路口径较大的特点估计，其销轴转动受气动装置控制的可能性很大。该阀门在轨道器和外贮箱分离前受信号控制而关闭。

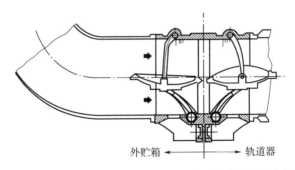

外贮箱 ←　　　→ 轨道器

图 5 - 49　美国航天飞机液氢和液氧交叉供应管路隔离阀

隔离阀按驱动器可以分为气体驱动式和电驱动式，气体驱动式由高压气体产生作动力，电驱动式又可以分为直流驱动和交流驱动两种形式。结合箭上能源供给能力，对于超大口径隔离阀门，气体驱动控制隔离阀的可实现性优于电驱动控制隔离阀，因此液路隔离阀选择气体驱动式方案。

对几种常见的气动隔离阀阀门进行比较，选择适用于交叉输送的隔离阀方案。

（1）气动球阀

气动球阀是低温介质系统最合理的阀门结构，优点为启闭迅速、不易卡滞、密封可靠、结构紧凑、重量轻、流阻小。球阀口径可以做到 150 mm 或者更大，目前市场上现有口径为 150 mm 的气动球阀，外形尺寸为 0.5 m×0.5 m×0.5 m，如图 5-50 所示。

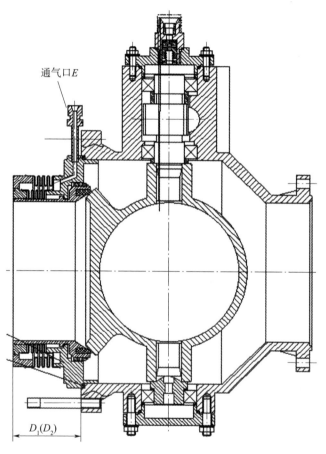

图 5-50　气动隔离阀

（2）气动碟形阀

气动碟形阀如图 5 - 51 所示，通过碟形密封盘与阀座压紧密封，碟形密封盘可绕一固定轴转动。阀门动作时，在控制装置入口通入高压气体，推动活塞杆运动，带动齿条水平运动，与齿轮箱内的齿轮啮合，将水平运动转化为转动，带动碟形密封盘转动。

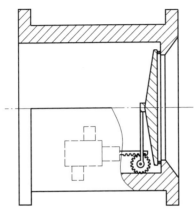

图 5 - 51　气动碟形阀

碟形阀结构复杂，阀门开启状态流阻较小，但涉及动密封结构，对动作时密封要求较高，动作过程中对密封结构的磨损将影响阀门的使用寿命。

（3）气动截止阀

气动截止阀如图 5 - 52 所示。阀门未工作时，通过调节弹簧预紧力使阀芯与阀座处于关闭状态，从而使推进剂流道关闭。需要开启时，从控制腔通入气体，高压气体推动活塞向右移动，从而带动活门移动，使被密封的推进剂通道打开；需要关闭时，撤销电磁阀控制的高压气，依靠被压缩的弹簧复位，从而切断推进剂的供给。

（4）方案对比分析

气动球阀结构简单，流阻较小，密封性能好，阀门开启、关闭响应时间较快，但重量较重；气动碟形阀结构复杂，流阻小，重量轻，但阀门开启响应时间慢，密封性能较差；气动截止阀结构简单，

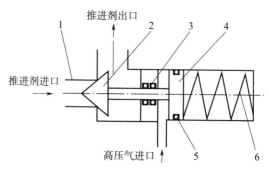

图 5 - 52　气动截止阀

1—进口接头；2—活门；3、5—O 形圈；4—活塞；6—弹簧

响应时间快，重量轻，密封性能好，但是流动阻力较大。将 3 种方案的结构复杂程度、流阻、响应时间、结构重量和密封性能进行比较，见表 5 - 13。

表 5 - 13　交叉输送隔离阀方案对比

指标	气动球阀	气动碟形阀	气动截止阀
结构复杂程度	简单	复杂	简单
流阻	较小	小	较大
响应时间	较快	慢	快
结构重量	较重	轻	较轻
密封性能	好	较差	好

5.5.2　交叉管路可靠连接与分离

交叉输送管路连接于分离装置是交叉输送系统中的主要关键单机，其功能是在交叉供应推进剂时连接对应的管路，并保证连接部位密封可靠，在飞行中按时序分离使管路断开。

美国航天飞机轨道器与外贮箱间的推进剂交叉供应管路通过脐带连接板连在一起，在飞行时连接板的两半用 3 个爆炸螺栓连在一起。具体分离方案如下：

每个爆炸螺栓（见图 5-53）用收缩弹簧拉紧，分离后螺栓被弹簧拉向外贮箱一侧。在轨道器一侧，每个易碎螺母（爆炸螺母）和起爆器被封闭在一个小容器中，该容器收集爆炸热燃气和炸碎后的螺母，每个脐带连接板上有 3 个液压收缩器，分离后收缩器使连接板缩回。当缩回行程达到 10 mm 时，关闭交叉供应管路上的截止阀（由主发动机系统中的氦气系统控制关闭），泄出截止阀间的推进剂。

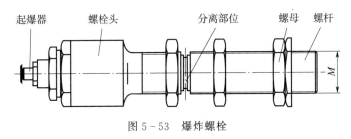

图 5-53　爆炸螺栓

交叉输送管路分离装置要求连接上、下游分离活门，这样既便于可靠连接，推进剂输送顺畅，又能按指令分离脱落，确保上、下游管路密封可靠。分离装置可采用火工品分离和气动分离方案，火工品分离方式简单有效，不需要携带多余的能量。但由于管路系统存在推进剂泄漏的风险，因此对安全性要求较高。火工品分离是单点失效环节，箭上设置过多的火工品分离点不利于可靠性的提高。冷气分离方案具有较高的安全性，但需要为分离装置提供供气系统，可利用箭上发动机自带的控制气瓶提供分离用气源。

（1）气动解锁分离

气动式分离阀如图 5-54 所示，采用周向布置的 3 个弹簧锁紧装置锁紧，锁紧状态通过橡胶 O 形圈密封。分离阀分离时，向控制气入口通入 2 MPa 的氮气或氦气，活塞顶杆向右移动，分离气缸在反作用下向左移动，使钢珠对准解锁槽，钢珠滑入槽内完成解锁，后活塞顶杆继续向右移动，分离法兰在顶杆的作用下完成分离。

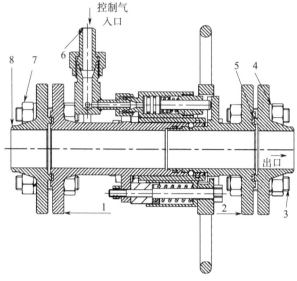

(a) 气动式分离阀剖视图

1—入口法兰；2—出口法兰；3—螺栓(8个)；4—弹垫(8个)；5—密封垫片；
6—控制接管嘴；7—螺母(8个)；8—对接法兰

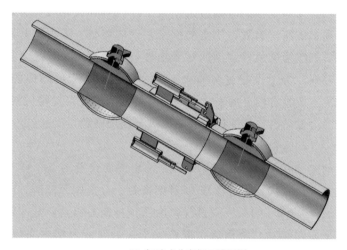

(b) 气动式分离阀三维视图

图 5-54　气动式分离阀

（2）火工螺栓解锁分离

火工螺栓解锁分离方案如图 5 - 55 所示。交叉输送管路分离法兰通过 4 个火工螺栓连接，采用低冲击分离螺栓。分离时，起爆火工螺栓实现连接法兰的解锁分离。火工螺栓安装有两个无起爆药隔板点火器，两个隔板点火器分别与非电传爆系统连接，两者互为冗余。当点火器工作后，通过分离螺母内部机构运动，释放对接螺栓，捕获器内的弹簧推动对接螺栓运动完成分离解锁，捕获器将对接螺栓捕获住。

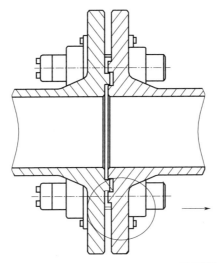

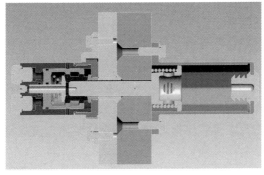

图 5 - 55　火工螺栓解锁分离方案

（3）管路爆炸切断分离

管路爆炸切断分离装置如图 5-56 所示，管路爆炸切断分离装置主要由环形保护罩、聚能切割索和管路组成。在管路外壁有一环形凸起，环形凸起与管路的外壁形成环形凹槽，在环形凹槽内安装聚能切割索，环形保护罩穿过管路通过螺纹与凸槽连接，在管路上有环形削弱槽。管路分离时，引爆聚能切割索，管路沿削弱槽切断，实现分离。

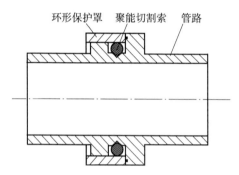

环形保护罩　聚能切割索　管路

图 5-56　管路爆炸切断分离装置

（4）方案对比分析

气动解锁分离结构简单，便于对接及测试，分离所用气源可与箭上控制气源通用。分离响应时间较快，冲击小。为防止助推器分离时结构干涉，可采用锥形密封面设计，分离时需要考虑将管路结构分开至安全距离。

火工螺栓解锁分离法兰结构简单，技术成熟。分离响应时间迅速，低冲击分离装置分离时冲击小。火工品体积小，重量轻，采用双起爆冗余设计，不需要携带多余能量。分离时结构不受干涉。

管路爆炸切断分离结构简单，体积小，重量轻，便于安装。分离冲击小，但需考虑管路爆炸时的安全性问题，需先将管路内剩余推进剂摆放至安全区域。

将 3 种方案的结构复杂程度、测试维护性、响应时间、结构重量和分离冲击进行比较，见表 5-14。

表 5 - 14　分离方案对比

指标	气动解锁分离	火工螺栓解锁分离	管路爆炸切断分离
结构复杂程度	较复杂	复杂	简单
测试维护性	简单	复杂	不可测
响应时间	较迅速	迅速	迅速
结构重量	较重	较轻	轻
分离冲击	小	较小	较小

5.5.3　交叉增压技术

自生增压系统的增压气体来源于动力系统内部，利用推进剂汽化或者发动机燃气发生器产生的燃气降温形成增压气体。该增压技术较为成熟，广泛应用于各种运载火箭。自生增压系统与发动机紧密耦合，推进剂汽化和燃气降温这两种方式都需要发动机稳定工作，以提供持续的增压气体流量。

由于交叉输送阶段芯级贮箱不需要增压，将芯级发动机产生的增压气体引入助推器贮箱，和助推器发动机产生的增压气体共同为助推器贮箱增压，该方案称为交叉增压。交叉增压方案原理图如图 5 - 57 所示。

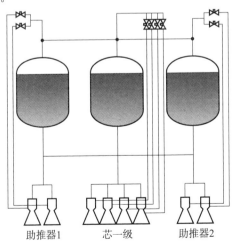

图 5 - 57　交叉增压方案原理图（见彩插）

图 5-57 中红色部分表示交叉增压系统，在交叉输送阶段，芯级发动机产生的增压气体汇合后分成两路分别进入两个助推器贮箱，与助推器发动机产生的增压气体共同为贮箱增压；交叉输送结束后，芯级发动机产生的增压气体全部进入芯级贮箱增压。

5.5.3.1　交叉增压仿真研究

采用 AMESim 软件进行系统模型的搭建，选用标准气动库 Pneumatic Library 中的气源和节流孔板子模型组合，模拟自生增压供气系统；选用标准液压库 Hydraulic Library 中的圆管和可调节孔板子模型组合，模拟交叉输送管路系统；利用二次开发平台 AMESet，根据交叉输送与交叉增压系统方案，以常温水为工质、氮气为增压气体，搭建系统仿真模型，如图 5-58 所示。

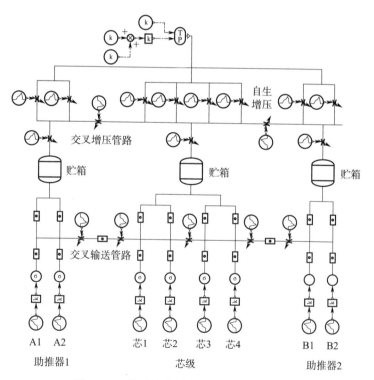

图 5-58　交叉输送-交叉增压系统仿真模型

　　仿真输入条件为：发动机体积流量为 4.25 L/s，助推器贮箱加注高度为 350 cm，芯级贮箱加注高度为 150 cm，助推器贮箱初始气枕压力为 0.35 MPa，芯级贮箱初始气枕压力为 0.3 MPa。增压系统工作时序为：交叉输送阶段打开交叉增压管路上的截止阀，关闭芯级贮箱进气主管路上的截止阀，将芯级增压气体输送至助推器贮箱；交叉输送结束后关闭交叉管路截止阀，打开芯级进气截止阀，芯级开始增压。仿真结果如图 5-59～图 5-62 所示。

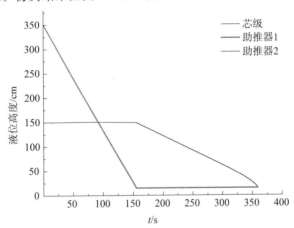

图 5-59　推进剂液位高度变化（见彩插）

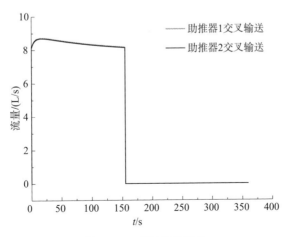

图 5-60　交叉输送流量

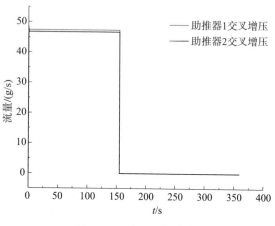

图 5-61　交叉增压流量

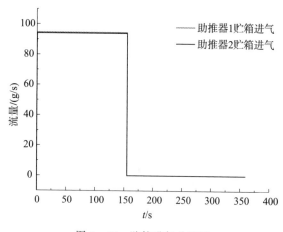

图 5-62　贮箱进气总流量

图 5-58 中交叉输送阶段芯级液位保持不变,两个助推器液位持续下降,图 5-59 中两助推器向芯级交叉输送的流量均保持在8.5 L/s,表明交叉输送系统工作正常,芯级发动机全部由助推器的推进剂通过交叉输送管路供应。图 5-60 中芯级向两个助推器贮箱交叉增压的流量均为 47 g/s 左右,图 5-61 中两个助推器贮箱总的

进气流量均为 94 g/s 左右，表明交叉增压系统工作正常，芯级的增压气体通过交叉增压管路进入助推器贮箱，交叉增压流量占助推器贮箱进气总流量的 50%。

5.5.3.2　交叉增压试验验证

为验证交叉增压系统方案的可行性，根据交叉输送系统与交叉增压系统方案，以常温水为工质、氮气为增压气体，搭建地面试验系统，如图 5-63 和图 5-64 所示。试验系统由增压系统、贮箱、输送系统以及配套的加注系统、供配气系统、控制系统和测量系统组成。增压系统设置 8 路增压供气管路模拟 8 台发动机产生自生增压气体；采用交叉增压技术，设置交叉管路将 3 个贮箱增压进气路连通。

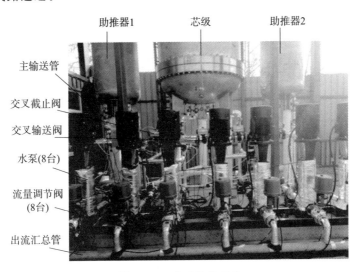

图 5-63　交叉输送系统

试验开始时，打开交叉增压管路上的截止阀，关闭芯级贮箱进气主管路上的截止阀，将芯级增压气体输送至助推器贮箱。交叉输送结束后关闭交叉管路截止阀，打开芯级进气截止阀，芯级开始增压。试验结果如图 5-65～图 5-67 所示。

图 5-64　交叉增压系统

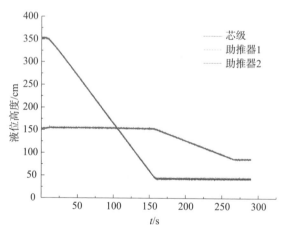

图 5-65　推进剂液位高度变化（见彩插）

图 5-67 中交叉增压流量试验结果表明，交叉增压系统工作正常，交叉输送阶段芯级的增压气体通过交叉增压管路进入助推器贮箱，两助推器贮箱交叉增压流量相同；交叉输送结束后，交叉增压管路关闭，芯级增压气体全部进入芯级贮箱。

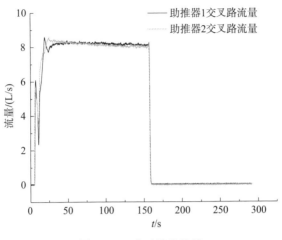

图 5 - 66　交叉输送流量

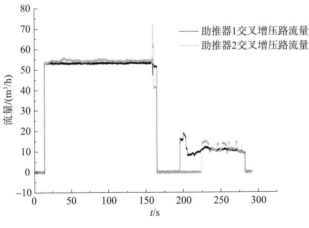

图 5 - 67　交叉增压流量

参 考 文 献

[1] MARTIN J A. Two – stage Earth – to – orbit Vehicles with Series and Parallel Burn [R]. AIAA – 86 – 1413, 1986.

[2] DOUGLAS O STANLEY. Conceptual Design of a Fully Reusable Manned Launch System [J]. Journal of Spacecraft and Rockets, 1992, 29（4）: 529 – 537.

[3] LEWIS RESEARCH CENTER. Atlas – Agena Flight Performance for the Applications Technology Satellite ATS – 1 Mission [R]. NASA. TMX – 1784.

[4] LEWIS RESEARCH CENTER. Atlas – Centaur AC – 17 Performance for Applications Technology Satellite ATS – D Mission [R]. NASA TMK – 2525.

[5] ALEXANDER G. SA – 6 Shows Engine – out Capability Following Unscheduled Shutdown [J]. Aviation Week &. Space Technology, 1964.

[6] REMARTY S. Saturn 1/1B Project [R]. AIAA 64 – 272.

[7] ABELA, ALICE, BERG, et al. Final Environmental Assessment: Falcon 9 and Falcon 9 Heavy Launch Vehicle Programs from Space Launch Complex 4 [C]. East at Vandenberg Air Force Base, California, 2011 01 Mar.

[8] LAUREN DREYER. Latest Developments on SpaceX's Falcon 1 and Falcon 9 Launch Vehicles and Dragon Spacecraft [C]. Aerospace Conference, 2009.

[9] 鲁宇. 世界航天运载器大全 [M]. 2 版. 北京：中国宇航出版社，2007.

[10] GILMORE W L. Supplying Cryogenic Propellants for Space Based OTV [R]. AIAA – 85 – 5256.

[11] 《国际太空》编辑部. 美国猎鹰重型运载火箭 [J]. 国际太空，2011 (8)：9 – 14.

[12] T J GORMLEY. Cross – feed Technologies for NLS Evolution [C]. AIAA, Space Programs and Technologies Conference, Huntsville, AL,

Mar. 24 - 27，1992. 8 .

[13]　CHARLES J SOSA. Design and Integration of a Cryogenic Propellant Crossfeed System for Parallel Burn Vehicles [C]. AIAA 29th Joint Propulsion Conference and Exihibit 28 - 30 June 1993.

[14]　F CHANDLER，M SCHEIERN. Launch Vehicle Sizing Benefits Utilizing Main Propulsion System Cross - feed and Project Status [C]. 38 th AIAA Joint Propulsion Conference & Exhibit 7 - 10 July 2002.

[15]　FRANK CHANDLER，GARY GRAYSON. The Importance of Detailed Component Simulations in the Feed System Development for a Two - Stage - to - Orbit Reusable Launch Vehicle [C]. 41st AIAA Joint Propulsion Conference & Exhibit 10 - 13 July 2005.

[16]　HAN NGUYEN. FRANK CHANDLER. Pressurization System Modeling for a Generic Bimese Two - Stage - to - Orbit Reusable Launch Vehicle [C]. AIAA Paper 2005 - 437 I.

[17]　HAN NGUYEN. PETE MAZURKIVICH. Development and Validation of a Pressurization System Model for a Cross - feed Subscale Water Test Article [C]. 42th AIAA Joint Propulsion Conference and Exhibit 9 - 11 July 2006.

[18]　孙国庆 . 关于天地往返运输系统动力装置 [J]. 推进技术，1988（1）：30 - 33.

[19]　陈杰 . 串联与并联推进多级运载火箭线性化质量方程 [J]. 中国空间科学技术，1990（4）：8 - 17.

[20]　符锡理 . 航天飞行器动力装置液体推进剂交叉供应技术 [J]. 国外导弹与航天运载器，1990（9）：41 - 50.

[21]　廖少英，顾仁年 . 新一代运载火箭增压输送系统交叉输送技术研究 [J]. 上海航天，2005（3）：37 - 41.

[22]　汤波，胡久辉，邵业涛，等 . 液体运载火箭交叉输送总体参数研究 [J]. 导弹与航天运载技术，2017（3）：22 - 27.

[23]　马方超，刘文川，丁建春，等 . 推进剂交叉输送技术综述及概念研究 [J]. 载人航天，2014（5）：474 - 479.

[24]　马方超，李德权，吴姮，等 . 液体火箭推进剂交叉输送系统试验研究 [J]. 载人航天，2017（3）：358 - 364.

［25］ 臧家亮，戴德海，金广明，等．神舟号载人飞船推进系统［J］．载人航天，2005（6）：30 - 33.

［26］ 钱海涵．并联贮箱不平衡输出及其解决途径［J］．上海航天，2000（1）：8 - 11.

［27］ 杨帆，张晓东，刘旭，等．末子级并联贮箱均衡输送对入轨精度影响研究［J］．上海航天，2016（增刊）：60 - 65.

［28］ 章玉华．推进系统并联贮箱均衡排放性能及其控制措施［J］．火箭推进，2013（3）：67 - 71.

［29］ H PERRINE，Jr. MSC Apollo 13 Investigation Team Panel 6 Related Systems Evaluation. Volume 2 Lunar Module［R］. NASA 1979 TM - 79945 79N74754：2 - 6.

［30］ R W HAMMOCK，Jr，E C CURRIE，et al. Apollo Experience Report - descent Propulsion System［R］. NASA 1973，TN D - 7143：3 - 4.

［31］ 章威，马宽，党丽芳．运载火箭技术成熟度评价方法研究［J］．航天标准化，2018（2）：1 - 6.

［32］ R HAPPERSETT. The Angara Launch Vehicle Fleet［R］. AIAA 2001 - 3931.

［33］ W L GILMORE . Supplying Cryogenic Propellants for Space Based OTV［R］. AIAA - 85 - 5256.

［34］ S P GLASSER，C J SOSA . Propellant Cross - feed System and Method：U. S. Patent 6，488，237［P］. 2012 - 12 - 03.

［35］ W R MARSHALL. Three Stage Rocket Vehicle with Parallel Staging［R］. NASA，N83 - 12138.

第6章 控制重构技术

所谓重构，广义上指系统有目的性地进行结构和参数的更新，就控制系统而言，具体包括：

（1）任务重构

当火箭出现故障等非预期工况时，为了尽可能完成目标任务，依据所设定的约束条件（如能量最省、轨道最高、风险最小等），实现约束下的任务目标更新（如轨道降级），即明确"火箭飞到哪里"。

（2）弹道规划

规划出表征过程轨迹的程序角等特征参数，明确"火箭如何飞行"。

（3）容错控制

故障一般会导致控制系统的稳定控制能力下降，所以此时需要使控制系统依然能够维持其能力状态，尽可能地满足性能指标要求，实现对故障的不敏感性，这就是容错控制的根本特征，即确保"火箭飞行稳定"。

从动力学模型角度来看，任务重构和弹道规划面向的主要为质心动力学，二者模型相似，求解方法多为优化方法；容错控制面向的主要为绕质心动力学，求解方法主要是控制理论方法。

6.1 发展历史及应用现状

6.1.1 任务重构与弹道规划技术发展现状

6.1.1.1 基于间接法和直接法的任务重构及弹道规划方法

求解含约束的最优控制问题的通用方法可分为间接法和直接法。间接法通过运用庞德里亚金（Pontryagin）极大值原理和变分原理，推导出原问题满足最优化条件的一阶必要条件，将控制变量受约束的最优控制问题转化为满足一阶最优必要条件的两点边值问题，进而通过数值方法求解两点或多点边值问题得到最优控制，"间接地"得到问题的解。间接法在问题求解效率、精度和最优性上具有较大优势，但需要解析推导问题的最优性条件，限制了对复杂动力学、复杂约束系统的应用，在实际应用中可通过合理简化动力学模型、使用同伦方法等手段简化问题，避免协态初值猜测困难等问题。赵泽端在求解火星大气进入段飞行器纵向可达区时，将问题分解为 4 个子优化问题，在求解子优化问题的基础上通过构造合适的同伦参数延拓出纵向可达区，避免了协态初值猜测困难的问题。在解决运载火箭故障情况的在线弹道重构问题时，需对复杂的动力学模型适当简化处理以保证收敛性，还要重点考虑运算效率是否能够满足实时计算要求。Wei 对运载火箭推力下降的大气层内弹道重构进行研究，通过同伦算法处理气动保证算法收敛性，利用分层思想逐渐求解问题，以加速运算，并通过 DF－SANE 和 MN－IBQ 进一步减少两点边值问题的求解时间，以适应箭上运算，但使用的动力学模型较为简化，考虑的约束条件较少。

直接法通过将动力学方程、约束方程和性能指标函数离散化，将最优控制问题转化为参数优化问题，更具一般性，可以采用成熟的算法工具求解。它的优点是受问题复杂程度的影响相对较小，在处理具有复杂约束的问题时比间接法更高效，但它对连续问题的近似程度取决于离散程度，可能需要离散程度很高才能满足一阶必要条件，离散的阶数增加导致问题维数增加，计算耗时长。直接法运用的离散方法有直接打靶法、配点法、伪谱法和微分包含法等，其中伪谱法基于正交多项式的根非均匀分布离散的特点，将原微分问题转化为标准非线性规划问题（Nonlinear Programming，NLP），相比其他方法可利用同样数量的离散点获得更高的离散化精度。在航天领域中，常用的伪谱法主要有勒让德伪谱法、拉道伪谱法、高斯伪谱法和切比雪夫伪谱法 4 类。新发展的分段自适应的 Hp 伪谱法根据轨迹各段飞行特点的不同将整段轨迹分段采用多项式插值并用伪谱法求解，提高了伪谱法收敛效率和计算精度，解决了全局伪谱法解决非光滑问题时收敛困难的问题。针对运载火箭推力故障下的弹道重构问题，王志祥就伪谱法开展了相关研究。Ma 按故障级别将故障分为 4 种情况设定不同优化目标，结合自适应伪谱法实现弹道重构。使用伪谱法进行在线轨迹优化的核心问题在于提高其运算效率，张志国等人通过选择合适的基点数和制导周期，相比迭代制导能在保证同等入轨精度的情况下处理复杂约束，是对伪谱法在线应用工程化的良好探索。

目前，间接法和直接法主要还是应用在离线的弹道设计中，限制它们在线应用的核心因素主要在于计算效率无法适应在线运算的需求和对初值敏感。有部分研究结合人工智能技术精确计算初值，以提高运算速度和收敛性，具体方法在后面对人工智能方法进行综述时介绍。

6.1.1.2　基于凸优化的任务重构及弹道规划方法

凸优化是研究优化问题的一个重要分支，可以证明能够在多项式时间（代数运算次数为问题维度的有限次多项式函数）内以给定精度求解凸问题。标准的凸优化问题形式为

$$\begin{cases} \text{minimize} & f_0(x) \\ \text{subject to} & f_i(x) \leqslant 0, i = 1, \cdots, m \\ & a_i^{\mathrm{T}} x = b_i, i = 1, \cdots, p \end{cases} \quad (6-1)$$

式中，f_i 为凸函数，优化变量为 x。

线性规划（LP）问题、二次规划（QP）问题、二次约束二次规划（QCQP）问题、二阶锥规划（SOCP）问题都是特殊形式的凸问题，有成熟的求解器，研究中一般会将实际问题凸化成这些形式，以使用求解器求解。

线性规划问题的目标函数和约束函数都是仿射的，表示形式为

$$\begin{cases} \text{minimize} & \boldsymbol{c}^{\mathrm{T}}x + d \\ \text{subject to} & Gx \leqslant h \\ & Ax = b \end{cases} \tag{6-2}$$

二次规划问题的目标函数是二次型，约束函数为仿射的，表示形式为

$$\begin{cases} \text{minimize} & \dfrac{1}{2}\boldsymbol{x}^{\mathrm{T}}Px + \boldsymbol{q}^{\mathrm{T}}x + r \\ \text{subject to} & Gx \leqslant h \\ & Ax = b \end{cases} \tag{6-3}$$

若目标函数是二次型，约束函数也是二次型，则为二次约束二次规划问题，表示形式为

$$\begin{cases} \text{minimize} & \dfrac{1}{2}\boldsymbol{x}^{\mathrm{T}}Px + \boldsymbol{q}^{\mathrm{T}}x + r \\ \text{subject to} & \dfrac{1}{2}\boldsymbol{x}^{\mathrm{T}}P_ix + \boldsymbol{q}_i^{\mathrm{T}}x + r_i \leqslant 0, i = 1, \cdots, m \\ & Ax = b \end{cases} \tag{6-4}$$

二阶锥规划问题中为二阶锥约束，表示形式为

$$\begin{cases} \text{minimize} & \boldsymbol{f}^{\mathrm{T}}x \\ \text{subject to} & \| A_ix + b_i \|_2 \leqslant \boldsymbol{c}_i^{\mathrm{T}}x + d_i, i = 1, \cdots, m \\ & Fx = g \end{cases} \tag{6-5}$$

凸优化方法在理论基础和计算速度上的优势与弹道优化问题契合，若能将弹道优化问题凸化，则能通过凸优化方法快速求解弹道优化问题，使在线重构成为可能。将凸优化应用于弹道优化问题核心在于如何将问题凸化，但弹道优化中复杂的动力学模型、复杂的约束条件和控制约束都有非凸特性，需要将非凸问题转化为等价的或近似的凸问题。凸优化方法在卫星变轨、动力下降、火箭推力下降等多种问题的轨迹优化中都有很好的应用。

在卫星变轨等太空环境的轨迹规划问题中，国内外学者已经使用凸优化方法取得了很好的研究成果，通过线化、变量替换、松弛等手段对约束、模型、控制量等进行了凸化。Liu 和 Lu 提出了一种

使用二阶锥规划来解决航天领域中的非凸最优控制问题的方法，针对非凸问题中两个非凸性来源，使用线化近似的方法凸化状态不等式约束，使用一阶展开和二阶校正补偿的方式凸化非线性终端等式约束，在航天器对接和接近操作、有限推力变轨和上面级入轨 3 类不同问题中验证了算法有效性。Han 通过线化方式凸化动力学方程，无损凸化方式凸化控制约束，变量等价替换的方式凸化路径约束，线化、变量替换、无损松弛等多种方式凸化不同的优化指标约束，使用二阶锥规划方法解决航天器的气动捕获变轨问题。池贤彬在航天器自主交会接近问题中使用凸优化结合迭代制导的思想优化接近轨迹，通过线化动力学模型、假设推力为有限形式、假设每个迭代周期内质量为常量整个过程中质量线性时变的形式凸化动力学模型，将安全走廊约束转化为线性不等式形式的方锥性约束凸化约束条件，通过引入无损松弛因子的方式凸化性能指标。

在动力着陆问题中，凸优化方法也得到了国内外学者的关注，与卫星变轨类的轨迹优化问题不同，动力着陆问题对终端状态约束要求高，可能需要处理大气环境，衍生出与其他方法结合的凸优化方法，提高算法收敛性，也有研究针对问题进行定制化求解，加速求解过程提高算法鲁棒性。Wang 利用序列凸优化方法求解着陆问题，将新的状态变量引入三维运动方程避免控制约束非凸，通过一阶泰勒展开凸化目标函数和路径约束，通过线化来近似凸化动力学方程中非凸部分，优化结果指标优于伪谱法，计算时间仅为伪谱法的 4.6%。Liu 通过线化方式凸化动力学模型，使用松弛方式凸化控制约束，以二阶锥规划方法在满足禁飞区约束的情况下求解 CAV - H 飞行器的轨迹规划问题。Wang 也使用线化和松弛方法凸化动力学方程和控制约束，但将凸优化方法和模型预测控制方法相结合，减少了离散点，以减少离散误差，保证了算法运行时间。安泽将偏置比例导引和凸优化结合，将制导问题分解为法向满足落角与落点约束的偏置比例导引切向满足速度与推力约束的凸优化和滚动时域控制制导，改善了因简单采取线化方法凸化模型带来的收敛性问题，也避免了针对具体问题进行凸化剪裁。宋雨等人通过无损凸化和逐次凸化方法将火箭回收段制导问题转化为二阶锥规划问题,通过对问题定制求解,使算法具备毫秒级的收敛特性,算法具有较高的鲁棒性。王劲博通过在迭代过程中对模型线性化误差进行在线估计设计信赖域的更新策略,改进序列凸优化方法,提高了算法的收敛性能。

当前,凸优化方法是在推力下降故障情况下进行弹道重构的主流方法,与其他轨迹优化问题有所区别,在故障情况下进行弹道重构时需先确定故障后的优化策略,并根据优化策略生成优化指标,然后通过凸优化方法求解。研究者主要在提高效率和增强收敛性等方面开展研究。Li 针对真空飞行段故障问题,根据是否可达原轨道设计不同弹道优化目标,使用 flip - Radau 伪谱法将问题离散化,并推导了终端约束解析解、需使用的各种偏导数的解析解,减少数值计算过程,提高算法运算速度,运行时间为 GPOPS - Ⅱ 的 4.6%(5.33/116.9)。李师尧针对二级飞行段进行研究,忽略气动力影响,通过剩余推进剂估计是否能够正常入轨,进而设计优化目标,将俯仰角速度和偏航角速度作为控制量,最优控制问题中的控制和状态解耦,方便求解,然后采用逐次凸化、线性化和梯形离散等方法凸化为二阶锥规划求解。宋征宇在故障时刻采用迭代制导结合数值积分估计运载能力设计优化目标,在求解过程中,利用凸优化方法首先计算在故障时刻轨道面内和地心角约束下的最高圆轨道作为初值求解不含上述约束的最优圆轨道,然后根据可达高度决策是否需要继续调整其他轨道根数偏差,通过地心角预估简化终端约束条件,收敛性好。

6.1.1.3　其他弹道重构方法

除上述两类基于全程轨迹优化的弹道重构方法外,研究者还就其他方法进行研究,这些方法的重构能力相比轨迹优化方法低,但途径相对简单,更易实现,因此也对这些方法进行介绍。Sponaugle 和王文虎分别以航天飞机和亚轨道飞行器为研究对象,根据故障情况设计满足约束条件的攻角指令，在故障发生后引导飞行器到达可返回降落的位置，提升故障适应能力，是故障后的一种处置手段，不能起到弹道重构的效果。韩雪颖等人根据特定故障情况预先设计救援轨道以及飞行诸元，故障后在线切换诸元结合迭代制导实现弹道重构，能够适应特定故障情况。

6.1.2　容错控制技术发展现状

当控制系统中发生故障时，系统依然能够维持其稳定状态，并尽可能地满足性能指标要求，这就是容错控制的根本特征。容错控制思想的诞生以 Niederlinski 提出完整性控制（Integral Control）的概念为标志。容错控制概念由美国国家科学基金会和美国电气与电子工程师协会（IEEE）控制系统学会正式提出。1991 年，Astrom 指出容错控制具有使系统反馈对故障不敏感的作用。

容错控制系统按照是否基于故障检测和识别（Fault Detection and Isolation，FDI）系统来实现，其划分为主动容错控制（Adaptive Fault‑Tolerant Control，AFTC）和被动容错控制（Passive Fault‑Tolerant Control，PFTC），如图 6‑1 所示。主动容错控制需要 FDI 系统来诊断出故障类型和故障状态参数，为容错控制器提供输入；而被动容错控制的设计，不需要 FDI 系统提供具体的故障类型和参数，是一种与鲁棒控制技术相类似的方案，采用形式相对固定的控制器来确保闭环系统对一定范围故障的适应性。

6.1.2.1　主动容错控制

主动容错控制依赖于 FDI 系统，在 FDI 系统提供故障信息后，重构控制器结构或者参数。其优点在于使用了故障信息，若 FDI 系统所提供的信息及时准确，且在控制器能力范围内，那么针对性地重构的效果一般是较好的。

运载火箭现行的姿态控制系统由控制律和控制分配律两部分组成。控制律模块生成期望的三通道的等效控制指令。控制分配律将等效控制指令转换为实际每台伺服机构的摆角，其目标是在一定的

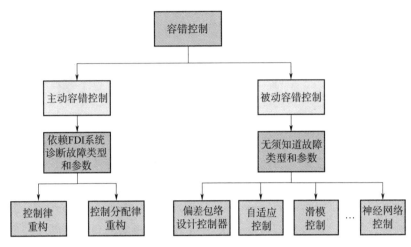

图 6-1　容错控制分类（按照是否需要故障诊断系统）

约束条件下，尽量使得系统摆角输出与虚拟控制指令保持一致。所以可将主动容错控制方法继续分为两种，一种是控制律重构，另一种是控制分配律重构，如图 6-2 所示。

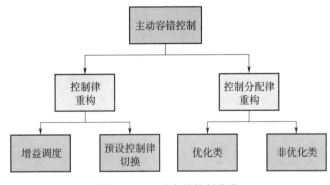

图 6-2　主动容错控制分类

（1）控制律重构

控制增益调度是最简单的主动容错控制方法。其基本思想是离线计算设计各种故障下合适的控制律增益，预先上传存储于箭机。

当 FDI 系统输出故障信息后，可直接切换至相应模式下的增益参数，完成控制律重构。伪逆法（Pseudo - Inverse Method，PIM）是 Caglayan 等人提出的，其基本思想是保证系统发生变化后的闭环传递函数矩阵逼近原传递函数矩阵，利用矩阵的伪逆，计算新的增益系数。Jiang 等人提出使用特征结构配置（Eigenstructure Assignment，EA）方法来重构故障后的系统，确保闭环系统的特征值和特征向量尽可能一致，比伪逆法更加直接。本文在研究推力下降的主动容错控制中使用了增益调动作为容错控制器的一部分。

预设控制律切换的基本思想是离线设计好各种故障下合适的控制律形式以及参数，存储在箭机中。最常见的方法为正常工况下仅使用 PD 控制，此时不引入积分环节，目的是防止传感器误差累积漂移，而故障情形时，为了消除故障引起的偏差，引入积分环节，改变控制器结构。如 Rauch 对 F/A - 18 飞行提供了预设控制律切换方法，系统引入了控制面故障和在扰动飞行条件下的飞行测试，方法简单有效。

（2）控制分配律重构

分配律的重构无须更改控制律，仅需依据 FDI 系统诊断结果，更改分配矩阵即可，简单有效。控制分配算法按照是否使用优化理论可分为优化分配方法和非优化分配方法。优化分配方法常见的有伪逆法、不动点法以及线性规划方法等，非优化分配方法包括按比例系数分配、按逻辑选择分配、按控制误差分配、链式递增分配方法等。程堂明提出了一种基于线性规划的运载火箭伺服机构卡死故障重构控制分配方法。将重构控制分配问题转化为有约束单目标优化问题，通过单纯形法求解完成。路遥针对一类含有整数控制约束的分布式驱动变体飞行器在线控制分配问题，考虑控制误差和执行机构摆角损耗作为目标函数，并使用基于布谷鸟搜索算法进行求解。王志祥针对推力下降故障，提出了一种基于伪逆法和不动点法的推力下降故障下运载火箭姿控系统重构控制方法，保证推力下降后系统能够提供期望的控制力矩；吴蕾针对推力下降故障，将控制指令分配问题转化为有约束的二次规划问题，基于拉格朗日乘子算法迭代求解分配指令，能很好地改善推力损失下的系统响应。

6.1.2.2　被动容错控制

被动容错控制是与鲁棒控制技术相类似的方案，它采用形式相对固定的控制器来确保闭环系统对一定故障的不敏感性，进而保证系统稳定性。被动容错控制无须故障信息，即不需要 FDI 系统。

目前，运载火箭所使用的姿态控制方法，基于偏差包络设计的 PD＋校正网络控制器，即属于被动容错控制方法。该方法在频域中设计好满足性能指标的控制器参数，对于参数偏差以及故障具备一定的鲁棒性。

自适应控制由于自适应控制器能够自主地随系统参数的改变而发生变化，可显著提高控制器对故障的适应能力。针对执行机构故障和被控对象的故障，自重构通常不需要 FDI 单元和重构机制设计。Jeb Orr 提出了基于 PD 和校正网络控制的自适应增广控制方法（Adaptive Augment Control，AAC），该方法是一种乘法开环增益自适应方法，在系统发生故障时，通过调整开环增益来适应有限故障。该方法仅调整 PD 控制增益，不改变控制器结构，所以无法消除故障影响和控制误差。

智能容错控制是采用神经网络、模糊理论等理论来设计飞行控制系统的方法。特别是神经网络所具有的非线性逼近、并行处理及自学习等特性，为复杂时变非线性的飞行控制问题提供了新的途径。主要有以下方法：

（1）基于鲁棒控制与神经网络相结合的重构控制律设计

在基于鲁棒控制与神经网络相结合的重构控制方法中，神经网络一般用来进行故障诊断，再基于鲁棒控制理论来完成重构控制。王若男基于神经网络和 H_∞ 技术提出了基于神经网络观测器的故障诊断方法，可有效估计特定故障。但神经网络观测器依赖于动力学模型，所以不同故障需要建立不同的神经网络观测器，且若存在较大的建模误差和未建模干扰，对诊断结果影响较大。

（2）基于神经网络的重构控制律设计

基于神经网络的重构控制律方法采用 RBF 神经网络或 BP 神经网络对飞行器故障模型进行辨识，并利用李雅普诺夫稳定性理论来设计闭环控制律，提高飞行控制系统的故障适应能力。朱平等人针对高超声速飞行器巡航段执行器控制效益损失故障和卡死故障问题，基于高超声速飞行器纵向运动模型，将滑模控制算法与径向基函数神经网络（RBFNN）方法相结合，设计了一种自适应神经网络容错控制器，较好地解决了执行器故障问题。

NASA 开展了智能飞行控制系统（Intelligent Flight Control System，IFCS）研究计划，目的是将人工神经网络技术应用于飞行控制系统中。第一阶段主要采用神经网络对飞机气动特性变化加以辨识，需对飞机气动参数加以辨识，并把结果提供给控制系统；第二阶段目标是直接自适应神经网络控制器和对故障的自适应及抑制故障带来的冲击等。到 2006 年 2 月 14 日，F - 15 战斗机成功完成试飞任务，第二阶段的直接自适应神经网络飞行控制系统开发和验证工作完成。改装的 F - 15 战斗机如图 6 - 3 所示。

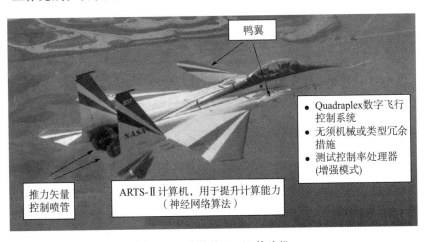

图 6 - 3　改装的 F - 15 战斗机

（3）基于神经网络的直接自适应重构控制律设计

基于神经网络的直接自适应重构控制律设计主要指神经网络与动态逆结合的方法。常怡鹏等人针对采用动态逆方法设计导弹姿态控制器产生逆误差的问题，提出了一种基于神经网络在线补偿动态逆误差的控制器设计方案。Wang 等人采用伪逆线性神经网络构造附加的反馈回路，补偿系统由于部件故障引起的性能下降，用到了自适应控制策略修改神经网络补偿器，确保了整个线性系统的稳定性。

6.2　任务重构与弹道规划技术

考虑发动机推力下降对动力学特性的影响，动力学模型中需要建立考虑燃烧剂和氧化剂分布消耗的质量计算模型，以及发动机推力计算模型。

6.2.1　任务重构技术

运载火箭任务在线重构按复杂程度可以分为以下 3 个层次：

（1）基于支持弹道库的在线任务切换

在设计过程中根据动力系统故障程度分级，提前装定多套飞行诸元，在飞行过程中根据故障诊断的结果切换至对应的飞行诸元。这种途径的实施相对简单，对硬件的计算性能要求较低。

（2）多飞行段最省能量的在线轨迹规划

多飞行段最省能量的在线轨迹规划的核心技术在于构建多约束快速规划动力学优化模型，采用非线性优化算法，针对故障状态在线生成最省能量的全新轨迹。这种途径的适应性更好，能够充分发挥火箭的剩余能力。但实施起来更加复杂，需要结合软硬件环境，开发与火箭动力学模型紧耦合的求解器，解决传统数值轨迹优化方法初值敏感的问题，化解算法复杂度和求解效率的矛盾，突破在线高性能求解技术，以满足高效运算需求。

（3）考虑故障风险评估的飞行任务重构

需要站在任务总体角度，在故障风险性和当前任务可达性之间进行决策。针对火箭飞行多级多段，考虑载荷、热流、落区、测控等多项飞行约束，评估故障风险，开展任务重规划，生成故障状态下的可行方案，最终形成完备的箭上智能决策系统，保安全的同时发挥最优能力。

为了全面充分验证任务重构、制导姿控律重构技术，需要建立仿真模型库，通过动力与控制联合仿真、半实物仿真等，实施运载火箭多种偏差/故障模式的注入，实现多种系统重构算法功能和性能指标的仿真分析与比较论证，量化评估系统重构算法的适用范围和控制精度，实现容错处理算法的迭代优化验证，得出适合工程应用的系统重构算法，有效降低运载火箭智能故障诊断及系统重构技术的应用风险。

6.2.2　弹道规划技术

6.2.2.1　凸优化方法简介

凸优化问题具有以下形式

$$\begin{cases} \text{minimize} & f_0(\boldsymbol{x}) \\ \text{subject to} & f_i(\boldsymbol{x}) \leqslant b_i, i = 1, 2, \cdots, m \end{cases} \quad (6-6)$$

式中，$\boldsymbol{x}$ 为变量，函数 f_0，$\cdots$，$f_m: \boldsymbol{R}^n \rightarrow \boldsymbol{R}$ 为凸函数。

在动力学与控制领域的实际应用中，凸优化问题的形式通常如下所示

$$\begin{cases} \text{minimize} & \dfrac{1}{2}\boldsymbol{x}^{\mathrm{T}}\boldsymbol{P}\boldsymbol{x} + \boldsymbol{q}^{\mathrm{T}}\boldsymbol{x} + r \\ & \| A_i\boldsymbol{x} + b_i \|_2 \leqslant c_i^{\mathrm{T}}\boldsymbol{x} + d_i, i = 1, \cdots, m_1 \\ \text{subject to} & F\boldsymbol{x} = \boldsymbol{g} \\ & \boldsymbol{w}_j^{\mathrm{T}}\boldsymbol{x} \leqslant v_j, j = 1, \cdots, m_2 \end{cases} \quad (6-7)$$

式中，$\boldsymbol{P}$ 为半正定矩阵。

凸优化问题的一个重要性质是：局部最优解就是全局最优解。

这条性质也是学者们努力将凸优化方法应用到航天航空领域的重要原因。

对于一个航天航空方面的最优控制问题，其约束通常是非凸的。如何将这样一个非凸的最优控制问题等价转化为凸优化问题，即无损凸化，是近 10 年来学者们一直努力研究的主题。通过一系列约束无损凸化的方法，并引入迭代凸优化方法来解决航天航空的最优控制问题，其核心在于引入新变量放松约束、离散动力学方程以及基于参考量的线性化。

为增强算法的收敛性和鲁棒性，Michael Szmuk 和 Behçet Açıkmeşe 引入了虚拟控制量，来防止初值选取不当、线性化不合适等人为因素导致不可解的发生。

后续的研究更多地集中在迭代凸优化方法的计算效率提升以及验证在线制导可行性等方面。总之，迭代凸优化方法为一系列的在线制导问题提供了可能。

6.2.2.2　故障重构问题的基本假设

已知一条标准弹道，包含各时刻的推力、姿态、位置、速度和质量等信息，若无故障，火箭按照标准弹道飞行。

火箭发生故障后，可以及时检测出故障信息，如推力损失和流量损失等。

火箭推力大小包括连续变化，也包括分档变化，如主游机段。

6.2.2.3　三自由度火箭动力学建模

（1）三自由度动力学方程

在地心惯性系下，三自由度的液体运载火箭动力学方程为

$$\begin{cases} \dot{\boldsymbol{r}} = \boldsymbol{v} \\ \dot{\boldsymbol{v}} = \dfrac{T_v - pS_a}{m}\boldsymbol{u} + \dfrac{\boldsymbol{D}}{m} - \dfrac{\mu}{r^3}\boldsymbol{r} \\ \dot{m} = -\dfrac{T_v}{I_{sp}} \end{cases} \qquad (6-8)$$

式中，T_v 为发动机真空推力（N）；p 为大气压强（Pa）；S_a 为喷口面积（m²）；u 为推力方向矢量；D 为大气阻力矢量（N）；μ 为地心引力常数（m³/s²）；I_{sp} 为比冲（m/s）。

（2）大气阻力模型

在具体计算中，大气阻力模型选取如下

$$D = -\frac{1}{2}C_d\rho A_{ref} \| v - \boldsymbol{\omega} \times \boldsymbol{r} \| (v - \boldsymbol{\omega} \times \boldsymbol{r}) \qquad (6-9)$$

$$\rho = \rho_0 \exp(-h/h_0) \qquad (6-10)$$

式中，C_d 为空气阻力系数；A_{ref} 为气动参考面积（m²）；$\boldsymbol{\omega}$ 为地球自转角速度矢量（rad/s）；ρ 为空气密度（kg/m³）；h 为海拔（m）；ρ_0 为基准空气密度（kg/m³）；h_0 为基准海拔（m）。

（3）大气压强模型

拟合压强与海拔的关系曲线，如图 6-4 所示。

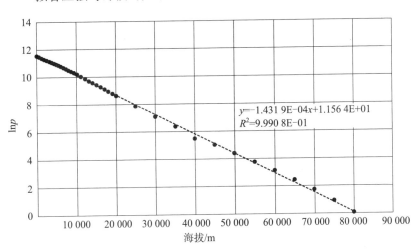

图 6-4 压强与海拔的关系曲线

数据来源：雷娟棉，吴小胜，吴甲生. 空气动力学 ［M］. 北京：北京理工大学出版社，2016.

根据拟合方程，压强公式可写为

$$p = \exp[C_1(r - R_e) + C_2] \qquad (6-11)$$

式中，R_e 为地球半径（m）；C_1、C_2 为压强公式拟合系数。

（4）离散动力学方程

通过设置等时间间隔的离散点，连续时间的动力学问题转化为离散的动力学问题，离散后的动力学方程为

$$
\begin{cases}
\boldsymbol{r}(k+1)=\boldsymbol{r}(k)+\dfrac{1}{2}\left[\boldsymbol{v}(k+1)+\boldsymbol{v}(k)\right]\mathrm{d}t \\[2mm]
\boldsymbol{v}(k+1)=\boldsymbol{v}(k)+\boldsymbol{a}(k)\mathrm{d}t \\[2mm]
\boldsymbol{a}(k)=\dfrac{T_v-p(k)S_a}{m(k)}\boldsymbol{u}(k)+\dfrac{\boldsymbol{D}(k)}{m(k)}-\dfrac{mu}{r(k)^3}\boldsymbol{r}(k) \\[2mm]
m(k+1)=m(k)-\dfrac{T_v}{I_{sp}}\mathrm{d}t
\end{cases}
$$

$$(6-12)$$

其中

$$p(k)=\exp\{C_1\left[r(k)-R_e\right]+C_2\} \qquad (6-13)$$

$$\boldsymbol{D}(k)=-\frac{1}{2}C_d\rho(k)A_{ref}\parallel\boldsymbol{v}(k)-\boldsymbol{\omega}\times\boldsymbol{r}(k)\parallel\left[\boldsymbol{v}(k)-\boldsymbol{\omega}\times\boldsymbol{r}(k)\right]$$

$$(6-14)$$

$$\rho(k)=\rho_0\exp\left[R_e/h_0-r(k)/h_0\right] \qquad (6-15)$$

6.2.2.4　凸化方法

（1）虚拟控制量的引入

由于离散后的动力学方程仍然具有很强的非凸性，所以基于参考轨道的线性化方法将被用于凸化动力学等式约束。但是由于参考轨道的选取、线性化以及约束处理所带来的误差，原来的最优控制问题经过变化很可能变得不可解。为了防止这种情况的发生，虚拟控制量被引入进来。

虚拟控制量以补偿加速度的形式加入动力学方程中，其作用为：当离散或者线性化或者约束处理不恰当时，通过调整补偿加速度的值，使得问题仍然有解。

随着迭代的进行，虚拟控制量的值要逐渐地减小，当虚拟控制

量的量级足够小时，一条实际可行的弹道就得到了。Michael Szmuk 和 Behçet Açıkmeşe 使用的减小虚拟控制量的方法为

$$\begin{cases} \text{norm}\,[\boldsymbol{a}_v(k)] \leqslant avb(k) \\ \text{minimize} \quad \text{norm}(avb) \end{cases} \tag{6-16}$$

（2）离散方程的线性化

加入虚拟控制量后的离散动力学方程为

$$\begin{cases} \boldsymbol{r}(k+1) = \boldsymbol{r}(k) + \dfrac{1}{2}\,[\boldsymbol{v}(k+1) + \boldsymbol{v}(k)]\,\mathrm{d}t \\[2mm] \boldsymbol{v}(k+1) = \boldsymbol{v}(k) + \boldsymbol{a}(k)\mathrm{d}t + \boldsymbol{a}_v(k)\mathrm{d}t \\[2mm] \boldsymbol{a}(k) = \dfrac{T_v - p(k)S_a}{m(k)}\boldsymbol{u}(k) + \dfrac{\boldsymbol{D}(k)}{m(k)} - \dfrac{mu}{r(k)^3}\boldsymbol{r}(k) \\[2mm] m(k+1) = m(k) - \dfrac{T_v}{I_{sp}}\mathrm{d}t \end{cases} \tag{6-17}$$

式中，$\boldsymbol{a}_v$ 为虚拟控制量。

所有变量为

$$\boldsymbol{r}, \boldsymbol{v}, \boldsymbol{a}_v, \boldsymbol{u}, m, \mathrm{d}t \tag{6-18}$$

基于参考轨道和以上变量对动力学方程式（6-17）进行线性化，线性化后的动力学方程式为

$$\boldsymbol{r}(k+1) = \boldsymbol{r}(k) + \frac{1}{2}\,[\boldsymbol{v}_{ref}(k+1) + \boldsymbol{v}_{ref}(k)]\,\mathrm{d}t_{ref} +$$

$$\frac{1}{2}\,[\boldsymbol{v}_{ref}(k+1) + \boldsymbol{v}_{ref}(k)]\,(\mathrm{d}t - \mathrm{d}t_{ref}) +$$

$$\frac{1}{2}\,[\boldsymbol{v}(k+1) + \boldsymbol{v}(k) - \boldsymbol{v}_{ref}(k+1) - \boldsymbol{v}_{ref}(k)]\,\mathrm{d}t_{ref}$$

$$\tag{6-19}$$

$$v(k+1) = v(k) + a_{ref}(k)dt_{ref} + a_{v,ref}(k)dt_{ref} +$$
$$[a_v(k) - a_{v,ref}(k)]dt_{ref} +$$
$$[a_{ref}(k) + a_{v,ref}(k)](dt - dt_{ref}) +$$
$$\frac{\partial a}{\partial r}\bigg|_{ref}[r(k) - r_{ref}(k)] + \frac{\partial a}{\partial v}\bigg|_{ref}[v(k) - v_{ref}(k)] +$$
$$\frac{\partial a}{\partial u}\bigg|_{ref}[u(k) - u_{ref}(k)] + \frac{\partial a}{\partial m}\bigg|_{ref}[m(k) - m_{ref}(k)]$$

$$(6-20)$$

$$m(k+1) = m(k) - \frac{T_v}{I_{sp}}dt \qquad (6-21)$$

（3）信赖域约束

由于线性化只有在变量相差不大时才能保证其可信度，所以加入以下信赖域约束

$$\begin{cases} \text{norm}[u(k) - u_{ref}(k)] \leqslant ub(k) \\ \text{norm}(dt - dt_{ref}) \leqslant dtb \\ \text{minimize} \quad \text{sigma\_}u \cdot \text{norm}(ub) + \text{sigma\_}dt \cdot dtb \end{cases} \qquad (6-22)$$

由于位置矢量和速度矢量基本上受到推力矢量的限制，所以当推力矢量相差不大时，位置矢量和速度矢量基本上也相差不大，因此只加入了推力和时间的信赖域约束。这种信赖域约束处理方法也是 Michael Szmuk 和 Behçet Açıkmeşe 首先提出并使用的。

（4）工程约束的凸优化

以上 3 个小节将火箭飞行过程中的动力学等式约束变成了凸约束，这一小节主要阐述其他工程约束的凸化方法。

①发动机满喷约束

目前，还未考虑推力的连续变化，只考虑分档的情况。由于在计算中，推力矢量被推力方向矢量乘以最大推力代替，所以满喷情况下，应满足

$$\text{norm}[u(k)] = 1 \qquad (6-23)$$

但上述约束并不是一个凸约束，通用的处理方式是放松等式约

束，则约束形式变为

$$\text{norm}\,[\boldsymbol{u}(k)] \leqslant 1 \qquad (6-24)$$

这也是刘信孚和陆平整理的无损凸化方法中的一种常用松弛方法，可靠性已验证。

②推力方向变化角速度约束

因为目前的算法是三自由度算法，所以程序无法对火箭的姿态做出规划和限制。考虑到工程实际，推力方向不能变化得过于剧烈，因此加入了推力方向角速度约束，目前给定推力方向变化每秒不能超过 $2°$。凸化后的约束为

$$\boldsymbol{u}_{ref}^{\mathrm{T}}(k+1)u(k) + \boldsymbol{u}_{ref}^{\mathrm{T}}(k)u(k+1) - \boldsymbol{u}_{ref}^{\mathrm{T}}(k)u_{ref}(k+1)$$
$$\geqslant \cos(u_{vrad}\,\mathrm{d}t_{ref}) - u_{vrad}\sin(u_{vrad}\,\mathrm{d}t_{ref})\,(\mathrm{d}t - \mathrm{d}t_{ref})$$
$$(6-25)$$

式中，u_{vrad} 为推力方向变化角速度上限。

③热流约束

抛整流罩的时候要考虑热流条件，计算时选用的热流公式为

$$q(k) = \frac{1}{2}C_d\rho(k)\,\|\,\boldsymbol{v}(k) - \boldsymbol{\omega} \times \boldsymbol{r}(k)\,\|^{3} \qquad (6-26)$$

假设第 k_* 个离散点对应的时刻抛掉整流罩，则应满足以下约束

$$q_{ref}(k_*) + \frac{\partial q}{\partial r}\bigg|_{ref}[r(k_*) - r_{ref}(k_*)] + \frac{\partial q}{\partial v}\bigg|_{ref}[v(k_*) - v_{ref}(k_*)] \leqslant q_{cr}$$
$$(6-27)$$

式中，q_{cr} 为单位面积的临界热流 （$\mathrm{W/m^2}$）。

④入轨约束

考虑到入轨位置不确定，入轨约束最终以 h 和 e 的形式给出，h 和 e 的具体表达式为

$$h = r_f \cdot v_f \qquad (6-28)$$

$$e = \frac{1}{\mu}\left[r_f v_f^2 - v_f(r_f \cdot v_f) - \mu\frac{r_f}{r_f}\right] \qquad (6-29)$$

凸化后的约束为

$$\frac{\left\| h_{ref} + \left. \dfrac{\partial h}{\partial r} \right|_{ref} (r_f - r_{f,ref}) + \left. \dfrac{\partial h}{\partial v} \right|_{ref} (v_f - v_{f,\,ref}) \right\|}{\left\| h_{aim} \right\|} \leqslant 0.001$$

$$(6 - 30)$$

$$\frac{\left\| e_{ref} + \left. \dfrac{\partial e}{\partial r} \right|_{ref} (r_f - r_{f,ref}) + \left. \dfrac{\partial e}{\partial v} \right|_{ref} (v_f - v_{f,\,ref}) \right\|}{\left\| e_{aim} \right\|} \leqslant 0.001$$

$$(6 - 31)$$

其中，下标带 f 的变量为最后一个离散点对应的变量，即该段弹道终点对应的变量。

⑤近地点最高的圆轨道约束

凸化后的约束为

$$\begin{cases} \left\| e_{ref} + \left. \dfrac{\partial e}{\partial r} \right|_{ref} (r_f - r_{f,ref}) + \left. \dfrac{\partial e}{\partial v} \right|_{ref} (v_f - v_{f,\,ref}) \right\| \leqslant 0.001 \\ \qquad\qquad\qquad \text{minimize} \quad \text{norm}(v_f) \end{cases}$$

$$(6 - 32)$$

由于末端进入的轨道是圆轨道，所以近地点最高 ⇔ 圆轨道半径最大 ⇔ 圆轨道速度最小，因此可将末点速度大小作为优化指标，同时加以圆轨道约束。

6.2.2.5　凸优化求解的一般流程

目前，我国的火箭发射任务大致可分为以下 4 种情况：

1）带滑行段的 SSO 轨道任务；

2）无滑行段的 SSO 轨道任务；

3）无滑行段的 LEO 轨道任务；

4）带滑行段的 GTO/LEO 轨道任务。

对于任务 1），目前算法可实现的故障重构策略有：

a）重新选择过渡轨道，最终到达目标轨道；

b）最省推进剂到达原过渡轨道；

c）消耗定量推进剂，到达近地点最高的圆轨道。

对于任务 2），目前算法可实现的故障重构策略有：

a）最省推进剂到达目标轨道；

b）消耗定量推进剂，到达近地点最高的圆轨道。

对于任务 3），目前算法可实现的故障重构策略有：

a）最省推进剂到达目标轨道；

b）消耗定量推进剂，到达原近地点相同、远地点最高的椭圆轨道（LEO 为过渡轨道）/圆轨道（LEO 为目标轨道）。

对于任务 4），目前算法可实现的故障重构策略有：

a）重新选择过渡轨道，最终到达目标轨道；

b）最省推进剂到达原过渡轨道；

c）消耗定量推进剂，到达原近地点相同、远地点最高的大椭圆轨道（GTO、LEO 为过渡轨道）/圆轨道（LEO 为目标轨道）。

根据故障模式，选好重构策略后，就可根据已知的标准弹道构造第一条参考弹道。总体思路为，标准弹道线性插值得到位置矢量、速度矢量、推力方向矢量，通过虚拟控制量来补偿由于故障导致的推力不足等问题。总体上，就是尽量让参考弹道在虚拟控制量的补偿下，满足动力学以及其他工程约束。

大量计算表明：第一条参考弹道即使没有完全满足动力学以及工程约束，虚拟控制量仍能使迭代收敛，最终得到最优解。初始参考弹道构造好之后，即可通过迭代凸优化方法进行求解。

6.2.2.6　仿真分析与飞行验证

（1）某型火箭算例

①无故障数据对算

在无故障模式下，最省推进剂进入过渡轨道，结果如图 6 - 5 所示。

凸优化得到的火箭进入过渡轨道剩余质量与标准弹道进入过渡轨道剩余质量一致。

②芯一级故障近地点最高

芯一级推力损失 20%，质量流量不变化，耗尽推进剂，到达近地点最高的圆轨道，结果如图 6 - 6 所示。

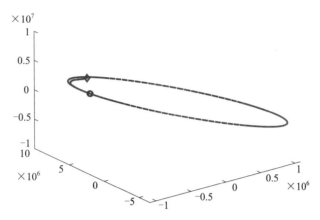

图 6 - 5　无故障第一阶段火箭发射弹道（见彩插）

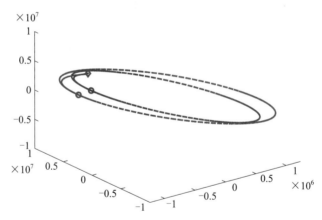

图 6 - 6　芯一级故障第一阶段火箭发射弹道（见彩插）

规划出的轨道半长轴为：7 113 465.132 7 m，轨道偏心率为：0.001 033 8，实现了轨道降级，且满足近地点轨道高度最高的目标。

（2）飞行搭载验证

①搭载验证方案

充分利用某火箭的实际飞行状态，分别设计高低两种飞行轨迹，实现了在一次飞行中同时验证正常状态下模块运行的稳定性（不误判) 和异常状态下诊断和决策的正确性 (不漏判)。

1) 在箭上计算机中装定一条与该火箭略有差异的预设虚拟轨迹, 该轨迹一级飞行段与该火箭理论轨迹完全一致, 进入二级飞行段后提高虚拟轨迹的发动机性能, 使其最终入轨参数高于理论弹道;

2) 在线轨迹规划模块基于上述虚拟轨迹, 并结合光纤惯组＋GNSS 给出的该火箭实际飞行位置和速度, 在一级分离后由于该火箭实际飞行性能比装定虚拟轨迹要低, 因此在线轨迹规划模块会实时给出最优决策结果应是逐步降低当前的入轨目标轨道高度;

3) 当一级分离后 30 s, 箭上计算机更新给出与该火箭相同的发动机性能参数, 在相同的动力系统性能以及相同的实际飞行状态下, 在线轨迹规划模块给出当前最优决策结果的目标轨道高度应与该火箭实际飞行任务接近, 且规划飞行指令应与实际飞行任务相接近, 实现任务降级。

②任务结果分析

(a) 规划收敛性分析

从任务规划迭代次数标志字结果可以看出, 任务规划迭代次数多数在 3~4 次以内即可实现迭代收敛, 仅在 177.6 s 的一次规划周期内达到了迭代次数上限, 与上面任务规划收敛标志字结果相一致。与设计过程迭代次数≤6 次即可完成收敛结果相一致。规划目标轨道高度如图 6-7 所示, 轨迹规划迭代次数如图 6-8 所示, 任务规划与理论弹道俯仰程序角如图 6-9 所示。

(b) 规划目标轨道分析

从轨道半长轴结果可以看出:

1) 从分离时刻 145~175 s 的时间内, 任务规划在线规划目标轨道半长轴平均约为 7 070 km, 规划结果评估可以达到 700 km 圆轨道。

2) 一级分离后 30 s (约为 175 s), 更新动力系统参数, 与该火箭保持一致, 在线轨迹规划目标轨道约为 6 950 km, 约为 600 km 圆轨道, 飞行结果与设计结果一致。

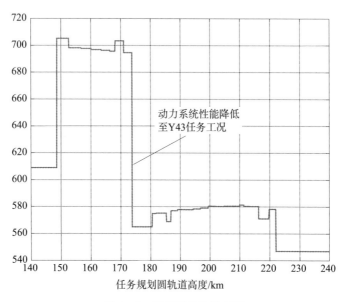

图 6-7 规划目标轨道高度

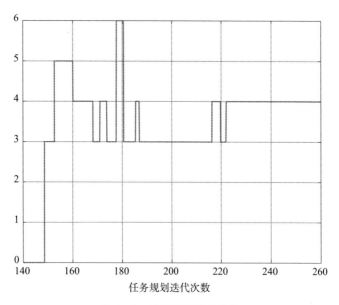

图 6-8 轨迹规划迭代次数

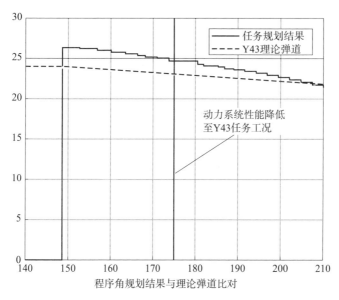

程序角规划结果与理论弹道比对

图 6-9 任务规划与理论弹道俯仰程序角

3）规划出的半长轴有部分波动，主要是由于算法每个周期在线实时规划，收敛到最优解附近的可行解造成的，与收敛精度要求和离散规模相关，在线任务决策和轨迹规划结果满足设计预期。

（c）规划程序角指令分析

从任务规划程序角结果可以看出：

1）从 145～205 s，轨迹规划俯仰程序角从 26.3°逐渐变化到 22.1°，与理论弹道程序角从 24.0°变化到 22.0°变化趋势相似；

2）任务规划偏航程序角，从 145～205 s，由 −1.4°逐渐变化到 0°，在 175 s 任务降级后，进入目标轨道飞行轨迹调整，偏航程序角重新规划，随后逐渐变化到 0°。

6.3 容错控制技术

本节首先通过姿态动力学模型分析了发动机发生故障对于运载

火箭姿态动力学的影响，然后介绍了适用于运载火箭单台发动机发生故障的主动容错控制方法和被动容错控制方法。

当发动机发生故障后，大多数情况下火箭质量分布特性将偏离额定设计状态，其弹性频率、振型等模态数据将随之变化，这对容错控制设计是一个挑战。目前，处理方法一是给定更大的模态数据偏差带，进而适应性设计滤波网络来提升对模态数据大偏差的适应性；二是通过弹性频率在线辨识算法，在线生成新的滤波网络，适应模态数据偏差。本节在后续仿真中滤波网络参数均采用方法一进行设计。

6.3.1　发动机故障对姿态动力学的影响

推力下降既影响火箭的质心运动，也影响火箭的绕质心运动。本节分析其对绕质心姿态动力学的影响。

本节研究对象的发动机布局如图 6 - 10 所示，2 台芯级发动机做"十"字摆动，摆角分别为 δ_{xj1}、δ_{xj2}、δ_{xj3} 和 δ_{xj4}。4 台助推器发动机做切向摆动，摆角分别为 δ_{zt1}、δ_{zt2}、δ_{zt3} 和 δ_{zt4}。

推力下降时除了会减小轴向推力和控制力矩以外，还会产生推力不平衡力矩。以俯仰通道为例，火箭在正常飞行情况下，除了 δ_{xj2}、δ_{xj4}、δ_{zt2}、δ_{zt4} 参与俯仰通道的控制，芯级 1、2 两台发动机和助推器 1、3 两台发动机推力也会在俯仰通道产生力矩，只不过在小角度摆动下由于各个发动机推力的轴向分量近似相等，力臂方向相反，由此产生的力矩相互抵消。而在发动机推力下降的故障情况下，例如，当助推器 3 号发动机推力下降，助推器 1 号、3 号发动机推力不再相等，则助推器 1 号、3 号发动机必然因为推力不等而产生附加的干扰力矩，并且助推器发动机推力下降引起的推进剂消耗减慢，会使得质心横移，这也会引入干扰力矩。

6.3.1.1　控制力和力矩下降

将控制力系数表达式修正为

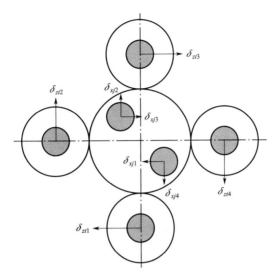

图 6 - 10 发动机布局示意图

$$
\begin{cases}
\bar{c}_{3xj}^{\varphi} = (k_{xj1}P_{xj1} + k_{xj2}P_{xj2})/(MV) \\
\bar{c}_{3xj}^{\psi} = (k_{xj1}P_{xj1} + k_{xj2}P_{xj2})/(MV) \\
\bar{c}_{3zt}^{\varphi} = (k_{zt2}P_{zt2} + k_{zt4}P_{zt4})/(MV) \\
\bar{c}_{3zt}^{\psi} = (k_{zt1}P_{zt1} + k_{zt3}P_{zt3})/(MV)
\end{cases}
\tag{6-33}
$$

控制力矩系数表达式修正为

$$
\begin{cases}
\bar{b}_{3xj}^{\varphi} = (k_{xj1}P_{xj1} + k_{xj2}P_{xj2})(X_{rxj} - X_z)/J_z \\
\bar{b}_{3xj}^{\psi} = (k_{xj1}P_{xj1} + k_{xj2}P_{xj2})(X_{rxj} - X_z)/J_y \\
\bar{b}_{3zt}^{\varphi} = (k_{zt2}P_{zt2} + k_{zt4}P_{zt4})(X_{rzt} - X_z)/J_z \\
\bar{b}_{3xj}^{\psi} = (k_{zt1}P_{zt1} + k_{zt3}P_{zt3})(X_{rzt} - X_z)/J_y \\
\bar{d}_{3xj} = \sqrt{2}(k_{xj1}P_{xj1} + k_{xj2}P_{xj2})Z_{rxj}/J_x \\
\bar{d}_{3zt} = (k_{zt1}P_{zt1} + k_{zt2}P_{zt2} + k_{zt3}P_{zt3} + k_{zt4}P_{zt4})Z_{rzt}/J_x
\end{cases}
$$

$$
\tag{6-34}
$$

当推力下降，会使得上述系数的分子减小，同时推进剂消耗减缓，也会使得分母减小更慢，共同导致控制力和力矩减小。

6.3.1.2　附加干扰力和力矩分析

（1）附加干扰力分析

当推力出现不平衡时，因为存在发动机安装角，使得运载火箭推力横法向分量也不再平衡，使推力分量在横法向产生干扰力，由图 6-11 几何关系分析，可写出箭体 Y 方向干扰力为

$$F_{fy} = \frac{\sqrt{2}}{2} k_{xj1} P_{xj1} \tan A_{xj} - \frac{\sqrt{2}}{2} k_{xj2} P_{xj2} \tan A_{xj} + k_{zt1} P_{zt1} \tan A_{zt} - k_{zt3} P_{zt3} \tan A_{zt}$$

$$= \frac{\sqrt{2}}{2} (k_{xj1} P_{xj1} - k_{xj2} P_{xj2}) \tan A_{xj} + (k_{zt1} P_{zt1} - k_{zt3} P_{zt3}) \tan A_{zt}$$

$$(6-35)$$

写出箭体 Z 方向干扰力为

$$F_{fz} = -\frac{\sqrt{2}}{2} k_{xj1} P_{xj1} \tan A_{xj} + \frac{\sqrt{2}}{2} k_{xj2} P_{xj2} \tan A_{xj} + k_{zt2} P_{zt2} \tan A_{zt} - k_{zt4} P_{zt4} \tan A_{zt}$$

$$= -\frac{\sqrt{2}}{2} (k_{xj1} P_{xj1} - k_{xj2} P_{xj2}) \tan A_{xj} - (-k_{zt2} P_{zt2} + k_{zt4} P_{zt4}) \tan A_{zt}$$

$$(6-36)$$

（2）附加干扰力矩分析

附加干扰力矩分析时，由于助推器推力下降会产生质心横移，芯级发动机推力下降无质心横移，仅为质心的纵向变换变慢，所以需要分芯级发动机推力下降和助推器发动机推力下降两种情况来讨论。

①助推器发动机推力下降

以助推 3 号发动机推力下降故障为例分析，助推器 3 号发动机推进剂消耗减慢，则会产生质心横移，其对姿控系统产生的干扰力矩如图 6-12 所示。

芯级发动机在偏航方向的两个力矩恰好抵消，仅在俯仰方向产生干扰力矩

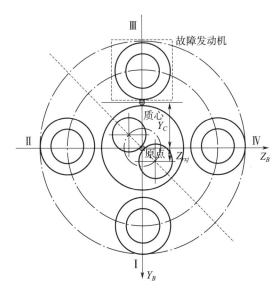

图 6-11　干扰力矩示意图（俯视图）

$$\begin{cases} M_{fz\_xj} = \cos A_{xj} \left[k_{xj1} P_{xj1} (Z_{rxj} + Y_C) + k_{xj2} P_{xj2} (Y_C - Z_{rxj}) \right] \\ M_{fy\_xj} = 0 \end{cases}$$

$$(6-37)$$

助推器发动机产生的干扰力矩中 1 号和 3 号发动机产生的为俯仰方向的力矩，2 号和 4 号助推器发动机产生的均为俯仰方向的力矩，其俯仰方向力臂在图 6-12 中可以看出，分为两部分①②，整体对偏航通道不产生干扰力矩，综上干扰力矩形式为

$$\begin{cases} M_{fz\_zt} = (k_{zt1} P_{zt1} - k_{zt3} P_{zt3}) \left[Z_{rzt} \cos A_{zt} - (X_{rzt} - X_C) \sin A_{zt} + Y_C / \cos A_{zt} \right] + \\ \qquad\qquad (k_{zt2} P_{zt2} + k_{zt4} P_{zt4}) \cos A_{zt} Y_C \\ M_{fy\_zt} = 0 \end{cases}$$

$$(6-38)$$

②芯级发动机推力下降

当芯级发动机出现推力下降故障时，其芯级推进剂消耗减缓，则质心的轴向变化相较标称情况变慢，但是利好的一点为其在横向

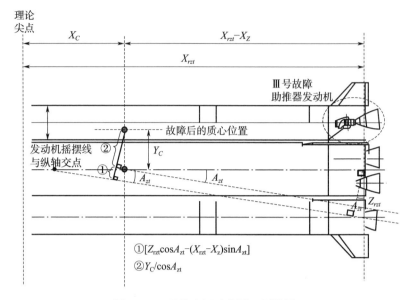

图 6 - 12　干扰力矩示意图（侧视图）

并无移动，所以对姿控系统产生的干扰力矩与图 6 - 12 类似，仅无质心横移 Y_C ，可采用下式表示

$$\begin{cases} M_{fz} = \dfrac{\sqrt{2}}{2} (k_{xj1} P_{xj1} - k_{xj2} P_{xj2}) \, [Z_{rxj} \cos A_{xj} - (X_{rxj} - X_C) \sin A_{xj}] \\ M_{fy} = \dfrac{\sqrt{2}}{2} (k_{xj1} P_{xj1} - k_{xj2} P_{xj2}) \, [Z_{rxj} \cos A_{xj} - (X_{rxj} - X_C) \sin A_{xj}] \end{cases}$$

$$(6 - 39)$$

综上所述，将芯级、助推器推力下降两种模式的干扰力矩综合，可以写出发动机推力下降故障产生的附加干扰力矩总和

$$
\begin{cases}
M_{fz} = (k_{zt1}P_{zt1} - k_{zt3}P_{zt3}) \\
\qquad [Z_{rzt}\cos A_{zt} - (X_{rzt} - X_C)\sin A_{zt} + Y_C/\cos A_{zt}] + \\
\qquad (k_{zt2}P_{zt2} + k_{zt4}P_{zt4})\cos A_{zt}Y_C + \\
\cos A_{xj}[k_{xj1}P_{xj1}(Z_{rxj} + Y_C) + k_{xj2}P_{xj2}(Y_C - Z_{rxj})] + \\
\qquad \dfrac{\sqrt{2}}{2}(k_{xj1}P_{xj1} - k_{xj2}P_{xj2})[Z_{rxj}\cos A_{xj} - (X_{rxj} - X_C)\sin A_{xj}] \\
M_{fy} = (k_{zt4}P_{zt4} - k_{zt2}P_{zt2}) \\
\qquad [Z_{rzt}\cos A_{zt} - (X_{rzt} - X_C)\sin(A_{zt}) + Z_C/\cos A_{zt}] + \\
\qquad (k_{zt1}P_{zt1} + k_{zt3}P_{zt3})\cos A_{zt}Z_C - \\
\qquad \cos A_{xj}[k_{xj2}P_{xj2}(Z_{rxj} + Z_C) + k_{xj1}P_{xj1}(Z_C - Z_{rxj})] + \\
\qquad \dfrac{\sqrt{2}}{2}(k_{xj1}P_{xj1} - k_{xj2}P_{xj2})[Z_{rxj}\cos A_{xj} - (X_{rxj} - X_C)\sin A_{xj}]
\end{cases}
$$

$$(6-40)$$

6.3.2　主动容错控制技术

主动容错控制技术是一种在已知故障类型和参数后，针对重构控制器结构和参数的控制技术，其依赖于故障诊断系统给出准确信息。

当运载火箭出现发动机推力下降的故障时，故障对姿控系统的影响主要为使控制力矩减小和产生附加干扰力矩。针对控制力矩减小问题，设计了控制增益在线调整策略；针对附加干扰力矩问题，设计了干扰补偿指令策略。此外，为了保证摆角指令合理，利用伪逆法设计了控制指令重分配策略。将此 3 种策略组合，设计了面向发动机推力下降故障的主动容错控制方案。

6.3.2.1　单台发动机故障下的重构控制设计

（1）控制增益在线调整

三通道控制方程为

$$\begin{cases} \Delta\delta_\varphi = a_0^\varphi \Delta\varphi + a_1^\varphi \Delta\dot{\varphi} \\ \delta_\psi = a_0^\psi \psi + a_1^\psi \dot{\psi} \\ \delta_\gamma = a_0^\gamma \gamma + a_1^\gamma \dot{\gamma} \end{cases} \qquad (6-41)$$

为了保证单台发动机故障后三通道控制能力保持不变，则有控制力系数项和力矩系数项保持不变，即

$$\begin{cases} c_3^\varphi \Delta\delta_\varphi = \bar{c}_{3xj}^\varphi \Delta\bar{\delta}_{\varphi xj} + \bar{c}_{3zt}^\varphi \Delta\bar{\delta}_{\varphi zt}, b_3^\varphi \Delta\delta_\varphi = \bar{b}_{3xj}^\varphi \Delta\bar{\delta}_{\varphi xj} + \bar{b}_{3zt}^\varphi \Delta\bar{\delta}_{\varphi zt} \\ c_3^\psi \delta_\psi = \bar{c}_{3xj}^\psi \bar{\delta}_{\psi xj} + \bar{c}_{3zt}^\psi \bar{\delta}_{\psi zt}, b_3^\psi \delta_\psi = \bar{b}_{3xj}^\psi \bar{\delta}_{\psi xj} + \bar{b}_{3zt}^\psi \bar{\delta}_{\psi zt} \\ d_3 \delta_\gamma = \bar{d}_{3xj} \bar{\delta}_{\gamma xj} + \bar{d}_{3zt} \bar{\delta}_{\gamma zt} \end{cases}$$

$$(6-42)$$

将控制方程代入后可得，俯仰通道为

$$\begin{cases} (P_{xj} + 2P_{zt})/(MV) \cdot (a_0^\varphi \Delta\varphi + a_1^\varphi \Delta\dot{\varphi}) \\ = [0.5(k_{xj1} + k_{xj2})P_{xj} + (k_{zt2} + k_{zt4})P_{zt}]/(MV) \cdot (\bar{a}_0^\varphi \Delta\varphi + \bar{a}_1^\varphi \Delta\dot{\varphi}) \\ [P_{xj}(X_{rxj} - X_z) + 2P_{zt}(X_{rzt} - X_z)]/J_z \cdot (a_0^\varphi \Delta\varphi + a_1^\varphi \Delta\dot{\varphi}) \\ = [0.5(k_{xj1} + k_{xj2})P_{xj}(X_{rxj} - X_z) + (k_{zt21} + k_{zt41})P_{zt}(X_{rzt} - X_z)]/ \\ J_z \cdot (\bar{a}_0^\varphi \Delta\varphi + \bar{a}_1^\varphi \Delta\dot{\varphi}) \end{cases}$$

$$(6-43)$$

偏航通道为

$$(P_{xj} + 2P_{zt})/(MV) \cdot (a_0^\psi \psi + a_1^\psi \dot{\psi})$$

$$= [0.5(k_{xj1} + k_{xj2})P_{xj} + (k_{zt1} + k_{zt3})P_{zt}]/(MV) \cdot (\bar{a}_0^\psi \psi + \bar{a}_1^\psi \dot{\psi})$$

$$(6-44)$$

滚动通道为

$$(\sqrt{2}\,P_{xj}Z_{rxj} + 4P_{zt}Z_{rzt})/J_x \cdot (a_0^\gamma \gamma + a_1^\gamma \dot\gamma)$$

$$= [\sqrt{2}/2(k_{xj1} + k_{xj2})P_{xj}Z_{rxj} + (k_{zt1} + k_{zt2} + k_{zt3} + k_{zt4})P_{zt}Z_{rzt}]/$$

$$J_x \cdot (\bar a_0^\gamma \gamma + \bar a_1^\gamma \dot\gamma)$$

$$(6-45)$$

对于某型运载火箭，芯级助推器发动机均为 YF - 100，忽略推力偏差，假设各台发动机标称推力相等，可直接得到增益在线调整公式为

$$\begin{cases}
\bar a_0^\varphi = \dfrac{3}{0.5(k_{xj1} + k_{xj2}) + k_{zt2} + k_{zt4}}\,a_0^\varphi \\[2mm]
\bar a_1^\varphi = \dfrac{3}{0.5(k_{xj1} + k_{xj2}) + k_{zt2} + k_{zt4}}\,a_1^\varphi \\[2mm]
\bar a_0^\psi = \dfrac{3}{0.5(k_{xj1} + k_{xj2}) + k_{zt1} + k_{zt3}}\,a_0^\psi \\[2mm]
\bar a_1^\psi = \dfrac{3}{0.5(k_{xj1} + k_{xj2}) + k_{zt1} + k_{zt3}}\,a_1^\psi \\[2mm]
\bar a_0^\gamma = \dfrac{\sqrt{2}\,Z_{rxj} + 4Z_{rzt}}{\sqrt{2}/2(k_{xj1} + k_{xj2})Z_{rxj} + (k_{zt1} + k_{zt2} + k_{zt3} + k_{zt4})Z_{rzt}}\,a_0^\gamma \\[2mm]
\bar a_1^\gamma = \dfrac{\sqrt{2}\,Z_{rxj} + 4Z_{rzt}}{\sqrt{2}/2(k_{xj1} + k_{xj2})Z_{rxj} + (k_{zt1} + k_{zt2} + k_{zt3} + k_{zt4})Z_{rzt}}\,a_1^\gamma
\end{cases}$$

$$(6-46)$$

由此可知，只要故障诊断系统可以准确识别出故障发动机推力大小，即可通过上述公式对控制增益系数进行适应性调整，从而可以保证控制能力基本保持不变。

（2）干扰补偿指令

基于 6.3.1.2 节中所分析的附加干扰力矩，为了消除故障发动机产生的附加力矩，需要在稳定控制指令的基础上附加补偿控制指令，补偿指令计算为

$$
\begin{cases}
\Delta\widetilde{\delta}_\varphi = M_{fz} / \left[0.5(k_{xj1} + k_{xj2})P_{xj}(X_{rxj} - X_C) + (k_{zt2} + k_{zt4})P_{zt}(X_{rzt} - X_C) \right] \\
\widetilde{\delta}_\psi = M_{fy} / \left[0.5(k_{xj1} + k_{xj2})P_{xj}(X_{rxj} - X_C) + (k_{zt1} + k_{zt3})P_{zt}(X_{rzt} - X_C) \right]
\end{cases}
$$

$$(6-47)$$

式中，M_{fz} 和 M_{fy} 为发动机推力下降故障对姿态动力学方程产生的干扰力矩。

（3）控制指令重分配

在正常工况下，芯一级发动机摆角合成公式为

$$
\begin{cases}
\Delta\delta_{\varphi xj} = (-\delta_{xj\,II} + \delta_{xj\,IV}) / 2 \\
\delta_{\psi xj} = (-\delta_{xj\,I} + \delta_{xj\,III}) / 2 \\
\delta_{\gamma xj} = (\delta_{xj\,I} + \delta_{xj\,II} + \delta_{xj\,III} + \delta_{xj\,IV}) / 4
\end{cases}
$$

$$(6-48)$$

助推器发动机摆角合成公式为

$$
\begin{cases}
\Delta\delta_{\varphi zt} = (-\delta_{zt\,II} + \delta_{zt\,IV}) / 2 \\
\delta_{\psi zt} = (-\delta_{zt\,I} + \delta_{zt\,III}) / 2 \\
\delta_{\gamma zt} = (\delta_{zt\,I} + \delta_{zt\,II} + \delta_{zt\,III} + \delta_{zt\,IV}) / 4
\end{cases}
$$

$$(6-49)$$

下面推导发动机故障条件下芯一级和助推器发动机摆角合成公式：

俯仰通道为

$$
\begin{cases}
MV\overline{c}_{3xj}^\varphi (\Delta\overline{\delta}_{\varphi xj} + \Delta\widetilde{\delta}_{\varphi xj}) = -k_{xj2}P_{xj}\delta_{xj\,II} + k_{xj1}P_{xj}\delta_{xj\,IV} \\
J_z\overline{b}_{3xj}^\varphi (\Delta\overline{\delta}_{\varphi xj} + \Delta\widetilde{\delta}_{\varphi xj}) = (-k_{xj2}P_{xj}\delta_{xj\,II} + k_{xj1}P_{xj}\delta_{xj\,IV})(X_{rxj} - X_z) \\
MV\overline{c}_{3zt}^\varphi (\Delta\overline{\delta}_{\varphi zt} + \Delta\widetilde{\delta}_{\varphi zt}) = -k_{zt2}P_{zt}\delta_{zt\,II} + k_{zt4}P_{zt}\delta_{zt\,IV} \\
J_z\overline{b}_{3zt}^\varphi (\Delta\overline{\delta}_{\varphi zt} + \Delta\widetilde{\delta}_{\varphi zt}) = (-k_{zt2}P_{zt}\delta_{zt\,II} + k_{zt4}P_{zt}\delta_{zt\,IV})(X_{rzt} - X_z)
\end{cases}
$$

$$(6-50)$$

偏航通道为

$$\begin{cases} MVc_{3xj}^{\psi}(\bar{\delta}_{\psi xj} + \tilde{\delta}_{\psi xj}) = -k_{xj1}P_{xj}\delta_{xj\text{I}} + k_{xj2}P_{xj}\delta_{xj\text{III}} \\ J_y\bar{b}_{3xj}^{\psi}(\bar{\delta}_{\psi xj} + \tilde{\delta}_{\psi xj}) = (-k_{xj1}P_{xj}\delta_{xj\text{I}} + k_{xj2}P_{xj}\delta_{xj\text{III}})(X_{rxj} - X_z) \\ MVc_{3zt}^{\psi}(\bar{\delta}_{\psi zt} + \tilde{\delta}_{\psi zt}) = -k_{zt1}P_{zt}\delta_{zt\text{I}} + k_{zt3}P_{zt}\delta_{zt\text{III}} \\ J_y\bar{b}_{3zt}^{\psi}(\bar{\delta}_{\psi zt} + \tilde{\delta}_{\psi zt}) = (-k_{zt1}P_{zt}\delta_{zt\text{I}} + k_{zt3}P_{zt}\delta_{zt\text{III}})(X_{rzt} - X_z) \end{cases}$$

$$(6-51)$$

滚动通道为

$$\begin{cases} J_x\bar{d}_{3xj}\bar{\delta}_{\gamma xj} = \dfrac{\sqrt{2}}{2}(k_{xj1}P_{xj}\delta_{xj\text{I}} + k_{xj2}P_{xj}\delta_{xj\text{II}} + k_{xj2}P_{xj}\delta_{xj\text{III}} + k_{xj1}P_{xj}\delta_{xj\text{IV}})Z_{rxj} \\ J_x\bar{d}_{3zt}\bar{\delta}_{\gamma zt} = (k_{zt1}P_{zt}\delta_{zt\text{I}} + k_{zt2}P_{zt}\delta_{zt\text{II}} + k_{zt3}P_{zt}\delta_{zt\text{III}} + k_{zt4}P_{zt}\delta_{zt\text{IV}})Z_{rzt} \end{cases}$$

$$(6-52)$$

则有

$$\begin{cases} \Delta\bar{\delta}_{\varphi xj} + \Delta\tilde{\delta}_{\varphi xj} = -\dfrac{k_{xj2}}{k_{xj1} + k_{xj2}}\delta_{xj\text{II}} + \dfrac{k_{xj1}}{k_{xj1} + k_{xj2}}\delta_{xj\text{IV}} \\[3mm] \bar{\delta}_{\psi xj} + \tilde{\delta}_{\psi xj} = -\dfrac{k_{xj1}}{k_{xj1} + k_{xj2}}\delta_{xj\text{I}} + \dfrac{k_{xj2}}{k_{xj1} + k_{xj2}}\delta_{xj\text{III}} \\[3mm] \bar{\delta}_{\gamma xj} = \dfrac{1}{2}\left(\dfrac{k_{xj1}}{k_{xj1} + k_{xj2}}\delta_{xj\text{I}} + \dfrac{k_{xj2}}{k_{xj1} + k_{xj2}}\delta_{xj\text{II}} + \dfrac{k_{xj2}}{k_{xj1} + k_{xj2}}\delta_{xj\text{III}} + \dfrac{k_{xj1}}{k_{xj1} + k_{xj2}}\delta_{xj\text{IV}}\right) \\[3mm] \Delta\bar{\delta}_{\varphi zt} + \Delta\tilde{\delta}_{\varphi zt} = -\dfrac{k_{zt2}}{k_{zt2} + k_{zt4}}\delta_{zt\text{II}} + \dfrac{k_{zt4}}{k_{zt2} + k_{zt4}}\delta_{zt\text{IV}} \\[3mm] \bar{\delta}_{\psi zt} + \tilde{\delta}_{\psi zt} = -\dfrac{k_{zt1}}{k_{zt1} + k_{zt3}}\delta_{zt\text{I}} + \dfrac{k_{zt3}}{k_{zt1} + k_{zt3}}\delta_{zt\text{III}} \\[3mm] \bar{\delta}_{\gamma zt} = \dfrac{k_{zt1}}{k_{zt1} + k_{zt2} + k_{zt3} + k_{zt4}}\delta_{zt\text{I}} + \dfrac{k_{zt2}}{k_{zt1} + k_{zt2} + k_{zt3} + k_{zt4}}\delta_{zt\text{II}} + \\[3mm] \dfrac{k_{zt3}}{k_{zt1} + k_{zt2} + k_{zt3} + k_{zt4}}\delta_{zt\text{III}} + \dfrac{k_{zt4}}{k_{zt1} + k_{zt2} + k_{zt3} + k_{zt4}}\delta_{zt\text{IV}} \end{cases}$$

$$(6-53)$$

对上述公式采用求伪逆法可得控制指令重新分配公式。

6.3.2.2 在线重构控制方案

将上述 3 部分组合在一起可得以下在线重构控制方案原理图，如图 6-13 所示。

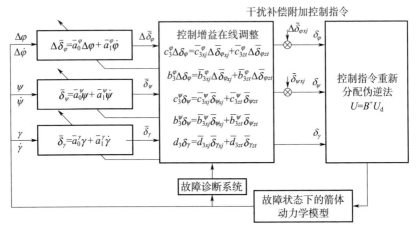

图 6-13 在线重构控制方案原理图

6.3.2.3 仿真分析

为了验证本节所提出的在线重构控制方案的有效性，故障设置为助推器 3 号发动机推力在 50 s 下降 100%，进行仿真分析。仿真结果如图 6-14～图 6-22 所示。

仿真结果分析：当助推器发动机出现推力下降故障时，传统方法失控，主动容错控制系统可较好地保持稳定且将三通道姿态角偏差控制在 1°内。从具体 3 个策略分析：

1）控制增益在线调整：如图 6-17～图 6-22 所示，因为 3 号发动机摆动控制偏航、滚转通道，所以这两个通道的控制增益数值均增大，使控制力矩仍满足额定设计情况。

2）干扰补偿指令：通过图 6-23 等效摆角变化曲线可以看出，在故障发生后，两种方法的等效摆角指令差异较大，一方面是因为增益在线调整，另一方面是主动容错控制引入了干扰补偿指令。

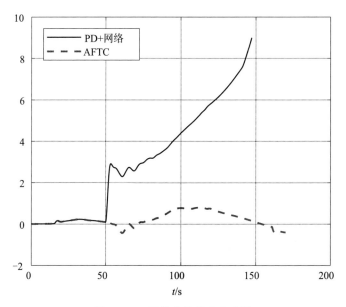

图 6 - 14　俯仰角偏差变化曲线

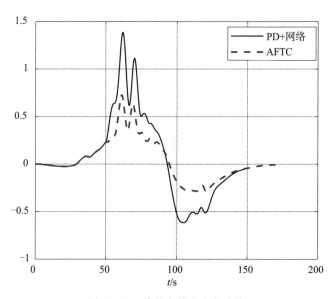

图 6 - 15　偏航角偏差变化曲线

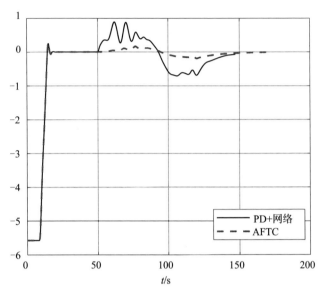

图 6-16　滚转角偏差变化曲线

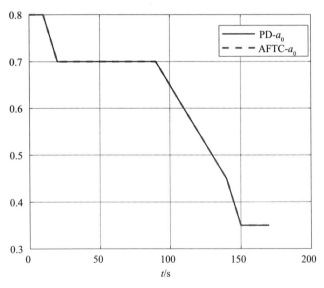

图 6-17　俯仰通道 a_0 曲线

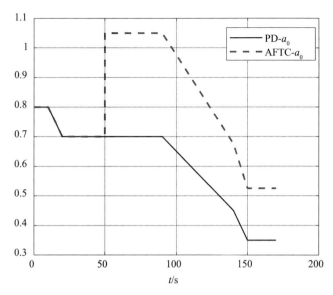

图 6 - 18　偏航通道 a_0 曲线

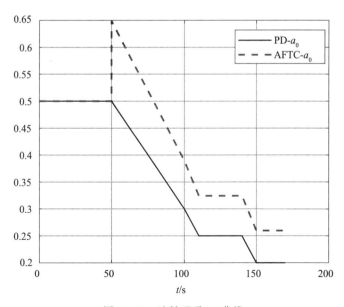

图 6 - 19　滚转通道 a_0 曲线

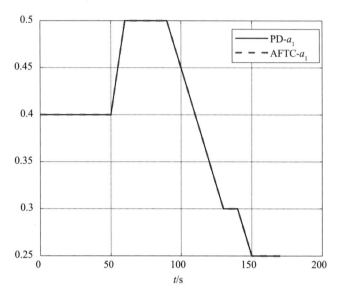

图 6 - 20　俯仰通道 a_1 曲线

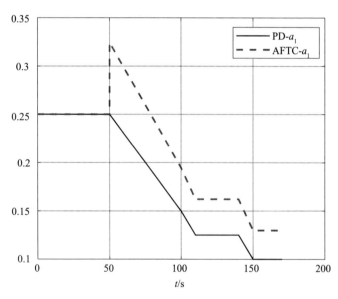

图 6 - 21　偏航通道 a_1 曲线

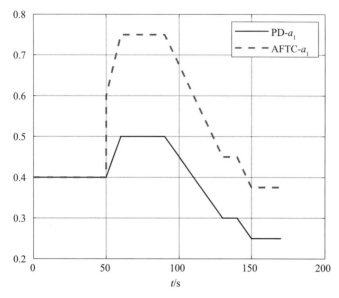

图 6 - 22　滚转通道 a_1 曲线

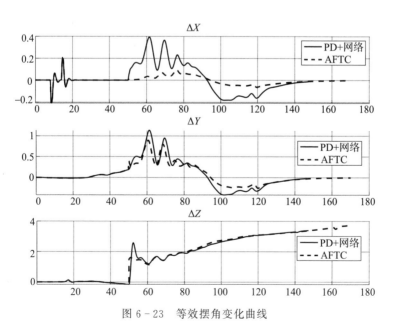

图 6 - 23　等效摆角变化曲线

3）控制分配重构模块验证：通过图 6 - 24 可以发现助推器 3 号发动机推力在 50 s 下降 100%，重构后的助推器 3 号发动机摆角为 0。

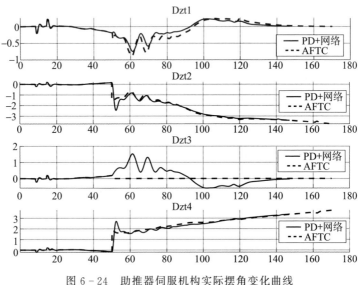

图 6 - 24　助推器伺服机构实际摆角变化曲线

6.3.3　被动容错控制技术

被动容错控制技术即通过鲁棒性和自适应性强的控制器，对故障参数或者动力学成分进行辨识或者进行补偿，无须故障诊断系统提供故障信息。被动容错控制常用方法即自适应控制、滑模控制等鲁棒自适应控制器。美国 NASA 为了将人工神经网络技术应用于飞行控制系统中，开展了智能飞行控制系统研究计划，研究使用神经网络对飞机气动特性变化加以辨识，并研究使用直接自适应神经网络控制器来提升对故障的适应能力。

本节研究了一种基于径向基函数神经网络（Radial Basis Function Neural Network，RBFNN）的自适应容错控制方法，在不依赖故障诊断系统的前提下，有效提升姿控系统对故障的适应能力。

6.3.3.1　运载火箭故障动力学模型

假设基于先验知识，所建立运载火箭动力学系统名义模型描述为 Φ_0，实际模型描述为 Φ，那么有

$$\Phi = \Phi_0 + \Delta\Phi \qquad (6-54)$$

式中，$\Delta\Phi$ 指有故障假设下，名义模型与实际模型之间的偏差，可分解为两部分

$$\Delta\Phi = \Delta\Phi_1 + \Delta\Phi_2 \qquad (6-55)$$

式中，$\Delta\Phi_1$ 为可反映在模型参数变化上的故障，如单台发动机推力下降，则实际系统质量特性和控制力特性均与名义模型 Φ_0 产生差异；$\Delta\Phi_2$ 为未知广义故障，包括建模时用低阶系统近似高阶系统，以及用线性模型代替非线性模型引入的误差，和噪声干扰等未建模误差。注意两类故障均为加性故障。

定义 6.1　系统有限故障表示为：$\|\Delta\Phi\| \leqslant \varepsilon$，$\varepsilon$ 为系统有限故障的能量上界，即可用模型参数变化表示的故障 $\Delta\Phi_1$，满足 $\|\Delta\Phi_1\| \leqslant \varepsilon_1$，$\varepsilon_1$ 为模型参数变化的上界。广义故障 $\Delta\Phi_2$ 未知但满足 $\|\Delta\Phi_2\| \leqslant \varepsilon_2$，$\varepsilon_2$ 为未知广义故障的上界。

有限故障本质即在火箭姿态控制能力范围内的故障，不同型号火箭的 ε 不同。在忽略长周期的质心运动，且不考虑液体推进剂晃动和箭体弹性振动时，其姿态动力学的小偏差方程为

$$\begin{cases} \Delta\ddot{\varphi} + b_1^{\varphi}\Delta\dot{\varphi} + b_2^{\varphi}\Delta\varphi + b_3^{\varphi}\Delta\delta_{\varphi} = \bar{M}_{BZ} - b_2^{\varphi}\Delta\alpha_{\omega} \\ \Delta\ddot{\psi} + b_1^{\psi}\Delta\dot{\psi} + b_2^{\psi}\Delta\psi + b_3^{\psi}\Delta\delta_{\psi} = \bar{M}_{BY} - b_2^{\psi}\Delta\beta_{\omega} \\ \Delta\ddot{\gamma} + d_1^{\gamma}\Delta\dot{\gamma} + d_3^{\gamma}\Delta\delta_{\gamma} = \bar{M}_{BX} \end{cases} \qquad (6-56)$$

式中，$\Delta\varphi$、$\Delta\psi$、$\Delta\gamma$ 分别为俯仰角、偏航角和滚动角；$\Delta\alpha_{\omega}$、$\Delta\beta_{\omega}$ 分别为风攻角和风侧滑角；b_1^{φ}、b_2^{φ}、b_3^{φ}、b_1^{ψ}、b_2^{ψ}、b_3^{ψ}、d_1^{γ}、d_3^{γ} 为刚体动力学方程系数，具体意义参考文献 [12]；$\bar{M}_{BX}$、$\bar{M}_{BY}$、$\bar{M}_{BZ}$ 为结构干扰力矩项。

为了方便推导，将上述模型改写为

$$a_1\Delta\ddot{\varphi} + a_2\Delta\dot{\varphi} + a_3\Delta\varphi = \bar{M}_{dZ} + \Delta\delta_\varphi \qquad (6-57)$$

式中，$a_1 = -1/b_3^\varphi$，表征系统惯量的动力学系数；$a_2 = -b_1^\varphi/b_3^\varphi$，表征系统阻尼的动力学系数；$a_3 = -b_2^\varphi/b_3^\varphi$，表征系统刚度的动力学系数；$\bar{M}_{dZ} = (b_2^\varphi\alpha_\omega - \bar{M}_{BZ})/b_3^\varphi$，表征附加干扰的动力学系数。

同理，将偏航通道和滚转通道方程变换，可得到姿态动力学小偏差方程为

$$\begin{cases} a_1\Delta\ddot{\varphi} + a_2\Delta\dot{\varphi} + a_3\Delta\varphi = \bar{M}_{dZ} + \Delta\delta_\varphi \\ b_1\Delta\ddot{\psi} + b_2\Delta\dot{\psi} + b_3\Delta\psi = \bar{M}_{dY} + \Delta\delta_\psi \\ c_1\Delta\ddot{\gamma} + c_2\Delta\dot{\gamma} = \bar{M}_{dX} + \Delta\delta_\gamma \end{cases} \qquad (6-58)$$

忽略附加干扰的动力学系数，将被控对象动力学模型抽象为线性连续系统，可建立名义模型为

$$\boldsymbol{M}_0\ddot{\boldsymbol{q}} + \boldsymbol{C}_0\dot{\boldsymbol{q}} + \boldsymbol{K}_0\boldsymbol{q} = \boldsymbol{u} \qquad (6-59)$$

式中，$\boldsymbol{q} = [\Delta\varphi \quad \Delta\psi \quad \Delta\gamma]$ 为状态向量；$\boldsymbol{u}$ 为控制输入向量；$\boldsymbol{M}_0$、$\boldsymbol{C}_0$、$\boldsymbol{K}_0$ 分别为模型惯量、阻尼和刚度的系数矩阵，表达式为

$$\boldsymbol{M}_0 = \begin{bmatrix} a_1 & 0 & 0 \\ 0 & b_1 & 0 \\ 0 & 0 & c_1 \end{bmatrix}, \boldsymbol{C}_0 = \begin{bmatrix} a_2 & 0 & 0 \\ 0 & b_2 & 0 \\ 0 & 0 & c_2 \end{bmatrix}, \boldsymbol{K}_0 = \begin{bmatrix} a_3 & 0 & 0 \\ 0 & b_3 & 0 \\ 0 & 0 & 0 \end{bmatrix}$$

在实际工程中准确的 $\boldsymbol{M}$、$\boldsymbol{C}$、$\boldsymbol{K}$ 很难精确得到，可设模型偏差为

$$\Delta\boldsymbol{M} = \boldsymbol{M} - \boldsymbol{M}_0 \ , \ \Delta\boldsymbol{C} = \boldsymbol{C} - \boldsymbol{C}_0 \ , \ \Delta\boldsymbol{K} = \boldsymbol{K} - \boldsymbol{K}_0$$

可将有限故障定义为

$$\begin{cases} \Delta\boldsymbol{\Phi}_1 = \Psi(\Delta\boldsymbol{M}, \Delta\boldsymbol{C}, \Delta\boldsymbol{K}) \\ \Delta\boldsymbol{\Phi}_2 = \boldsymbol{d} \end{cases} \qquad (6-60)$$

式中，$\Psi(\Delta\boldsymbol{M}, \Delta\boldsymbol{C}, \Delta\boldsymbol{K})$ 分别为模型偏差至 $\Delta\boldsymbol{\Phi}_1$ 的映射关系；$\boldsymbol{d}$ 为噪声干扰等广义故障的动力学右函数项。

综上，可建立运载火箭有限故障动力学模型为

$$\begin{cases} M_0\ddot{q} + C_0\dot{q} + K_0 q = u + \Delta\boldsymbol{\Phi} \\ \Delta\boldsymbol{\Phi} = \Delta\boldsymbol{\Phi}_1 + \Delta\boldsymbol{\Phi}_2 \\ \Delta\boldsymbol{\Phi}_1 = -(\Delta M\ddot{q} + \Delta C\dot{q} + \Delta K q) \\ \Delta\boldsymbol{\Phi}_2 = d \end{cases} \qquad (6-61)$$

由此，本文的控制目标可描述为：针对运载火箭动力学模型，当满足定义 6.1 的有限故障发生时，设计控制律 u，使得闭环系统状态稳定，即 $\lim\limits_{t\to\infty} q \to q_d$。

6.3.3.2 容错控制器设计

（1）RBFNN 辨识器设计

RBFNN 采用高斯基函数，学习速度快并避免局部极小问题，适合于实时控制。RBFNN 的结构图如图 6-25 所示，表达式为

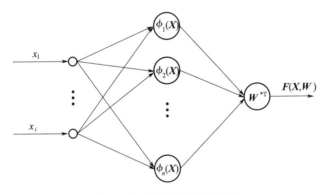

图 6-25 RBFNN 的结构图

$$\begin{cases} \boldsymbol{\phi}(X) = \exp\left(\dfrac{\parallel X - n \parallel^2}{2b^2}\right) \\ F(X,W) = W^{*\mathrm{T}}\boldsymbol{\phi}(X) \end{cases} \qquad (6-62)$$

式中，X 为网络的输入向量；$\boldsymbol{\phi}(X)$ 为网络的高斯基函数输出；$W^{*\mathrm{T}}$ 为神经网络的理想权值向量；n 和 $b (b_j > 0)$ 分别为隐含层神经元的中心值向量和宽度向量；j 为网络隐含层的第 j 个节点；$F(X, W)$ 为网络输出向量。其中，理想权值 $W^{*\mathrm{T}}$ 是为了便于推导分析人为构造

的，假设如下：

定义 6.2 输入向量 $X \in U_c$，$U_c \subset R^n$ 是紧集，表示 X 的可行空间；且权值向量的可行域 Ω_f 满足条件 $\Omega_f = \{\hat{W} | \|\hat{W}\| \leqslant M, M \in R^+\}$，则 RBFNN 理想权值 W^{*T} 定义为 $W^{*T} = \arg\min_{\hat{w} \in \Omega_f} [\sup_{X \in U_c} | f(x, d, t) - \hat{f}(x, d, t) |]$，RBFNN 的理想逼近值表示为 $F(X, W) = W^{*T} \boldsymbol{\phi}(X)$。

假设 6.1 存在神经网络的理想逼近连续有界输出 $\hat{F}(X, W^*) = W^{*T} \boldsymbol{\phi}(X)$，针对非常小的 $\varepsilon_0 \in R$，使得 $\hat{F}(X, W^*)$ 与真实值 F 存在以下关系

$$\| \hat{F}(X, W^*) - F \|_{\infty} \leqslant \varepsilon_0 \qquad (6-63)$$

综合上述假设，采用 RBFNN 逼近模型右函数未知项 $f(x)$，则误差系统可写为

$$\dot{x} = Ax + E[\hat{f}(x, W^*) + \eta] \qquad (6-64)$$

式中，η 为神经网络的理想逼近误差，即 $\eta = f(x) - \hat{f}(x, W^*)$。由定义 6.2 可知逼近误差 η 有界，其界为 $\eta_0 = \sup \| f(x) - \hat{f}(x, W^*) \|$。

（2）基线控制器设计

首先针对不考虑故障的名义模型，采用极点配置思想，设计基线控制器。设 $e = q - q_d$，$\dot{e} = \dot{q} - \dot{q}_d$，如果模型精确，那么控制律可设计为

$$u_1 = M_0(\ddot{q}_d - k_v \dot{e} - k_p e) + C_0 \dot{q} + K_0 q \qquad (6-65)$$

将控制律代入模型，得到误差系统

$$\ddot{e} + k_v \dot{e} + k_p e = 0 \qquad (6-66)$$

调整合适的 k_v、k_p 即可配置误差系统极点，使系统稳定且性能满足要求。

考虑有限故障动力学模型，将控制律代入模型，得到

$$\ddot{e} + k_v \dot{e} + k_p e = M_0^{-1} \Delta \Phi \qquad (6-67)$$

设 $x = [e \quad \dot{e}]$，将新的误差系统右函数未知项记为 $f(x) = M_0^{-1} \Delta \Phi$。由有限故障定义，且实际物理系统的 M_0^{-1} 必有界，所以 $f(x)$ 也有界，则可将误差系统记为

$$\dot{x} = Ax + Ef(x) \qquad (6-68)$$

式中，$A = \begin{pmatrix} 0 & I \\ -k_p & -k_v \end{pmatrix}$，$E = \begin{pmatrix} 0 \\ I \end{pmatrix}$，$I$ 为单位矩阵。

假设 $f(x)$ 为已知，则修正的控制律为

$$u = M_0(\ddot{q}_d - k_v \dot{e} - k_p e) + C_0 \dot{q} + K_0 q - \Delta \Phi \qquad (6-69)$$

将修正的控制律代入实际模型，即可得到稳定的误差系统。所以需要对误差系统右函数未知项 $f(x)$ 进行辨识，从而在控制律中实现对 $f(x)$ 的补偿。

（3）控制器形式

控制器由基线控制器 u_1 和 RBFNN 辨识补偿控制器 u_2 两部分构成

$$\begin{cases} u = u_1 + u_2 \\ u_1 = M_0(\ddot{q}_d - k_v \dot{e} - k_p e) + C_0 \dot{q} + K_0 q \\ u_2 = -M_0 \hat{f}(x, \hat{W}) \end{cases} \qquad (6-70)$$

式中，$\hat{f}(x, \hat{W})$ 为 RBFNN 对实际 $f(x)$ 的辨识值，表达式为

$$\begin{cases} \hat{f}(x, \hat{W}) = \hat{W}^T \phi(x) \\ \dot{\hat{W}} = \gamma \phi(x) x^T PE \end{cases} \qquad (6-71)$$

式中，P 为正定矩阵；γ 为 RBFNN 权值更新增益。图 6-26 所示为神经网络自适应容错控制器架构。

6.3.3.3 稳定性证明

定理 6.1 考虑式（6-61）所示的运载火箭有限故障动力学模型，在满足有限故障的定义 6.1、6.2 和假设 6.1 条件下，采用式（6-62）的 RBFNN 来逼近系统右函数的 $f(x)$ 项，RBFNN 权值采用式（6-71）进行调节，采用式（6-70）的自适应容错控制器，

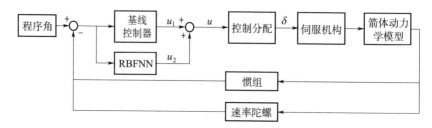

图 6-26 神经网络自适应容错控制器架构

能够保证闭环系统内部信号有界，闭环系统渐进稳定。

证明：将控制器代入实际模型，得

$$M_0 \ddot{q} + C_0 \dot{q} + K_0 q = M_0 (\ddot{q}_d - k_v \dot{e} - k_p e) + C_0 \dot{q} +$$

$$K_0 q - M_0 \hat{f}(x, \hat{W}) + \Delta \Phi \tag{6-72}$$

两边同时减去 $M_0 \ddot{q} + C_0 \dot{q} + K_0 q$ ，得

$$\ddot{e} + k_v \dot{e} + k_p e = f(x) - \hat{f}(x, \hat{W}) \tag{6-73}$$

采用系统的状态变量，可将式（6-73）记为

$$\dot{x} = Ax + E [f(x) - \hat{f}(x, \hat{W})] \tag{6-74}$$

对于 $f(x)$ 和 $\hat{f}(x, W)$ ，有

$$f(x) - \hat{f}(x, \hat{W}) = f(x) - \hat{f}(x, W^*) + \hat{f}(x, W^*) - \hat{f}(x, \hat{W})$$

$$= \eta + W^{*\mathrm{T}} \phi(x) - \hat{W}^{\mathrm{T}} \phi(x) = \eta + \tilde{W}^{\mathrm{T}} \phi(x) \tag{6-75}$$

式中，$\tilde{W} = W^* - \hat{W}^{\mathrm{T}}$ ，则 $\dot{\tilde{W}} = -\dot{\hat{W}}$ 。

定义李雅普诺夫函数为

$$V = \frac{1}{2} x^{\mathrm{T}} Px + \frac{1}{2\gamma} \| \tilde{W} \|_F^2 \tag{6-76}$$

式中，$\gamma > 0$ 。

由于矩阵 A 特征值实部为负，则存在正定阵 P 和 Q ，满足以下李雅普诺夫方程

$$PA + A^{\mathrm{T}} P^{\mathrm{T}} = -Q \tag{6-77}$$

定义 6.3

$$\| \boldsymbol{R} \|_F^2 = \sum_{i,j} |r_{i,j}|^2 = \mathrm{tr}(\boldsymbol{R}\boldsymbol{R}^\mathrm{T}) = \mathrm{tr}(\boldsymbol{R}^\mathrm{T}\boldsymbol{R}) \qquad (6-78)$$

式中，$\mathrm{tr}(\cdot)$ 为矩阵 $\boldsymbol{R}$ 的迹，则根据迹的定义，有

$$\| \widetilde{\boldsymbol{W}} \|_F^2 = \mathrm{tr}(\widetilde{\boldsymbol{W}}^\mathrm{T}\widetilde{\boldsymbol{W}}) \qquad (6-79)$$

李雅普诺夫函数导数为

$$\begin{aligned}
\dot{V} &= \frac{1}{2} [\boldsymbol{x}^\mathrm{T}\boldsymbol{P}\dot{\boldsymbol{x}} + \dot{\boldsymbol{x}}^\mathrm{T}\boldsymbol{P}\boldsymbol{x}] + \frac{1}{\gamma}\mathrm{tr}(\dot{\widetilde{\boldsymbol{W}}^\mathrm{T}\widetilde{\boldsymbol{W}}}) \\
&= \frac{1}{2} \{ \boldsymbol{x}^\mathrm{T}(\boldsymbol{PA} + \boldsymbol{A}^\mathrm{T}\boldsymbol{P})\boldsymbol{x} + [\boldsymbol{x}^\mathrm{T}\boldsymbol{PE}\widetilde{\boldsymbol{W}}^\mathrm{T}\boldsymbol{\phi}(\boldsymbol{x}) + \boldsymbol{x}^\mathrm{T}\boldsymbol{PE}\boldsymbol{\eta} + \\
&\quad \boldsymbol{\phi}^\mathrm{T}(\boldsymbol{x})\widetilde{\boldsymbol{W}}\boldsymbol{E}^\mathrm{T}\boldsymbol{P}\boldsymbol{x} + \boldsymbol{\eta}^\mathrm{T}\boldsymbol{E}^\mathrm{T}\boldsymbol{P}\boldsymbol{x}] \} + \frac{1}{\gamma}\mathrm{tr}(\dot{\widetilde{\boldsymbol{W}}^\mathrm{T}\widetilde{\boldsymbol{W}}}) \\
&= -\frac{1}{2}\boldsymbol{x}^\mathrm{T}\boldsymbol{Q}\boldsymbol{x} + \boldsymbol{\phi}^\mathrm{T}(\boldsymbol{x})\widetilde{\boldsymbol{W}}\boldsymbol{E}^\mathrm{T}\boldsymbol{P}\boldsymbol{x} + \boldsymbol{\eta}^\mathrm{T}\boldsymbol{E}^\mathrm{T}\boldsymbol{P}\boldsymbol{x} + \frac{1}{\gamma}\mathrm{tr}(\dot{\widetilde{\boldsymbol{W}}^\mathrm{T}\widetilde{\boldsymbol{W}}})
\end{aligned}$$

$$(6-80)$$

式中，$\boldsymbol{P}^\mathrm{T} = \boldsymbol{P}$，$\boldsymbol{x}^\mathrm{T}\boldsymbol{PE}\widetilde{\boldsymbol{W}}^\mathrm{T}\boldsymbol{\phi}(\boldsymbol{x}) = \boldsymbol{\phi}^\mathrm{T}(\boldsymbol{x})\widetilde{\boldsymbol{W}}\boldsymbol{E}^\mathrm{T}\boldsymbol{P}\boldsymbol{x}$，$\boldsymbol{x}^\mathrm{T}\boldsymbol{PE}\boldsymbol{\eta} = \boldsymbol{\eta}^\mathrm{T}\boldsymbol{E}^\mathrm{T}\boldsymbol{P}\boldsymbol{x}$。

运载火箭的简化刚体姿态动力学模型为 3 个 2 阶系统，$[\widetilde{\boldsymbol{W}}^\mathrm{T}\boldsymbol{\phi}(\boldsymbol{x})]^\mathrm{T}$ 为 1×3 向量，$\boldsymbol{E}^\mathrm{T}\boldsymbol{P}\boldsymbol{x}$ 为 3×1 向量，则 $\boldsymbol{\phi}^\mathrm{T}(\boldsymbol{x})\widetilde{\boldsymbol{W}}\boldsymbol{E}^\mathrm{T}\boldsymbol{P}\boldsymbol{x}$ 为一实数，且等于 $\boldsymbol{E}^\mathrm{T}\boldsymbol{P}\boldsymbol{x}\boldsymbol{\phi}^\mathrm{T}(\boldsymbol{x})\widetilde{\boldsymbol{W}}$ 的主对角元素之和，则下式成立

$$\boldsymbol{\phi}^\mathrm{T}(\boldsymbol{x})\widetilde{\boldsymbol{W}}\boldsymbol{E}^\mathrm{T}\boldsymbol{P}\boldsymbol{x} = \mathrm{tr}[\boldsymbol{E}^\mathrm{T}\boldsymbol{P}\boldsymbol{x}\boldsymbol{\phi}^\mathrm{T}(\boldsymbol{x})\widetilde{\boldsymbol{W}}] \qquad (6-81)$$

则

$$\dot{V} = -\frac{1}{2}\boldsymbol{x}^\mathrm{T}\boldsymbol{Q}\boldsymbol{x} + \frac{1}{\gamma}\mathrm{tr}[\gamma\boldsymbol{E}^\mathrm{T}\boldsymbol{P}\boldsymbol{x}\boldsymbol{\phi}^\mathrm{T}(\boldsymbol{x})\widetilde{\boldsymbol{W}} + \dot{\widetilde{\boldsymbol{W}}^\mathrm{T}}\widetilde{\boldsymbol{W}}] + \boldsymbol{\eta}^\mathrm{T}\boldsymbol{E}^\mathrm{T}\boldsymbol{P}\boldsymbol{x}$$

$$(6-82)$$

由 RBFNN 权值更新律，可取自适应律为

$$\dot{\widetilde{\boldsymbol{W}}}^\mathrm{T} = -\dot{\widehat{\boldsymbol{W}}}^\mathrm{T} = -\gamma\boldsymbol{E}^\mathrm{T}\boldsymbol{P}\boldsymbol{x}\boldsymbol{\phi}^\mathrm{T}(\boldsymbol{x}) \qquad (6-83)$$

将式（6-83）代入式（6-82），可得

$$\dot{V} = -\frac{1}{2}\boldsymbol{x}^\mathrm{T}\boldsymbol{Q}\boldsymbol{x} + \boldsymbol{\eta}^\mathrm{T}\boldsymbol{E}^\mathrm{T}\boldsymbol{P}\boldsymbol{x} \qquad (6-84)$$

由已知

$$\| \boldsymbol{\eta}^{\mathrm{T}} \| \leqslant \eta_0, \| \boldsymbol{B} \| = 1$$

设 $\lambda_{\min}(\boldsymbol{Q})$ 为矩阵 $\boldsymbol{Q}$ 特征值的最小值，$\lambda_{\max}(\boldsymbol{P})$ 为矩阵 $\boldsymbol{P}$ 特征值的最大值，则

$$\dot{V} \leqslant -\frac{1}{2}\lambda_{\min}(\boldsymbol{Q}) \| \boldsymbol{x} \|^2 + \boldsymbol{\eta}_0\lambda_{\max}(\boldsymbol{P}) \| \boldsymbol{x} \|$$
$$= -\frac{1}{2} \| \boldsymbol{x} \| [\lambda_{\min}(\boldsymbol{Q}) \| \boldsymbol{x} \| - 2\boldsymbol{\eta}_0\lambda_{\max}(\boldsymbol{P})] \qquad (6-85)$$

要使 $\dot{V} \leqslant 0$，需要 $\lambda_{\min}(\boldsymbol{Q}) \geqslant 2\lambda_{\max}(\boldsymbol{P})\boldsymbol{\eta}_0/\| \boldsymbol{x} \|$。由于当且仅当 $\boldsymbol{x} = 2\lambda_{\max}(\boldsymbol{P})/\lambda_{\min}(\boldsymbol{Q})$ 时，$\dot{V} = 0$，即当 $\dot{V} \equiv 0$ 时，$\boldsymbol{x} \equiv 2\lambda_{\max}(\boldsymbol{P})/\lambda_{\min}(\boldsymbol{Q})$。根据 LaSalle 不变性原理，闭环系统为渐进稳定，即当 $t \to \infty$ 时，$\boldsymbol{x} \to 2\lambda_{\max}(\boldsymbol{P})/\lambda_{\min}(\boldsymbol{Q})$，系统的收敛速度取决于 $\lambda_{\min}(\boldsymbol{Q})$。可见，当 $\boldsymbol{Q}$ 的特征值越大，$\boldsymbol{P}$ 的特征值越小，神经网络建模误差 $\boldsymbol{\eta}$ 的上界 $\boldsymbol{\eta}_0$ 越小，则 $\boldsymbol{x}$ 的收敛半径越小，跟踪效果越好。由于 $V \geqslant 0$，$\dot{V} \leqslant 0$，则当 $t \to \infty$ 时，V 有界，从而 $\tilde{\boldsymbol{W}}$ 有界。

6.3.3.4　仿真分析

仿真设置芯级一台发动机在芯级飞行段 90 s 时推力损失 100%，其他发动机正常工作，且考虑附加干扰等广义故障，与传统 PD＋校正网络控制器进行对比，结果如图 6-27～图 6-29 所示。

仿真结果表明：在单台发动机推力下降的故障下，PD 控制器失效发散，90 s 故障发生后，俯仰角偏差很快达到 10°的失效门限。本节方法由于 RBFNN 在线辨识模型故障项 $\Delta\Phi$ 并补偿，保证了控制精度和效果，全程俯仰角误差控制在 1°以内。图 6-29 展示了 RBFNN 辨识器性能，在 90 s 故障发生时，动力学中的模型广义故障项 $\Delta\Phi$ 变化剧烈，RBFNN 仍能较好辨识逼近，这使得姿态控制系统能够有效消除故障影响以及附加干扰。

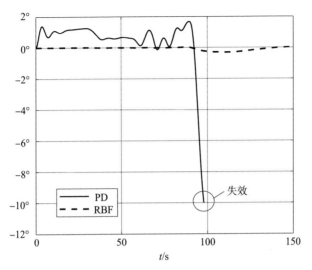

图 6-27 俯仰角偏差对比图

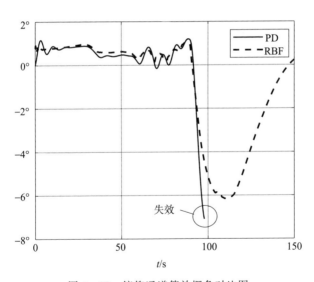

图 6-28 俯仰通道等效摆角对比图

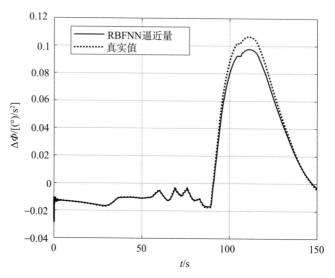

图 6-29　神经网络对 $\Delta\Phi$ 逼近情况

参 考 文 献

［1］ 陈克俊，刘鲁华，孟云鹤. 远程火箭飞行动力学与制导［M］. 北京：国防工业出版社，2014.

［2］ A NIEDERLINSKI. A Heuristic Approach to the Design of Linear Multivariable Interacting Control Systems［J］. Automatica，1971，7（6）：691－701.

［3］ K J ASTROM. Where is the Intelligence in Intelligent Control［J］. IEEE Control Systems，1991，11（1）：37－39.

［4］ M ELGERSMA，S GLAVASKI. Reconfigurable Control for Active Managemement of Aircraft System Failures［C］. In Proceedings of IEEE American Control Conference，pages 2627－2639，Arlington，VA，June 2001.

［5］ A K CAGLAYAN，S M ALLEN，K WEHMULLER. Evaluation of a Second－generation Reconfiguration Strategy for Aircraft Flight Control Systems Subjected to Actuator Failure/surface Damage［C］// Aerospace & Electronics Conference. IEEE，1988.

［6］ H E RAUCH. Intelligent Fault Diagnosis and Control Reconfiguration［J］. IEEE Control Systems Magazine，1994，14（3）：6－12.

［7］ 程笠. 直接力/气动力复合控制导弹姿态控制与分配方法研究［D］. 哈尔滨：哈尔滨工业大学，2019.

［8］ 程堂明，李家文，唐国金. 伺服机构故障下基于线性规划的运载火箭姿控系统重构控制［J］. 国防科技大学学报，2017，39（1）：51－57.

［9］ 路遥，董朝阳，王青，等. 存在整数约束的分布式驱动变体飞行器控制分配［J］. 控制理论与应用，2018，35（8）：1083－1091.

［10］ 王志祥. 推力下降故障下运载火箭轨迹在线生成与姿控系统重构［D］. 长沙：国防科技大学，2016.

［11］ 吴蕾. 考虑发动机推力损失的运载火箭容错控制［D］. 大连：大连理工

大学，2019.

[12] C WEI, Y HAN, J PU, et al. Rapid multi - layer method on solving optimal endo - atmospheric trajectory of launch vehicles [J]. The Aeronautical Journal, 2019, 123 (1267): 1396 - 1414.

[13] H MA, X LI, H HUANG. A trajectory re - planning method for multi - stage rockets based on decision clssification [C]. Proceedings of the 38th Chinese Control Conference, July, 2019, Guangzhou, China.

[14] P LU, X LIU. Autonomous trajectory planning for rendezvous and proximity operations by conic optimization [J]. Journal of Guidance, Control, and Dynamics, 2013, 36 (2): 375 - 389.

[15] H HAN, D QIAO, H CHEN, et al. Rapid planning for aerocapture trajectory via convex optimization [J]. Aerospace Science and Technology, 2019, 84: 763 - 775.

[16] Z WANG, M J GRANT. Constrained trajectory optimization for planetary entry via sequential convex programming [J]. Journal of Guidance, Control, and Dynamics, 2017, 40 (10): 2603 - 2615.

[17] C WANG, Z SONG. Convex Model Predictive Control for Rocket Vertical Landing [C]. 2018 37th Chinese Control Conference (CCC). IEEE, 2018: 9837 - 9842.

[18] Y LI, B PANG, C WEI, et al. Online trajectory optimization for power system fault of launch vehicles via convex programming [J]. Aerospace Science and Technology, 2020, 98: 105682.

[19] R J ADAMS. Robust Multivariable Flight Control [M]. Springer - Verlag, 1994.

[20] J - F MAGNI, S BENNANI, J TERLOUW. Robust Flight Control: A Design Challenge [C]. Springer - Verlag, London, 1997. In Lecture Notes in Control and Information Sciences, 224.

[21] S I AISWAILEM. Application of Robust Control in Unmanned Vehicle Flight Control System Design [D]. PhD thesis, Cranfield University, 2004.

[22] C I AHN, Y KIM, H J KIM. Adaptive Sliding Mode Controller De 2006. High for Fault Tolerant Flight, Control System [C]. In Proceedings of the AIAA, Guidance, Navigation, and Control Conference

and Exhibit，Keystone. August. 2006. AIAA paper 2006 - 6089.

[23] M L CORRADINI，G ORLANDO，G PARLANGELI. A Fault Tolerant Sliding Mode Controller for Accommodating Actuator Failures ［C］. In Proceedings of IEEE Control and Decision Conference，and European Control Conference. pages 3091 - 3096，Seville，Spain，2005.

[24] S N SINGH，M L STEINBERG，A B PAGE. Nonlinear Adaptive and Sliding Mode Flight Path Control of F/A - 18 Model ［C］. IEEE Transactions Aerospace and Electronic Systems，39（4）：1250 - 1262，October 2003.

[25] 刘小雄，章卫国，武燕，等 . 基于直接自适应控制的重构飞控系统研究 ［J］. 控制与决策，2007，22（4）：440 - 444.

[26] J O VAN ZWIETEN，T ROBUST. Practical Adaptive Control for Launch Vehicles ［J］. AIAA Guidance，Navigation，and Control Conference，2012：45 - 49.

[27] 王若男 . 基于神经网络观测器的飞控系统故障诊断与容错控制研究 ［D］. 南京：南京航空航天大学，2018.

[28] 朱平，江驹，余朝军，等 . 高超声速飞行器自适应神经网络容错控制 ［J］. 飞行力学，2020（2）：1 - 7.

[29] 常怡鹏，王小平，林秦颖，等 . 基于神经网络补偿动态逆误差的导弹控制器设计 ［J］. 弹箭与制导学，2020（2）：1 - 6.

[30] J WANG，J PU，MOORE P. A Practical Control Strategy for Servo - pneumatic Actuator Systems ［J］. Control Engineering Practice，1999，7（12）：1483 - 1488.

[31] X LIU，Z SHEN，P LU. Solving the maxi - mum - crossrange Problem Via Successive Second - order Cone Programming with a Line Search ［J］. Aerospace Sci - ence & Technology，2015，47（DEC. ）：10 - 20.

[32] 朱海洋，吴燕生，容易，等 . 适应有限故障的运载火箭神经网络自适应容错控制 ［J］. 西北工业大学学报，2020，38（3）：668 - 676.

[33] 李家文 . 大型捆绑火箭姿态控制系统的建模、设计与分析 ［D］. 长沙：国防科技大学，2011.

[34] 韩京清 . 自抗扰控制技术：估计补偿不确定因素的控制技术 ［M］. 北京：国防工业出版社，2008.

[35]　黄盘兴.重型运载火箭可重构控制系统设计研究 [D]. 哈尔滨：哈尔滨
　　　工业大学，2012.

[36]　J NOCEDAL，S WRIGHT. Numerical optimization [M]. Springer
　　　Science & Business Media，2006.

[37]　秦媛.改进参数选择的内点法求解线性规划问题 [D]. 北京：北京工业
　　　大学，2018.

[38]　聂普焱.一种内点法解二次规划 [J]. 应用数学，2003（2）：1 - 6.

[39]　高峰，张连生.线性约束凸规划内点法及其修正算法 [J]. 运筹学学报，
　　　1998（1）：79 - 94.

[40]　J D BOSKOVIC，R K MEHRA. Ahybrid Fault - Tolerant Scheme for
　　　Flight Control Applications [C]. In Proceedings of the AIAA Guidance，
　　　Navigation，and Control Conference and Exhibit，Montreal，Canada，
　　　August 2001. AIAA paper 2001 - 4400.

[41]　J E STOTT，Y B SHTESSEL. Launch Vehicle Attitude Control Using
　　　Sliding Mode Control and Observation Techniques [J]. Journal of the
　　　Franklin Institute，2012，349（2）：397 - 412.

[42]　马东宇.基于 Gaussian 型 RBF 神经网络的函数逼近与应用 [D]. 长沙：
　　　中南大学，2011.

[43]　陈谋，邹庆元，姜长生，等.基于神经网络干扰观测器的动态逆飞行控
　　　制 [J]. 控制与决策，2008，23（3）：283 - 287.

[44]　刘金琨.智能控制 [M]. 3 版.北京：电子工业出版社，2014.

[45]　李文博，王大轶，刘成瑞.卫星姿态控制系统的故障可诊断性评价研究
　　　[J]. 空间控制技术与应用，2014，40（5）：8 - 13.

[46]　常武权，张志国.运载火箭故障模式及制导自适应技术应用分析 [J].
　　　宇航学报，2019，40（3）：302 - 309.

[47]　朱海洋，吴燕生，陈宇，等.适应运载火箭推力下降故障的神经网络容
　　　错控制方法 [J]. 航天控制，2019，37（4）：3 - 9.

[48]　S J ORR. Space Launch System Flight Control [J]. 2012.

[49]　J H WALL，J S ORR，T S VANZWIETEN. Space Launch System
　　　Implementation of Adaptive Augmenting Control [J]. 2014.

[50]　池贤彬，许琦，李之强，等.非合作空间目标自主交会凸优化制导技术
　　　[J]. 宇航学报，2018，39（11）：1248 - 1257.

[51]　SHEN Q, JIANG B, SHI P. Adaptive fault tolerant control against actuator faults [C]. International Journal of Adaptive Control and Signal Processing, 2017, 31: 147 - 162.

[52]　韩雪颖，马英，程兴，等. 运载火箭推力故障下的弹道重构策略研究 [J]. 导弹与航天运载技术，2019，367（02）：11 - 15，30.

[53]　MAO Y, M SZMUK, B AŞLıKMEŞE. Successive Convexification: A Superlinearly Convergent Algorithm for Non - convex Optimal Control Problems，2018.

[54]　宋征宇，巩庆海，王聪，等. 长征运载火箭上升段的自主制导方法及其研究进展 [J]. 中国科学：信息科学，2021，51（10）：1587 - 1608.

[55]　宋征宇，王聪，巩庆海. 运载火箭上升段推力下降故障的自主轨迹规划方法 [J]. 中国科学：信息科学，2019，49（11）：1472 - 1487.

[56]　宋雨，张伟，苗新元，等. 可回收火箭动力着陆段在线制导算法 [J]. 清华大学学报，2021，51（3）：230 - 239.

[57]　王劲博，崔乃刚，郭继峰，等. 火箭返回着陆问题高精度快速轨迹优化算法 [J]. 控制理论与应用，2018，35（3）：389 - 398.

[58]　李师尧，常武权，闫宇申，等. 运载火箭动力故障下的自主救援轨道规划 [J]. 飞行力学，2021（2）：83 - 89.

[59]　安泽，熊芬芬，梁卓楠. 基于偏置比例导引与凸优化的火箭垂直着陆制导 [J]. 航空学报，2020，41（5）：2 - 14.

第7章 结构安全性设计技术

结构完整不破坏是实现动力冗余的前提和基础，针对不同类型的故障模式进行细分，对于非爆炸故障需要结构适应故障状态的载荷，对于爆炸故障需要结构防护。特别是针对火箭发动机尾舱进行发动机爆炸影响毁伤评估及隔爆防护设计尤为重要，对其失效情景开展系统性分析研究，是动力冗余技术应用的前提和基础。

7.1 非爆炸故障结构适应性设计技术

7.1.1 设计方法

针对故障模式，即使分析确认了在动力冗余状态下能够满足入轨的要求，要实现动力冗余的前提是结构能够适应故障工况不破坏，需要针对故障状态，计算对应的载荷，找到结构的薄弱环节，在结构设计时要考虑故障状态下的载荷工况。

在设计时可以采用两种方法：一是开展载荷包络设计，将故障、正常状态的载荷分析包络作为设计工况；二是以正常状态下的载荷作为设计工况，再以故障状态的载荷对已设计结构的承载情况进行校核，如果承载能力不够，针对故障状态要对结构进行局部加强。

7.1.2 典型案例

下面以采用正常状态设计、故障状态校核的方法，以发动机机架如何在结构设计中适应故障为例说明设计过程。

例如某火箭在开展故障模式分析时有助推器发动机不点火的模式，这就要求结构适应在 4 个助推器中的 1 个助推器发动机可能不点火故障模式工况下的安全使用。该火箭为芯级支撑、后捆绑主传力的结构形式，竖立状态或 1 个发动机不点火状态，在球头栓座处（后捆绑连杆与芯级连接处）加载集中力 N_4 和 N_6。而在飞行状态，除了在球头栓座与芯级的连接处施加 N_4 和 N_6 外，还在发动机与机架对接端面上加载推力 F。表 7-1 所示为正常和故障状态的发动机载荷工况，图 7-1 所示为助推机架载荷作用位置和方向的示意图。

表 7-1　助推器发动机载荷工况

单位：N·m

	正常		1 个助推器发动机不点火故障
	竖立状态	飞行状态	
N_4	480 994	−660 576	555 548
N_6	56 650	26 719	65 431
Q	−51 640	83 550	−71 314
M	−574 110	845 570	−697 310
T	449 260	165 320	545 930
T_z	—	22 460/−21 750	—
N_x	1	4.924	1.155

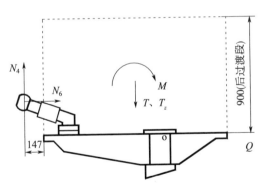

图 7-1　助推机架载荷作用位置和方向的示意图

其中，竖立状态、故障模式这两种状态下 N_4 和 N_6 力的载荷作用位置和作用点相同，施加力的方向一致，仅数值大小不同，其中，故障模式下机架受力状况最为恶劣，因此在机架设计计算时可以将竖立状态和故障模式两种工况统一按故障模式进行计算处理。对于飞行状态下，机架的受力情况与竖立状态和故障状态力的方向相反。

按照正常状态设计的机架结构简图如图7-2所示。

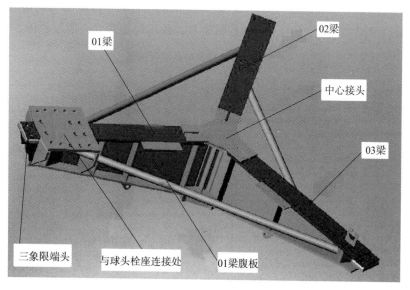

图7-2　机架结构简图

火箭起竖在发射台并加注后，助推机架通过固定在机架搭板上的球头栓与芯级连接，支撑整个助推器箭体的质量，在火箭飞行时，通过球头栓将发动机的推力传递给芯级。根据助推器作用在助推机架上的各个力，得出助推机架的受力情况，如图7-3所示。

其中，R_{1x}、R_{2x}、R_{3x}为作用在机架上的轴向力，R_{1y}、R_{2y}、R_{3y}为作用在机架上的径向力，R_{4x}、R_{4y}分别为作用在机架上的搭板力，M_{4z}为作用在机架上搭板的弯矩。根据以上助推机架设计计算条件和受力分析，对机架进行了有限元计算和分析，如图7-4和图7-5所示。

从以上有限元计算分析结果可以看出，在故障状态下，发动机机架01梁腹板端头处和翼板端头根部存在局部高应力，其他部位应

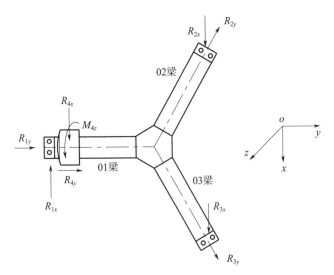

图 7 - 3   助推机架承载受力分析

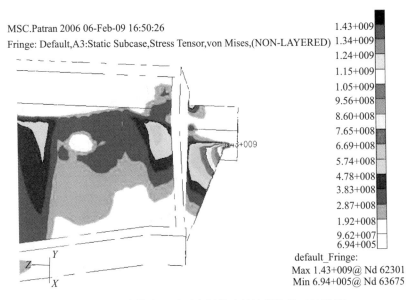

图 7 - 4   故障模式工况下腹板端头处计算结果（见彩插）

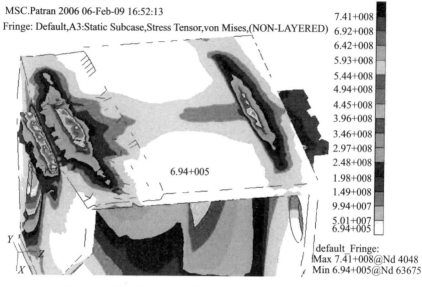

MSC.Patran 2006 06-Feb-09 16:52:13
Fringe: Default,A3:Static Subcase,Stress Tensor,von Mises,(NON-LAYERED)

7.41+008
6.92+008
6.42+008
5.93+008
5.44+008
4.94+008
4.45+008
3.96+008
3.46+008
2.97+008
2.48+008
1.98+008
1.49+008
9.94+007
5.01+007
6.94+005

6.94+005

default_Fringe:
Max 7.41+008@Nd 4048
Min 6.94+005@Nd 63675

图 7-5　故障模式工况下翼板端头根部计算结果（见彩插）

力较低。01 梁腹板端头处和翼板端头根部（焊缝处）最大应力有限
元计算结果见表 7-2。

表 7-2　机架有限元应力计算结果

计算工况	材料强度极限/MPa	局部应力最大值/MPa	
		01 梁腹板端头	01 梁翼板端头根部
计算结果	1 078	1 340	494

从表 7-2 中可以看出：01 梁腹板端头和翼板端头根部处均出现
较大局部应力；在故障状态工况下，01 梁腹板端头处最大应力为 $\sigma = 1\ 340\ \text{N/mm}^2$，超过 30CrMnSiA 材料强度极限 $R_m = 1\ 078\ \text{MPa}$，
表明结构存在安全隐患，需要对机架局部结构进行加强改进，以降
低局部应力，改善应力分布，提高安全裕度，保证可靠使用。

根据受力分析可知，在故障模式工况下，作用在机架下端的发
动机推力为零，整个助推器载荷需要机架自身承受，受力状况相比

其他工况更恶劣。同时，01 梁翼板端头下的垫板宽度较小，腹板端头厚度较薄，抗弯能力较弱，容易发生失稳。因此在机架的局部加强改进中，需要提高机架局部抗弯抗失稳的能力。

主要改进方向如下：

1) 端头两侧增焊两块梯形加强板，中间部位加厚，改进的目的是为了通过两块竖立加强板对上翼板端头起较强的支撑作用，使翼板端头根部焊缝处的高应力区应力分布均匀，降低腹板端头处局部应力；

2) 对加强垫板进行了加宽加厚，长度进行了加长延伸，增加了翼板车加工根部处和球头栓座连接部位的截面模量，改进的目的是改善助推机架与球头栓座连接部位的受力情况，减小局部应力，如图 7 - 6 所示。

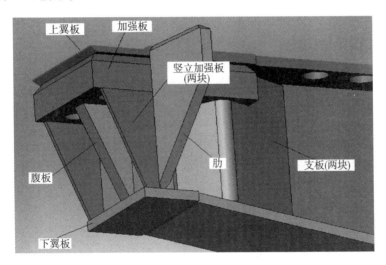

图 7 - 6　机架加强改进结构方案

改进后原来的薄弱位置腹板端头局部应力得到了显著降低，计算结果由 1 340 MPa 降低到 293 MPa，腹板端头处应力也进一步降低，计算结果由 494 MPa 降低到 425 MPa。加强方案故障模式工况下机架应力、机架翼板端头根部局部应力、机架腹板端头局部应力、机架位移计算结果如图 7 - 7～图 7 - 10 所示。

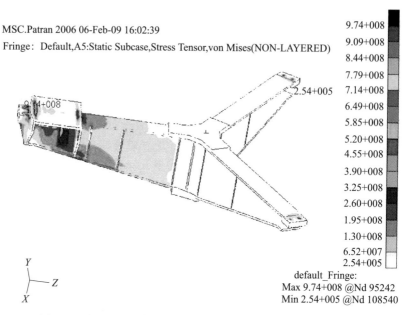

图 7 - 7　加强方案故障模式工况下机架应力计算结果（见彩插）

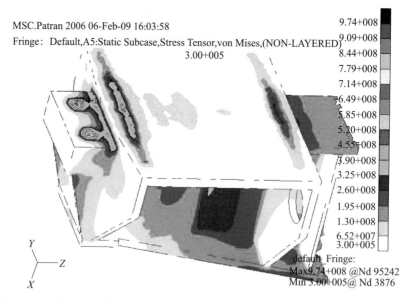

图 7 - 8　加强方案故障模式工况下机架翼板端头根部局部应力计算结果（见彩插）

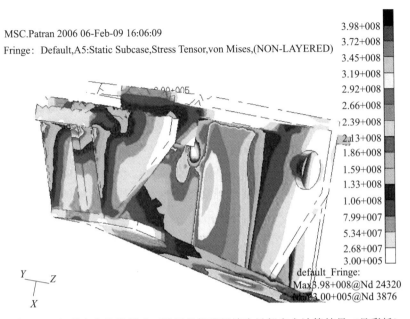

图 7-9 加强方案故障模式工况下机架腹板端头局部应力计算结果（见彩插）

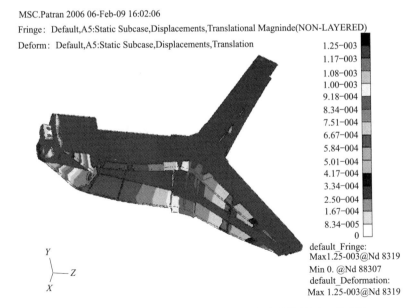

图 7-10 加强方案故障模式工况下机架位移计算结果（见彩插）

7.2　爆炸冲击理论及仿真研究

7.2.1　爆炸冲击理论研究

火箭发动机尾舱作为火箭机体重要的组成部分，内部管路系统复杂繁多，在执行任务期间，一旦发生故障会导致舱体爆炸事故，将直接造成任务失败，仪器损毁。因此提升尾舱系统的防爆可靠性，降低事故损失，对尾舱进行发动机爆炸影响毁伤评估及隔爆防护设计就尤为重要，对其失效情景开展系统性分析研究，能够保障任务的顺利进行，推进型号的工程应用。

7.2.1.1　爆炸冲击波结构毁伤研究现状

爆炸冲击波的本质是一种不连续峰扰动在介质中的传播，这个峰导致介质的压强、温度和密度等物理性质的跳跃式改变。孔祥韶等人概括了关于冲击波峰值超压、冲击波比冲量以及正压作用时间计算的一些理论计算公式，并对通过这些理论公式计算得出的冲击波载荷的结果进行了对比研究。杜志鹏等人基于 FCT 算法编制了高精度的爆炸载荷计算程序，该程序适用于空中爆炸载荷的计算，并对程序的可靠性和准确性进行了试验验证，得到程序在空中爆炸的冲击波波阵面处可以达到四阶精度。杨鑫等人总结得到了能够较好表达爆炸冲击波的超压峰值与比例距离之间关系的公式，并对 TNT 炸药爆炸产生的爆炸冲击波在空中传播的情况进行了仿真模拟，在此基础上进行对比分析，得出了数值模拟结果小于公式计算结果。

炸药爆炸产生的爆炸冲击波在大气中的传播方面，已经得到比较可靠的冲击波超压和比冲量的经验计算公式，但舱内爆炸形成的爆炸冲击波流场比舱外爆炸情况复杂得多，目前主要研究采用数值模拟方法进行求解。张振华等人研究得到接触爆炸载荷作用下薄板的变形和形成的破口情况，并得到破口花瓣的瓣数及花瓣翻转的曲率半径，最终获得破口大小与装药量之间的关系。侯海量等人对舱内爆炸载荷作用下舰艇结构的动态响应进行了仿真模拟，分析了在该种爆炸载荷作用下舱室的板架结构的失效和毁伤模式。陈长海等人采用模型实验方法，分析了近距空爆载荷下固支大尺寸方板破口情况及变形情况，建立了有初始破口的采用固支边界的大尺寸方板最终破口的计算模型，并对该模型试验的各个工况进行了计算验证，从而确定了该计算模型的可行性。

7.2.1.2 高速碎片侵彻毁伤研究现状

火箭尾舱部分壳体爆炸会由于炸药引爆后产生的高温高压爆炸产物飞溅使得壳体表面破裂，破裂面相互贯通得到大量的高速金属碎片。这些金属碎片对火箭底舱内壳而言，具有极强的毁伤能力。Zhou 等人研究一个简单的弹塑性圆环的韧性碎片，得出碎片的大小由最终分裂阶段的卸载波所决定，并得到圆环的失效应变、碎片数量与分布等参数。Arnold 等人通过采用迭代程序计算不同厚度战斗部壳体碎片质量，分析壳体厚度对碎片质量的影响，得到正棱柱体和圆柱形厚壳体破裂产生的碎片形状差异很大。李伟等人研究并讨论了战斗部爆炸产生的大量碎片对舰船的打击效应，并将碎片分成 5 个等级。邓吉平等人采用数值模拟对球形碎片在爆炸后形成的球形碎片飞散特性进行了分析计算，获得了碎片初速、飞散角分布及三段串联杀伤弹丸的碎片分布的情况。黄燕玲等人研究了 8 mm 圆柱形碎片的极限穿透速度随侵彻角度改变的规律，得到增大碎片侵彻角会引起变形和弹道极限速度变大，但两者间变化是非线性的，侵彻角在 45°以下，经验公式和仿真结果吻合度较好。若侵彻角继续增大，误差较大。徐坤博等人对立方体、方形薄片等在超高速撞击下产生的碎片进行数值模拟，得到球形与方形薄片弹丸相比，撞击时形成的毁伤范围较小。

由于传统圆柱形战斗部经常把爆点选在中点，导致形成的碎片飞散角较大，利用率低，因此张博等人研究了不同起爆方式和偏心半径对壳体破裂产生碎片的影响，得到偏心起爆半径对碎片参数具有很大影响，半径越小，响应的碎片载荷就越小；张斌等人计算得到多种较为常见的反舰导弹爆炸形成的碎片质量、初速度、重点速度、打击动能和打击深度等参数。孔祥韶等人在现有研究成果上，通过分析圆柱形战斗部的爆炸特性，得出了碎片速度计算公式，见式（7-1），公式与壳体强度和装药特性有关。

圆柱体壳体破碎时形成的碎片速度为

$$v_f = \sqrt{2E_{G\sigma}}\left(\frac{M}{C} + \frac{1}{2}\right)^{-\frac{1}{2}} \tag{7-1}$$

其中，Gurney 能量公式可表示成与壳体材料相关的形式，见式（7-2）

$$E_{G\sigma} = \frac{D^2}{2(\gamma^2 - 1)}\left[1 - 2\left(\frac{\sigma_y}{p_0}\right)^{\frac{\gamma-1}{\gamma}}\left(\frac{\gamma}{\gamma+1}\right)^{\gamma}\right] \tag{7-2}$$

式中，M 为战斗部壳体质量；C 为战斗部装药质量；v_f 为壳体膨胀的最终速度；D 为装药爆速；γ 为爆炸产物的多方指数；p_0 为爆轰压力；σ_y 为壳体材料屈服应力。

7.2.1.3　冲击波和碎片联合作用研究

当冲击波和碎片联合作用时，由于两者初始速度及衰减速率不同，多数情况下不同时作用于结构表面，因此在一段时间里，联合作用下结构响应研究多数是采用解耦的手段，即将冲击波和碎片的加载分成两步，首先把一种荷载预加载到模型上，研究另一种荷载的破坏情况。随着研究的深入，对于爆炸波和碎片两者联合作用下对结构毁伤情况的认识在逐渐提高，具有叠加增强效应，远不是两者单一作用下的线性之和。Leppänen 等人研究了混凝土试件在冲击波和碎片联合作用下的毁伤情况，指出两者联合作用下对构件的破坏程度大于单一作用下的破坏程度之和。何翔等人对近爆冲击波和碎片联合作用下防护门的破坏效应进行了试验研究，指出防护门的破坏是冲击波和碎片联合作用的结果，两者单一作用下均不会产生这么严重的结果。Qian 等人对冲击波和碎片团联合作用下单层钢制靶板进行了试验和数值两个方面的对比研究，指出在碎片集中作用的区域内，速度很高的碎片对靶板的穿甲破坏具有叠加增强的特点。杨曙光通过有限元模拟分析，当碎片与冲击波复合作用时，构件的应力会有 2 倍以上的提高，冲量有 10 倍以上的提高，侵彻和冲击效应显著增强。

7.2.2　爆炸冲击仿真研究

7.2.2.1　某型号火箭发动机尾舱爆炸模型

爆炸冲击波在空气介质中以球面形式的冲击载荷传播并冲击周围物体。在载荷作用下，防护结构会产生由外向内的挤压，出现凹陷变形乃至大面积塌陷，造成被防护目标和人员的毁伤。结构对于冲击波的衰减作用是非常复杂的，爆炸冲击波膨胀、压缩过程并非一次完成，而是反复的振荡脉动过程。相关试验表明，第一次膨胀、压缩的脉动过程是爆炸对于结构的主要作用力，且爆炸冲击波作用破坏主要是由于超压作用导致的，目前已经形成了众多关于冲击波超压的经验公式。通常情况下，在衡量结构对冲击波破坏的衰减效果时，忽略爆炸产物的作用和反复的膨胀压缩过程，主要研究爆炸冲击前后，结构冲击波入射面入射压力和透射面透射压力的作用大小，获得结构对于爆炸冲击波超压的衰减作用。爆炸冲击波形成和压力分布图如图 7 - 11 所示。

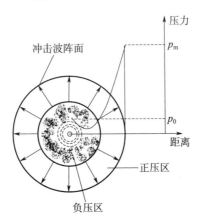

图 7 - 11　爆炸冲击波形成和压力分布图

对于某型号火箭发动机尾舱（见图 7-12），壳体材料为铝合金和碳纤维-铝蜂窝夹层结构，底板爆炸源位于尾舱内，共 2 组，每一组包含推力室和燃气发生器两个圆柱形空腔壳体，壳体材料均为高温合金，其在底板上的投影位置如图 7-13 所示，下端距底板 410 mm；壳体内部为高温高压氢氧混合燃气，发生爆炸时破坏壳体形成冲击波和碎片，对尾舱结构造成损伤。

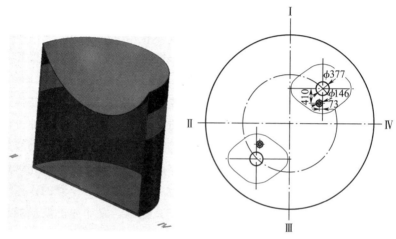

图 7-12　尾舱腔体剖视示意图　　　　图 7-13　爆炸源投影位置

通过有限元模拟软件，基于流固耦合方法建立内部爆炸冲击波作用下尾舱的有限元模型，同时建立相应的空腔壳体爆炸源的数值模拟模型。

根据推力室和燃气发生器中的燃气参数，参照 TNT 当量法估算爆炸当量

$$W_{TNT} = \frac{\alpha W_f Q_f}{Q_{TNT}} \tag{7-3}$$

式中，W_{TNT} 为可燃气体 TNT 当量；α 为可燃气体效率因子，表明参与爆炸可燃气体体积分数；W_f 为可燃气体总质量；Q_f 为可燃气体燃烧热；Q_{TNT} 为 TNT 爆炸热，一般取 4.51×10^3 kJ/kg。根据发动机燃气成分、压力、流速、燃气停留时间等参数，计算得出每个爆炸

源（即 1 台发动机）等效当量。

建立尾舱爆炸分析有限元模型，如图 7 - 14 所示，其包含底板、后段柱、中段柱、前段柱、球底和空气域 6 部分，在空气域中设定炸药体积分数。为了在保证计算精度的同时兼顾计算时间，需定义炸药区域的空气网格划分较密，较远区域较为稀疏。本文以单台发动机失效为例，即 1 个推力室和 1 个燃气发生器中的推进剂发生爆炸，开展爆炸载荷仿真分析。

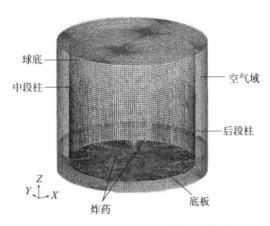

图 7 - 14　尾舱爆炸分析有限元模型

7.2.2.2　仿真分析

取燃气停留时间 0.05 s 的工况，通过计算，爆炸当量折合约 7.5 kg TNT。爆炸冲击波作用仿真结果表明，初始阶段底板与柱段连接处发生了局部破坏，部分连接失效；爆炸源在后段柱的投影区域发生了拉伸破孔破坏；燃气发生器底部出现局部破坏，此时推力室未发生局部破坏。随着爆炸作用时间的增加，尾舱各部分的破坏情况加剧。爆炸源在底板的投影区域发生了严重的破坏失效，区域与柱段的连接完全脱开；燃气发生器整体完全被破坏，同时推力室发生了较明显的局部破坏。图 7 - 15 反映了尾舱整体最终破坏失效的发展情况。由图可知，100 ms 以内，底板和后段柱的破坏发展导致了尾舱整体的破坏失效。

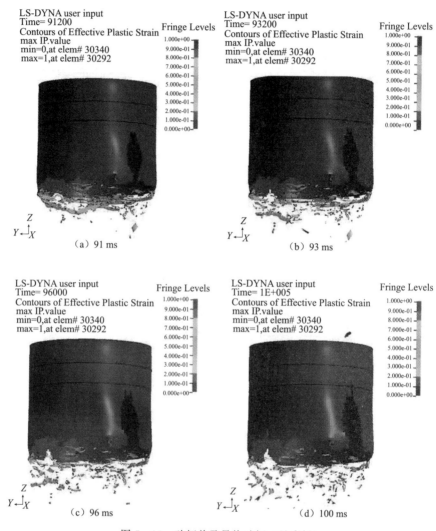

图 7 - 15　破坏前及最终破坏（见彩插）

与冲击波模拟仿真分析工况一致，选取爆炸当量折合约 7.5 kg TNT 工况开展破片模拟仿真分析。仿真结果表明：爆炸源处的推力室在爆炸载荷作用下于 0.6 ms 时刻即产生破片，破片呈鼓状开始朝 X、Y、Z 3 个方向飞散；之后受破片影响，在爆炸源投影区域以及柱段连接处开始发生局部失效并且破坏面积加大，爆炸源处的推力室完全被破坏，破片飞散范围扩大，燃气发生器底部脱离，变形严重，不到 20 ms，球底与柱段连接处区域受破片贯穿，柱段结构破坏已发展至前段柱。图 7 - 16 反映了尾舱整体最终破坏失效的发展情况。由图 7 - 16 可知，在 20 ms 内，尾舱发生了不可逆的破坏，结构整体失稳。破片使底板、柱段和球底产生了剧烈破坏，最终导致尾舱整体的破坏失效。

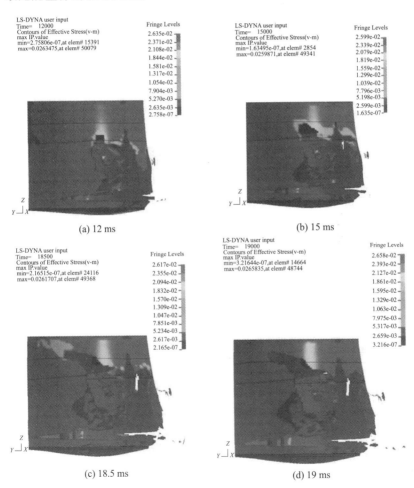

(a) 12 ms

(b) 15 ms

(c) 18.5 ms

(d) 19 ms

图 7 - 16　受碎片影响破坏前及最终破坏应力云图（见彩插）

7.3 爆炸故障结构完整性设计技术

7.3.1 研究现状

7.3.1.1 爆炸防护材料研究现状

爆炸是多种载荷联合发生的毁伤过程，爆炸瞬间释放巨大能量，产生冲击波超压，超压作用于装药壳产生高能碎片，之后冲击波随着碎片迭加并快速冲击侵彻目标，对舱室造成惨重伤害。采用安全有效、轻质高强的材料及结构削弱冲击波与碎片的作用是爆炸防护研究热点。

Wu Qiang 等人研究了一种 Al/PTFE 复合的抗冲击起爆的含能材料，并使用两级轻气枪进行超高速撞击特性对比试验研究。Daniel Jenson 等人建立了头盔用高性能纳米复合材料冲击波冲击响应的多尺度计算模型，探索了在头盔中使用纳米复合材料减轻头部损伤的可能性。Langdon 等人回顾了有关复合材料、夹层结构和混合材料对爆炸载荷响应的最新试验和数值研究，讨论了载荷分布、材料和测试几何形状对复合材料破坏的影响。A. Kerber 等人对 3D 纺织复合材料在爆炸冲击下承受冲击波载荷时的抗损伤性进行了试验研究。A. Gargano 等人通过试验研究了纤维增强聚合物层压板的抗爆性能以及纤维-聚合物基体界面黏结强度对碳纤维层压板爆炸冲击响应的影响。O. Rijensky 研究了聚脲涂层对水动力冲击的整体结构响应的影响。袁海等人对复合材料多层防护结构在爆炸冲击作用下的局部破坏损伤特性进行分析，并在不同结构参数条件下，比较复合材料防护结构的抗爆性能优劣。高红成等人为得到编织程度与抗冲击性能间的关系，通过爆炸分离试验，对比 4 种编织复合材料的抗爆炸冲击性能。综合以上调研结果得到复合材料相较于单一材料而言具有更优异的爆炸防护效果。

7.3.1.2 爆炸防护结构研究现状

如何吸收衰减并弥散峰值是冲击波防护结构设计的关键。蜂窝结构（见图 7 - 17）轻质、高比刚度、负泊松比、结构参数可调、力学性能稳定是冲击波防护结构的优质选择，其在冲击压缩过程中发生孔隙坍塌效应，使得应力波的衰减加快，从而起到隔振吸能的作用。宋卫东等人设计了基于三角形、Kagome 以及六边形的 3 种异型蜂窝多孔结构，均具有较好的抗爆能力。Chang Qi 等人通过数值模拟和现场爆破试验研究了内凹蜂窝夹芯板的抗爆性能。H. L. Tan 等人研究了结合层次结构、负泊松比结构和梯度结构特性的夹芯板对冲击能量的吸收效果。杨德庆等人探讨了星型负泊松比结构胞元壁厚、层数和胞元泊松比等参数对弹体侵彻及水下爆炸防护性能的影响。亓昌等人基于动力显式有限元法，仿真研究了金字塔型金属点阵材料夹芯板在爆炸载荷下的动态响应，采用单一变量法分析了芯体关键几何参数对夹芯板抗爆性能的影响。杨康尧建立了三维内凹蜂窝夹芯板有限元模型，定量分析不同参数对夹层结构抗爆性能的影响规律，设计一种填充分层梯度芯体的三维内凹蜂窝夹芯板，研究了不同梯度排列方式对夹芯板整体抗爆性能的影响。

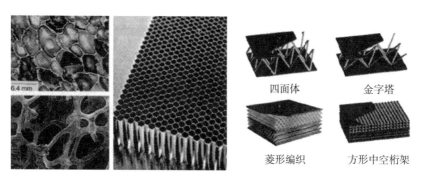

四面体　　　　　金字塔

菱形编织　　　　方形中空桁架

图 7 - 17　常见蜂窝材料

在蜂窝材料的基础上采用分层复合结构能够削减冲击波，其主要原理是各分层界面的反射和折射效应，使原本较高的应力波在通过多层后得到较大的下降。Desen Kong 等人通过数值模拟研究了由两层钢板与高强度聚酯纤维组成的复合结构的抗爆性能。马洋洋等人应用数值仿真的手段对由高强度钢、聚脲弹性体、泡沫铝、超高分子量聚乙烯材料组成的不同结构、不同厚度分配下多层复合结构开展了数值优化设计与抗爆性能研究。孙晓旺等人将内凹六边形负泊松比蜂窝材料作为防护组件的夹芯部分，分析负泊松比蜂窝材料在爆炸冲击下的变形模式，并对比了同等质量的其他 3 种防护组件的抗爆炸冲击性能。

在研究中发现，泡沫铝材料常应用于复合结构夹芯结构中，并显示出良好的抗爆防护性能。Mete Bakir 等人对三层夹芯复合结构［由芳香型热固性共聚酯（ATSP）泡沫芯和两个泡沫铝层通过原位发泡机制连接形成］对冲击能量的吸收效果进行了研究。Tang Enling 等人建立 CFRP、泡沫铝及其夹层结构的高速冲击仿真模型，模拟不同钢弹形状、冲击速度和角度下结构的防护性能。Zhou Nan 等人设计了泡沫铝/UHMWPE 纤维夹层复合结构，讨论了芯材组合和爆炸距离的影响，并得到了冲击波和碎片的时间和分布规律。Liang Minzu 研究了由两块金属面板和一个梯度金属泡沫芯组成的夹壁圆筒/环在内部空气爆炸载荷作用下的抗爆性能。Arief N. Pratomo 等人通过数值模拟和试验验证对 AFS 结构［由乘员侧板（OSP）、泡沫铝板、撞击侧板（SSP）粘合组成］的抗爆性能以及损伤机制进行了研究。顾文彬等人为了研究不同密度泡沫铝排序对夹芯板抗爆能力的影响，选取相对密度分别为 13%、16.7%、20.4% 的 3 种泡沫铝组成 9 种不同结构的排列方式，进行数值模拟和爆炸作用试验。

传统上针对防护结构的研究大多集中在冲击波和碎片单一作用下，而在冲击波与碎片两者联合作用下防护结构的研究相对较少。为了抵御爆炸冲击波和高速碎片联合毁伤作用，科研人员提出了复合结构形式，即根据不同材料的防护性能进行合理排布和设计，形成一种混杂的层叠组合结构，以达到充分利用材料抗侵彻或抗冲击特性的目的。其中，以陶瓷、纤维增强复合材料芯层和金属面板组成的夹层结构最典型，并认为陶瓷、纤维增强复合材料可抵御高速碎片的侵彻，金属面板主要抵御冲击波的破坏。但是，这种设计方法大多停留在增加材料厚度的方法提高防护性能，较少研究新的结构形式。同时，考虑碎片和冲击波的耦合作用下，新型防护结构防爆效能研究与优化设计亟待开展。

在发动机多机并联防护结构应用方面，猎鹰 9 号一子级的九台 Merlin 发动机以圆形分布安装在独特的八网格式引擎保护装置 Octaweb 结构上，这种结构简化了发动机部分的设计、装配以及全箭总装过程。Octaweb 是一种类似八爪梁的金属结构，由凯芙拉纤维加固。图 7 - 18 中发动机间的灰色辐射状结构就是 Octaweb，上有 4 个吊耳延伸至箭体侧面，火箭的牵制释放装置就连接在吊耳上，着陆回收支腿底部的连接点也在其上。它既是火箭的承力结构，同时也是防止梅林发动机发生连环爆炸所设置的防爆隔间。

图 7 - 18　猎鹰 9 号一子级 Octaweb 结构

7.3.2 • 防护结构设计典型案例

7.3.2.1　防护结构仿真

研究表明，材料的应变率效应越明显，波的衰减速率越大。经过对大量防爆材料开展调研，聚脲弹性体是一种良好的吸波材料、抗冲击材料、熄焰材料，其抗爆作用的机理主要是通过聚脲分子软硬段重新排布并结晶，使材料硬度提高，同时分子结构中的氢键发生断裂与重组，可以充分吸收并消散掉冲击能量。在爆炸试验中，涂覆了聚脲的墙体可提升一倍的防护等级，有效保护结构和人员安全，以其重量轻、防护效果好、喷涂工艺简单、适应性强以及改性空间大，而被广泛应用于军事舰艇、坦克涂装、弹药舱上。同时，已有文献报道，在聚脲防护使用中，其喷涂位置，对抗爆和抗侵彻具有不同的表现，聚脲层在迎弹面能够降低破片对板件的初始冲击压力，延迟板件失效，提高结构韧性，而喷涂在结构背面，能够有效抑制背部变形，降低破裂碎片散射，并具备一定自愈合特性。基于真实爆炸试验及文献调研资料，本次防护采用改性聚脲涂层作为防护核心，钛合金结构板为"三明治"夹层结构，见表 7 - 3。

表 7 - 3　"三明治"夹层防护结构板

防护材料	厚度/mm	密度/(kg/m³)
改性聚脲涂层	4	1 060
钛合金结构板	4	4 510
改性聚脲涂层	4	1 060

选取尾舱薄弱环节——后段柱施加防护单元，开展局部爆炸防护模拟。图 7 - 19 所示为推力室发生爆炸后，舱段结构的位移情况。在有防护结构时，其最大面外位移为 70.39 mm，在末期出现回弹现象，在爆炸过程中结构未发生大变形及破坏。作为对比，未设置任何防护措施的结构，在爆炸过程中，四边约束端发生失效，继而单元失效，完全脱离固定，沿面外方向飞出，在计算时间内，其终态位移为 565 mm（已失效飞出），两种工况最终面外位移如图 7 - 20 (a)、(b) 所示。

图 7 - 21 所示为舱段结构在受冲击过程中动能及内能变化曲线，图 7 - 22 所示为应力曲线。通过曲线对比可知，在受冲击后，无防护结构动能急剧增大，发生四周拉伸失效，脱离固定框架飞出，有

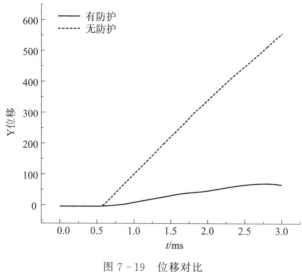

图 7 - 19 位移对比

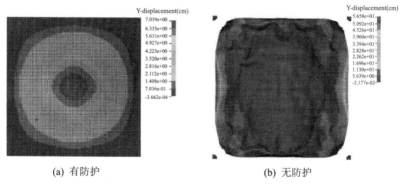

(a) 有防护   (b) 无防护

图 7 - 20 最终时刻位移云图 (见彩插)

防护结构动能及内能均上升相对缓慢,在终态出现下降趋势,防护结构的存在极大增强了舱段结构的抗冲击侵彻能力,吸收了冲击过程中的绝大多数能量。

其终态应力、应变云图如图 7 - 23 和图 7 - 24 所示,在冲击波作用初期,无防护结构中心点压力突升,整体出现大变形,后发生失效;有防护结构中心点应力上升相对缓慢,后发生振荡。

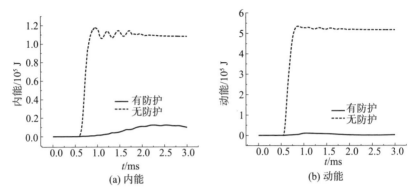

图 7 - 21　舱段结构在受冲击过程中动能及内能变化曲线

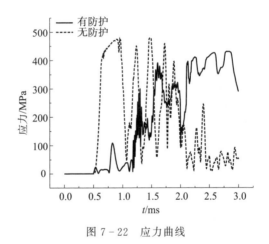

图 7 - 22　应力曲线

设置防护结构后，在毁伤过程中未发生大塑性变形，且在计算终态出现中心回弹现象，全过程未出现贯穿及材料失效，表明设计的防护结构在选定工况下对舱段结构进行了相对有效的防护。

7.3.2.2　电缆防破片试验

与发动机相连的电缆在发动机发生爆炸时环境最为恶劣，为了保证电缆不损坏，需要对电缆进行防护，用于预防发动机爆炸后可能会发生的破片冲击。本节以电缆外缠绕凯芙拉纤维为例说明防护

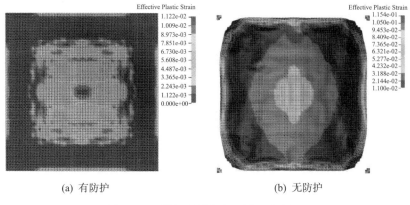

(a) 有防护   (b) 无防护

图 7 - 23   最终时刻应变云图 (见彩插)

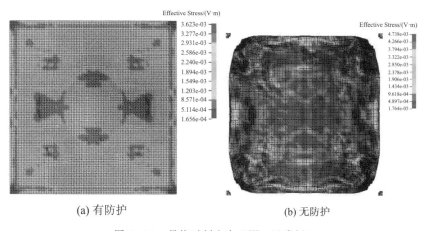

(a) 有防护   (b) 无防护

图 7 - 24   最终时刻应力云图 (见彩插)

效果的验证情况。

采用空气炮对电缆进行冲击,试验需要模拟爆炸产生的破片,破片为尼龙制弹丸与钢制破片组合体,组合体质量约为 85 g,破片采用三角形钢片,边长为 10 mm,厚度为 0.5 mm,模拟弹丸和破片安装在炮管内,通过快开阀控制启闭,由高压气对破片进行加速,对不同包覆状态电缆进行冲击,如图 7 - 25 所示。电缆固定在空气炮口附近设置的挡板上，弹丸破片尖端对准电缆，对电缆进行冲刺。在试验过程中采用高速摄像机记录冲击影像，测量冲击速度。试验完成后观察并检测电缆损坏情况。

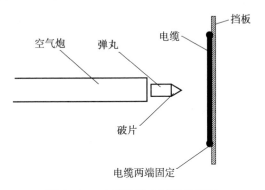

图 7 - 25　电缆防冲击试验原理图

当冲击速度较小时，电缆外缠绕 2 层玻璃纤维，在冲击速度小于 20 m/s 时就出现了玻璃纤维破坏、电缆芯线断裂的情况，图 7 - 26 给出了冲击速度为 25 m/s 时的试验结果，此时玻璃纤维全部破坏，部分电缆芯线断裂。电缆外缠绕 2 层凯芙拉纤维，冲击速度为 25 m/s 时，凯芙拉纤维未破坏，部分电缆芯线外皮破损，电缆未断裂，如图 7 - 27 所示。当冲击速度为 28 m/s 时，出现了凯芙拉纤维防护层未破坏，部分线缆芯线断裂的情况，如图 7 - 28 所示。当冲击速度加大至 50 m/s 时，即使将凯芙拉纤维缠绕层数从 2 层增加为 6 层，仍然出现电缆部分芯线断裂的情况，此时外部 4 层凯芙拉纤维被切破，2 层凯芙拉纤维未破损，如图 7 - 29 所示。

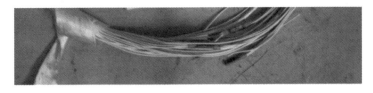

图 7 - 26　电缆外缠绕玻璃纤维（冲击速度为 25 m/s）

图 7 - 27　电缆外缠绕凯芙拉纤维（冲击速度为 25 m/s）

图 7 - 28　电缆外缠绕凯芙拉纤维（冲击速度为 28 m/s）

图 7 - 29　电缆外缠绕凯芙拉纤维（冲击速度为 50 m/s）

试验结果表明，在 85 g 弹丸破片样件的冲击下，当冲击速度≤ 25 m/s时，凯芙拉纤维防护性能明显强于玻璃纤维等防护材料，能够保证电缆芯线不损坏；当冲击速度达到 50 m/s 时，破片冲击电缆导致凯芙拉纤维变形，挤压电缆芯线断裂，凯芙拉纤维无法起到防护作用。

参 考 文 献

［1］　ZHOU F，MOLINARI J F，RAMESH K T. An Elastic‐visco‐plastic Analysis of Ductile Expanding Ring［J］. International Journal of Impact Engineering，2006，33（1‐12）：880‐891.

［2］　ARNOLD W，ROTTENKOLBER E. Fragment Mass Distribution of Metal Cased Explosive Charges［J］. International Journal of Impact Engineering，2008，35（12）：1393‐1398.

［3］　李伟，朱锡，梅志远，等. 战斗部破片毁伤能力的等级划分试验研究［J］. 振动与冲击，2008（3）：47‐49.

［4］　邓吉平，胡毅亭，贾宪振，等. 爆炸驱动球形破片飞散的数值模拟［J］. 弹道学报，2008，20（4）：96‐99.

［5］　黄燕玲，吴卫国，李晓彬，等. 圆柱形破片侵彻靶板的数值计算研究［J］. 兵器材料科学与工程，2010，33（1）：35‐38.

［6］　徐坤博，龚自正，侯明强，等. 基于特征长度的非球形弹丸超高速撞击碎片云特性研究［J］. 高压物理学报，2012，26（1）：7‐17.

［7］　张博，李伟兵，李文彬，等. 偏心起爆战斗部随机破片数值仿真［J］. 高压物理学报，2012，26（4）：442‐448.

［8］　张斌，田义宏，赵永刚. 战斗部破片对舰船毁伤效应研究［J］. 战术导弹技术，2012（3）：36‐38.

［9］　GRISARO H Y，DANCYGIER A N. Characteristics of Combined Blast and Fragments Loading［J］. International Journal of Impact Engineering，2018，116：51‐64.

［10］　NYSTROM U，GYLLTOFT K. Numerical Studies of the Combined Effects of Blast and Fragment Loading［J］. International Journal of Impact Engineering，2009，36（8）：995‐1005.

［11］　TEDESCO J W，LANDIS D W. Wave‐propagation Through Layered Systems［J］. Computers & Structures，1989，32（3‐4）：625‐638.

[12] PETEL O E, JETTE F X, GOROSHIN S, et al. Blast Wave Attenuation Through a Composite of Varying Layer Distribution [J]. Shock Waves, 2011, 21 (3): 215 - 224.

[13] 高光发. 防护工程中若干规律性问题的研究和机理分析 [D]. 合肥: 中国科学技术大学, 2010.

[14] NURICK G N, LANGDON G S, CHI Y, et al. Behaviour of Sandwich Panels Subjected to Intense Air Blast - Part 1: Experiments [J]. Composite Structures, 2009, 91 (4SI): 433 - 441.

[15] KARAGIOZOVA D, NURICK G N, LANGDON G S. Behaviour of Sandwich Panels Subject to Intense Air Blasts - Part 2: Numerical simulation [J]. Composite Structures, 2009, 91 (4SI): 442 - 450.

[16] 王晓强, 朱锡, 梅志远, 等. 超高分子量聚乙烯纤维增强层合厚板抗弹性能实验研究 [J]. 爆炸与冲击, 2009, 29 (1): 29 - 34.

[17] 梅志远, 朱锡, 张立军. FRC 层合板抗高速冲击机理研究 [J]. 复合材料学报, 2006 (2): 143 - 149.

[18] GRISARO H Y, DANCYGIER A N. Characteristics of Combined Blast and Fragments Loading [J]. International Journal of Impact Engineering, 2018, 116: 51 - 64.

[19] 任鑫, 张相玉, 谢亿民. 负泊松比材料和结构的研究进展 [J]. 力学学报, 2019, 51 (3): 656 - 687.

[20] CARNEIRO V H, MEIRELES J, PUGA H. Auxetic Materials - A Review [J]. Materials Science - Poland, 2013, 31 (4): 561 - 571.

[21] 翟文, 陈强, 甄建军, 等. 喷涂聚脲弹性体技术及其在军事领域的应用 [J]. 工程塑料应用, 2012, 40 (10): 28 - 32.

[22] 杨杰, 李树奎, 闫丽丽, 等. 二氧化硅气凝胶的防爆震性能及机理研究 [J]. 物理学报, 2010, 59 (12): 8934 - 8940.

[23] 孔祥韶. 爆炸载荷及复合多层防护结构响应特性研究 [D]. 武汉: 武汉理工大学, 2013.

[24] 孔祥韶, 吴卫国, 李晓彬, 等. 圆柱形战斗部破片速度及等效装药特性研究 [J]. 振动与冲击, 2013, 32 (9): 146 - 149.

[25] 杜志鹏, 李晓彬, 夏利娟, 等. 基于 FCT 算法的空中爆炸载荷计算程序: 2005 年船舶结构力学学术会议 [C]. 中国浙江舟山, 2005.

［26］ 杨鑫，石少卿，程鹏飞，等 . 爆炸冲击波在空气中传播规律的经验公式
对比及数值模拟［J］. 四川建筑，2007（5）：71 - 73.

［27］ 张振华，朱锡 . 刚塑性板在柱状炸药接触爆炸载荷作用下的花瓣开裂研
究［J］. 船舶力学，2004（5）：113 - 119.

［28］ 侯海量，朱锡，梅志远 . 舱内爆炸载荷及舱室板架结构的失效模式分析
［J］. 爆炸与冲击，2007（2）：151 - 158.

［29］ 陈长海，朱锡，侯海量，等 . 近距非接触空爆载荷作用下固支方板破口
计算［J］. 哈尔滨工程大学学报，2012，33（5）：601 - 606.

［30］ ZHOU N，WANG J，JIANG D，et al. Study on the Failure Mode of a
Sandwich Composite Structure Under the Combined Actions of Explosion
Shock Wave and Fragments［J］. Materials & Design，2020，196（109 -
166）.

［31］ LEPPÄNEN J. Experiments and Numerical Analyses of Blast and
Fragment Impacts on Concrete［J］. International Journal of Impact
Engineering，2005，31（7）：843 - 860.

［32］ NYSTROM U，GYLLTOFT K. Numerical Studies of the Combined Effects
of Blast and Fragment Loading［J］. International Journal of Impact
Engineering，2009，36（8）：995 - 1005.

［33］ 何翔，庞伟宾，曲建波，等 . 防护门在空气冲击波和破片作用下的破坏
［J］. 爆炸与冲击，2004（5）：475 - 479.

［34］ QIAN L，QU M，FENG G. Study on Terminal Effects of Dense
Fragment Cluster Impact on Armor Plate. Part Ⅰ：Analytical Model［J］.
International Journal of Impact Engineering，2005，31（6）：755 - 767.

［35］ QIAN L，QU M. Study on Terminal Effects of Dense Fragment Cluster
Impact on Armor Plate. Part Ⅱ：Numerical Simulations［J］. International
Journal of Impact Engineering，2005，31（6）：769 - 780.

［36］ WU Q，ZHANG Q，LONG R，et al. Potential Space Debris Shield
Structure Using Impact - initiated Energetic Materials Composed of
Polytetrafluoroethylene and Aluminum［J］. Applied Physics Letters，
2016，108（10190310）.

［37］ JENSON D，UNNIKRISHNAN V U. Energy Dissipation of Nanocomposite
Based Helmets for Blast - induced Traumatic Brain Injury Mitigation［J］.

Composite Structures，2015，121：211 - 216.

[38] LANGDON G S，CANTWELL W J，GUAN Z W，et al. The Response of Polymeric Composite Structures to Air - blast Loading：a State - of - the - art [J]. International Materials Reviews，2014，59（3）：159 - 177.

[39] KERBER A，GARGANO A，PINGKARAWAT K，et al. Explosive Blast Damage Resistance of Three - dimensional Textile Composites [J]. Composites Part A - Applied Science and Manufacturing，2017，100：170 - 182.

[40] GARGANO A，PINGKARAWAT K，BLACKLOCK M，et al. Comparative Assessment of the Explosive Blast Performance of Carbon and Glass Fibre - polymer Composites Used in Naval Ship Structures [J]. Composite Structures，2017，171：306 - 316.

[41] GARGANO A，PINGKARAWAT K，PICKERD V L，et al. Effect of Fibre - matrix Interfacial Strength on the Explosive Blast Resistance of Carbon Fibre Laminates [J]. Composites Science and Technology，2017，138：68 - 79.

[42] RIJENSKY O，RITTEL D. Experimental Investigation of Polyurea Coated Aluminum Plates Under Strong Hydrodynamic Shocks [J]. Thin - Walled Structures，2020，154（106833）.

[43] 高红成，张伟，张薇，等. 编织复合材料防护部件抗爆炸冲击性能研究 [J]. 兵器材料科学与工程，2015，38（1）：1 - 5.

[44] 肖李军，宋卫东. 异型多孔材料夹芯结构抗爆性能研究：2018 年全国固体力学学术会议 [C]. 中国黑龙江哈尔滨，2018.

[45] QI C，REMENNIKOV A，PEI L，et al. Impact and Close - in Blast Response of Auxetic Honeycomb - cored Sandwich Panels：Experimental Tests and Numerical Simulations [J]. Composite Structures，2017，180：161 - 178.

[46] PRATOMO A N，SANTOSA S P，GUNAWAN L，et al. Numerical Study and Experimental Validation of Blastworthy Structure Using Aluminum Foam Sandwich Subjected to Fragmented 8 kg TNT Blast Loading [J]. International Journal of Impact Engineering，2020，146（103699）.

[47] 杨德庆，吴秉鸿，张相闻．星型负泊松比超材料防护结构抗爆抗冲击性能研究 [J]．爆炸与冲击，2019，39（6）：124 - 135．

[48] 杨康尧．三维内凹蜂窝夹芯板抗爆性能仿真与优化 [D]．大连：大连理工大学，2019．

[49] KONG D，XU Y，SONG C. Dynamic Response of Composite Steel Lining Structure under Blast Loading [J]. Shock and Vibration，2020 （12）：2693659.

[50] 马洋洋，赵磊，吴成，等．多层复合抗爆结构的数值优化与试验研究 [J]．兵器装备工程学报，2019，40（6）：82 - 86．

[51] 孙晓旺，陶晓晓，王显会，等．负泊松比蜂窝材料抗爆炸特性及优化设计研究 [J]．爆炸与冲击，2020，40（9）：66 - 76．

[52] BAKIR M，BAHCECI E，MEYER J L，et al. Aromatic Thermosetting Copolyester Foam Core and Aluminum Foam Face Three - layer Sandwich Composite for Impact Energy Absorption [J]. Materials Letters，2017，196：288 - 291.

[53] TANG E，YIN H，CHEN C，et al. Simulation of CFRP/aluminum Foam Sandwich Structure Under High Velocity Impact [J]. Journal of Materials Research and Technology - JMR&T，2020，9（4）：7273 - 7287.

[54] ZHOU N，WANG J，JIANG D，et al. Study on the Failure Mode of a Sandwich Composite Structure Under the Combined Actions of Explosion Shock Wave and Fragments [J]. Materials & Design，2020，196 （109166）.

[55] LIANG M，LI X，LIN Y，et al. Theoretical Analysis of Blast Protection of Graded Metal FoaM - Cored Sandwich Cylinders/Rings [J]. Materials，2020，13（17）：390317.

[56] GARGANO A，DAS R，MOURITZ A P. Comparative experimental study into the explosive blast response of sandwich structures used in naval ships [J]. Composites Communications，2022：101072.

[57] 顾文彬，徐景林，刘建青，等．多层泡沫铝夹芯板的抗爆性能 [J]．含能材料，2017，25（3）：240 - 247．

[58] 杨曙光．常规武器爆炸破片与冲击波联合破坏效应数值模拟研究 [D]．兰州：兰州大学，2008．

[59]　袁海. 复合材料对多层防护舱壁结构抗爆性能的影响研究 [D]. 镇江：
　　　江苏科技大学，2018.

[60]　亓昌，郝鹏程，舒剑，等. 金字塔型点阵材料夹芯板抗爆性能仿真与优
　　　化 [J]. 振动与冲击，2019，28：245-252.

[61]　H L TAN，Z C HE，E LI，et al. Energy absorption characteristics of
　　　three-layered sandwich panels with graded re-entrant hierarchical
　　　honeycombs cores [J]. Aerospace Science and Technology，2020，
　　　106：106073.

第 8 章　试验技术

充分的地面试验是考核设计、获得裕度、验证接口、释放飞行风险的有效措施，"以飞行的状态参加试验，以试验考核的状态飞行"已成为世界范围内运载火箭领域的重要研制准则之一。对于动力冗余技术，除了开展传统的单机研制试验（如强度试验、振动试验、热环境试验、寿命试验、裕度试验等）和系统级匹配试验外，还需要设计专门试验，以考核电气系统、动力系统在故障诊断、容错重构和推力调节等方面的适应性，尤其是仿真试验和多系统联合试验。

本章重点介绍动力冗余相关的试验技术，主要包括仿真试验和实物试验两部分，涵盖数学仿真和半实物仿真试验、液体运载火箭发动机试验、交叉增压输送试验、POGO 抑制试验、动力系统试车和飞行搭载等实物试验的相关设计方法、流程、关键控制要素和部分典型案例。

8.1　仿真试验

8.1.1　概述

8.1.1.1　仿真技术发展历程

运载火箭仿真试验是以飞行器的运动情况为研究对象、面向复杂系统的仿真。它首先按照飞行器运动学、空气动力学以及飞行控制原理等有关理论建立起相关的数学模型，然后以此模型为依托进行模拟试验与分析研究。飞行仿真试验可贯穿航天产品研制、生产和使用的全部过程，包括对方案论证、技术指标确定、设计分析、生产制造、试验测试、维护训练和故障处理等各个阶段进行全面的系统分析和评估，具有成本低、见效快、安全可靠和可重复利用等显著优点。

"仿真是迄今为止最有效的、最经济的综合集成方法，是推动科技进步的战略技术"已成为业界共识。与实际飞行试验相比，系统仿真方法更快捷、更经济，也更易于实施；仿真试验的可重复性也大大地方便了结果的分析工作；更有效的数据采集和输出结果分析可使系统仿真的结果更准确、可靠。在系统分析和研究的过程中，系统仿真方法有着极为突出的地位和十分重要的作用。

运载火箭仿真技术根据其仿真模型类型和实现方式的不同，通常可递进分为数学仿真和半实物仿真。回顾仿真技术的发展历程，可将其划分为：专用仿真程序阶段、通用仿真软件阶段和多学科联合仿真阶段 3 个阶段。下面以动力系统仿真为例，说明这 3 个阶段的主要特点：

第一阶段是专用仿真程序阶段，其仿真是基于组件数学模型的。在发展初期，动力系统仿真组件模型多采用守恒定律、经验关系式或经典力学的基本方程组建立，形式上通常为常微分方程或者代数方程。这一阶段的仿真需要根据发动机系统组成，将组件对应的模型方程联立，并建立组件之间的数据传递关系，编制仿真程序进行求解分析。由于不同动力系统的增压输送系统组成和发动机循环方式不尽相同，因此这一阶段的仿真工作具有典型的"一机一程序"的特点，其优点是程序结构紧凑、运算速度快。但对于复杂系统而言，采用这种方法建立其仿真模型将是一件十分困难的工作。由于动力系统各组件之间相互耦联，参数相互制约，对系统每个环节的修改都可能导致整个仿真程序的修改，工作量大，程序的通用性差。

第二阶段是通用仿真软件阶段。对动力系统常用组件进行了整理划分，分别建立其数学模型，并打包成独立的程序模块。在独立程序模块的基础上，可设计出通用仿真软件，通用性软件汇集了动力系统中的增压输送系统、液体运载火箭发动机的常用组件，并可以根据要求进行组件模块的扩充。在仿真时，根据系统构成将组件模块进行排列组合，通过流量、压力及转速等参数建立组件间的联系关系，即可快速、便捷地针对不同动力系统性能仿真建模。这一阶段的代表性软件主要是美国普惠公司为 NASA 马歇尔太空飞行中心研制的火箭发动机瞬态仿真器 ROCETS（Rocket Engine Transient Simulation System）。ROCETS 软件包中包含了组成发动机系统的基本组件模型，其模型包含泵模型、涡轮、预燃室、主燃烧室、喷管、管路、阀门、阻尼器模型以及传热模型和低温介质模型等，可以满足绝大多数循环类型发动机的仿真要求。该阶段的主要特点是，仿真软件具备良好的图形界面，使用户与计算机的交互工作较为友好。同时，软件应具备完整的组件模型库以及模型之间的连接接口，可以迅速地根据动力系统组成搭建相应的仿真模型。

第三阶段是多学科联合仿真阶段，动力系统通用性仿真软件无疑是发动机动态过程仿真技术的巨大进步，但是究其根本还是停留在 0 维或者至多 1 维的系统动力学范畴，无法对动力系统与其他系统之间相互传递关系的详细工作过程进行描述，特别针对故障传递机理研究，需要多学科之间的联合仿真。美国的动力系统数值仿真（Numerical Propulsion System Simulation，NPSS）计划为该阶段典型代表。NPSS 的研究目标是以高性能计算平台为基础，以经过验证的动力系统各部件、系统及学科的工程模块为核心，对动力系统的性能、稳定性、费用、寿命及取证等进行快速的、可支付得起的数值仿真计算，所使用的模型涉及流体力学、传热、燃烧、结构强度、材料、控制、制造和经济等多学科领域，形成航空航天动力系统"数字试车台"，得到可用于工程分析的处理结果，并最终实现动力系统/飞行器的一体化综合仿真。

8.1.1.2　仿真技术应用需求

传统火箭仿真试验重点关注各系统内部的自身性能满足情况，对于系统间的试验和测试手段相对有限。动力冗余火箭采用了多策略故障诊断、在线规划与自适应控制、天地协同故障诊断等新技术，而这些新技术的应用都不具备开展大量飞行试验的条件，为了保证故障诊断、自适应重构算法的正确性与可靠性，必须在地面进行充分的数字/半实物仿真试验。基于总体飞行综合性能多专业联合仿真技术，可以对火箭的故障检测算法、在线规划与自适应控制能力、箭地协同接口界面和任务分工以及箭上相应的单机设备进行全面的仿真验证，对火箭在各种故障工况下的适应能力进行综合评估，提升运载火箭的容错性、安全性和可靠性。

在智能飞行综合性能仿真方面，在飞行过程中采取在线故障诊断、在线弹道规划、自适应制导及控制重构等工作，在非致命故障（运载能力损失、控制能力受限以及测量信息异常等）、复杂飞行环境和不确定性干扰条件下，提高火箭飞行的任务自适应能力，提高可靠性和智能化水平。由于飞行试验验证样本数量的有限性，以及故障重构研制要求的特殊性，为了在飞行前对相关技术进行演示验证，急需开发智能飞行综合性能仿真验证与评估系统，以支撑智能技术、数字孪生技术等先进技术在未来弹箭型号中的应用，从根本上提升运载火箭对故障的适应能力，提高运载火箭的飞行可靠性。

在协同设计仿真方面，运载火箭在故障等非正常工况工作条件下，其气动特性、控制能力、任务特性等相对于传统运载火箭均有较大不同，需要快速精确地完成在线弹道优化及制导指令生成，同时还要实现高效且鲁棒性好的姿态控制品质，还要求在故障条件下具备一定的重构能力。传统的各专业解耦设计方式难以满足运载火箭新的设计需求，需要使用多专业协同设计方法开展专业设计工作，因此有必要建立一个覆盖飞行全过程的、能够对涉及多个专业间交互的复杂设计问题进行仿真分析的、满足型号快速设计验证需求的仿真系统，并形成一套跨系统、跨厂所的多专业联合设计仿真工作模式，通过对设计结果进行更为全面、系统、精细化的闭环验证和快速迭代，提升型号研制效率与设计水平。

8.1.2　数学仿真

传统上，为实施火箭的数学仿真，对动力学仿真模型中的参数多采用离线计算和在线插值的方法，这种模式符合传统液体运载火箭设计各专业的分工界面，同时能够节省实时运算量、降低仿真开销，但这种模式使得各专业间在独立串行设计过程中参数设计趋于保守，而且无法准确考虑同源偏差和故障带来的影响，同时难以解决专业耦合的问题，各个专业难以分析自身对下游的影响，设计部门缺少一个闭环、耦合的仿真环境。随着航天技术发展，交叉耦合问题越来越突出，如控制重构、载荷控制、POGO、故障模拟仿真，只能通过集成设计仿真环境解决。下文不再介绍传统的单专业仿真，重点说明有限专业联合仿真甚至多专业协同仿真的应用。

8.1.2.1　有限专业耦合数学仿真

几个专业联合数学仿真，需要将仿真动力学模型与火箭飞行六自由度动力学模型按一定规律耦合在一起，对火箭进行参数化、模块化建模，统一求解，实现火箭的综合性能闭环仿真，为总体各专业提供一个操作便利、能闭环仿真的平台，可以量化分析自身专业设计变化对全箭飞行品质的影响。根据不同的专业特点，形成运载火箭总体多专业联合数学仿真体系。针对 T（弹道）、GNC（制导、导航、控制）、D（动特性）、L（载荷）、P（动力）专业，分别可形成 TGNC（弹道、制导与姿控一体化仿真）、CDL（控制闭环下的飞行载荷计算）、CDP（运载火箭纵横扭大回路耦合分析）多专业耦合分析平台。

弹道、制导与姿控一体化仿真统一建立飞行动力学模型，开展弹道、制导、导航、控制协同仿真，进一步提高全弹道仿真准确度，解决单一专业无法精细分析的 q_a 值、姿态散布等问题；控制闭环下的飞行载荷计算在弹道、制导与姿控一体化仿真的基础上增加载荷计算，完成控制闭环下的飞行载荷仿真计算，复核载荷设计的完备性，掌握设计裕量；运载火箭纵横扭大回路耦合分析将控制引入动力系统，实现结构、控制、POGO 一体的全箭大回路耦合分析与仿真，解决复杂动力学模型下的稳定性问题。

（1）弹道、制导与姿控一体化仿真

弹道、制导与姿控一体化仿真是在 3 个专业高度耦合的背景下发展起来的。从理论上讲，这 3 个专业使用的动力学模型本身就是统一的，由于设计工作侧重点不同，使用了同一模型体系的不同表现形式并进行了适当简化。目前，3 个专业完成设计后，分别根据自己关注的设计内容进行仿真，但 3 个专业关注的内容又有重叠。例如高空风 q_a 值，由于在数学模型方面进行了不同的简化，导致各专业的仿真结果存在差异，且仿真结果不能直接用于载荷设计的依据，需要进行适当综合留取一定余量后作为载荷设计依据，精细化设计水平有待提高。弹道、制导与姿控一体化仿真技术是将飞行质心动力学模型、绕心转动动力学模型、制导控制模型、姿态控制模型等纳入全量六自由度弹道计算仿真模型中，在考虑刚体转动动态响应特性的基础上实时计算火箭姿态，控制姿态偏差的发动机摆角等信息则通过校正网络传给伺服机构，实现全箭弹道、制导和姿态控制的全量闭环回路仿真，实现弹道、制导、姿控一体化将消除不同专业在 q_a 值计算、动态减载效果评估等方面的不协调。弹道、制导与姿控一体化联合仿真功能结构图如图 8-1 所示。

（2）控制、动特性、载荷一体化仿真

传统的载荷计算包括气动载荷、操纵载荷、晃动载荷和弹性载荷等。气动载荷和操纵载荷是载荷专业依据姿控专业提供的攻摆角静态计算结果所计算得出的，由于未考虑控制系统间各个参数的相互影响，为开环载荷计算。由于静态计算提供的攻摆角具有一定的保守性，相应的开环载荷在气动载荷和操纵载荷这两部分具有一定的保守性。同时，由于静态计算的限制，不能考虑摆动惯性力、气动阻尼力等产生的附加载荷，在进行晃动载荷和弹性载荷的计算中无法充分考虑控制的加入对这两部分载荷的影响。因此开环载荷计算一方面具有一定的保守性，另一方面也不够全面完整，鉴于此有必要开展控制闭环仿真条件下的载荷计算，即闭环载荷计算。闭环载荷计算能够真实反映火箭在飞行过程中的箭体各个部段所受的载

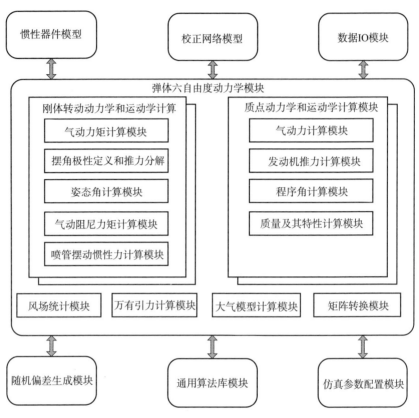

图 8-1　弹道、制导与姿控一体化联合仿真功能结构图

荷，对复核载荷设计的完备性和设计裕量具有重大意义。此外，闭环载荷计算还能够验证主动减载方案对载荷计算的影响，是闭环载荷效果评估的有效手段。

　　控制闭环下的飞行载荷计算是在弹道制导姿控六自由度仿真的基础上，对全箭各质量站点上所受外力进行分析，计算全箭各个质量站点以及捆绑连接杆系受到的载荷。通过控制闭环下的飞行载荷计算可对开环载荷计算结果进行复核，确保结构设计结果能够覆盖上天飞行中的各种工况；摸清载荷设计余量，为结构强度设计提供设计依据，减小载荷计算所带来的风险；对主动减载方案所带来的减载效果进行评估，确保主动减载参数设计合理、有效，达到真正意义上的载荷与控制联合设计。控制闭环下的飞行载荷计算联合仿真功能结构图如图 8-2 所示。

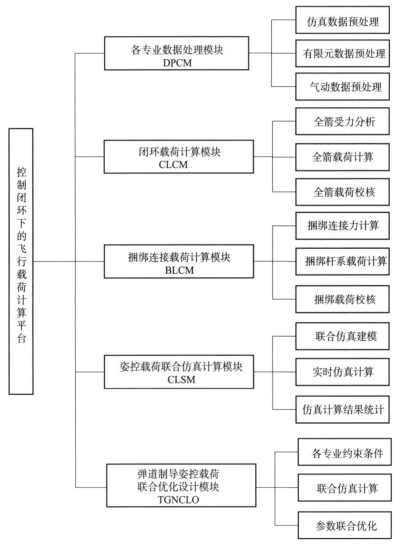

图 8-2 控制闭环下的飞行载荷计算联合仿真功能结构图

（3）控制、动特性、动力一体化仿真

运载火箭纵横扭大回路耦合分析对大型捆绑式液体运载火箭尤为重要，因为很多模态通常为空间耦合模态，在纵、横、扭方向均有显著的分量，同一模态可能同时与动力系统和控制系统都发生耦合。在我国传统火箭设计中，由 POGO 专业负责全箭轴向振动稳定设计，由姿态控制专业负责横向振动与扭转振动的稳定设计。在假设火箭出现 POGO 振动的前提下，由 POGO 专业提供推力脉动的幅值与频率，由姿态控制专业仿真分析姿态控制系统对不同脉动推力的忍受能力。这是一种开环的分析方法。

闭环的分析方法也就是纵横扭动力学耦合分析，将姿态控制系统回路和 POGO 回路放在一起进行稳定性分析与时域仿真（即姿态控制-POGO 联合分析），仿真过程中将 POGO 回路中产生的脉动推力引入姿态控制回路中，从而使姿态控制系统回路因脉动推力的影响而产生结构的振动，将这一结构振动引入 POGO 回路中，进而实现姿态控制系统与 POGO 系统的联合仿真。运载火箭纵横扭大回路耦合分析联合仿真功能结构图如图 8-3 所示。

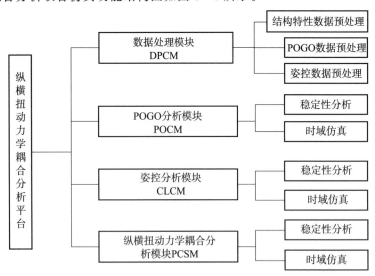

图 8-3 运载火箭纵横扭大回路耦合分析联合仿真功能结构图

8.1.2.2　多专业协同仿真

运载火箭为一个变质量动力学系统，传统上，采用固化系数法开展动力学参数计算与仿真。为实施运载火箭的动力学仿真，对动力学模型参数多采用离线计算、在线插值的方法，这种模式能够节省实时运算量、降低仿真开销，但容易导致多参数在不同专业之间传递后出现方法误差，在偏差状态下，这种情况特别明显。比如一个变量 A 是变量 B 与 C 的基础变量，仿真模型只对变量 B 与 C 综合分析后各自取偏差，偏差取法不体现 B 与 C 由于共同变量 A 作用导致的关联性，因此偏差状态可能不合理；此外，在故障仿真中，传统模式无法准确或者不方便考虑同源故障带来的影响，比如在一次仿真中，助推器没有正常分离，则火箭惯量、质心位置、飞行轨迹、飞行姿态，乃至发动机推力计算都会同时受到影响，在传统的动力学仿真中，很难一次将这些影响因素考虑齐全、准确。

协同设计数学仿真中用到的源变量即基础物理变量，对飞行力学模型中的变量尽量采用相对基础的物理变量表达，并实施在线计算（见图 8-4），这就是协同设计数学仿真方法的核心思想。源变量仿真方法的提出，目的是克服传统火箭动力学仿真方法对于偏差与故障工况模拟能力的不足。实施源变量仿真的前提是计算机能力足够强，且源变量模型规模适度，仿真算法适当优化。动力学模型主要为描述火箭运动学与动力学的模型体系，并深入火箭总体各个专业计算模型内部，即凡是能够采用数学模型（代数——微分方程）表达，且适合于基于仿真模型在线计算的模型都可能被纳入这个模型体系中，因此这也是一个"广义"的飞行力学模型。源变量模型体系一般包含箭体动力学模块（刚体质心动力学方程、刚体绕心动力学方程、气动力与力矩方程、引力方程、干扰力和力矩方程、推进剂晃动运动方程、箭体弹性振动方程、各类补充方程等）、发动机模块（推力矢量计算）、火箭质量特性计算模块、利用系统仿真模型、气动计算模块、箭机模块（导航解算方程、制导方程、姿态控制方程）、飞行载荷计算模块等。

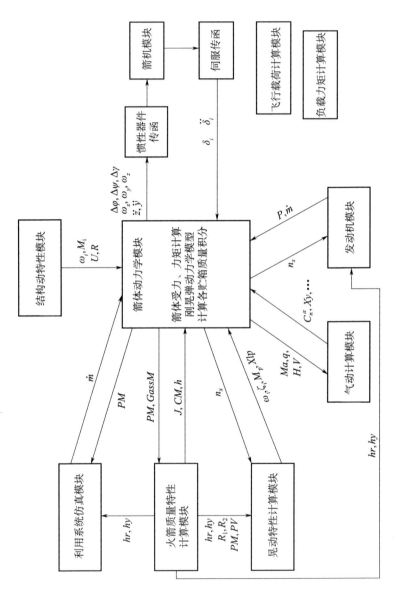

图 8 - 4　基于源变量的多专业协同仿真

8.1.2.3 典型案例

协同设计数学仿真在总体多专业联合仿真与故障定位发挥了重要作用，这里给出两个典型应用案例。

案例一：某火箭 A 飞行至约 350 s，芯级 1 台发动机发生故障，不仅引起发动机推力下降，还对全箭的质量特性带来了影响，包括质心位置和转动惯量等参数。此外推力下降将制导和姿控耦合在一起，给故障定位与复现带来一定难度，采用原有的各专业独立的仿真平台，无法准确复现飞行的故障现象。采用源变量协同数学仿真准确模拟出该芯一级发动机故障后的飞行姿态与推力变化，通过仿真证明，1 台分机推力下降，且尚有残余推力的模式是导致 350 s 后飞行姿态异常的原因，仿真结果如图 8-5 和图 8-6 所示。

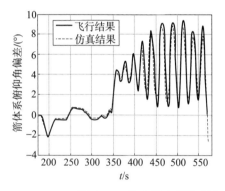
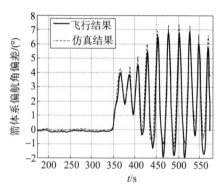

图 8-5 某火箭 A 箭体姿态角偏差仿真与飞行结果比较图

案例二：某火箭 B 姿控喷管反接故障模式定位的最大难点在于对干扰源的分析，采用现有的仿真分析软件可以初步辨识出总干扰力的大小和方向，但无法进一步辨识各单项干扰因素的具体值。单项干扰因素包括推力偏差、推力线偏斜、质心横移和转动惯量偏差等，这给故障精确定位带来了一定难度。采用源变量协同数学仿真可以定量分析同源干扰的影响，可以在仿真中将各种单项干扰独立精确建模。由遥测曲线可知，在 780 s 之前以三通道姿态角速度偏差

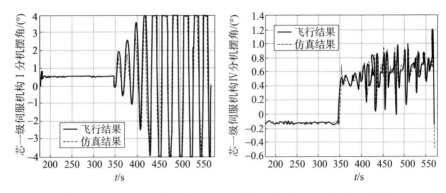

图 8 - 6　芯一级伺服机构Ⅰ、Ⅳ分机摆角仿真与飞行结果比较图

为目标函数,采用优化算法进行偏差辨识,将辨识得到的偏差代入动力学方程验证,准确地复现了飞行故障结果,如图 8 - 7 所示。

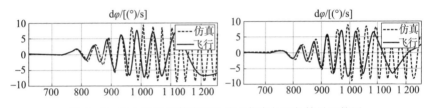

图 8 - 7　某火箭 B 箭体姿态角偏差仿真与飞行结果比较图

8.1.3　半实物仿真

8.1.3.1　半实物仿真技术概述

半实物仿真是介于数学仿真和实物仿真之间的一种仿真技术,在仿真系统中采用部分实际的物理系统替代部分纯数学仿真模型,采用快速实时的仿真算法,系统完全模拟与外部实际时间相同的时间,实时获取外部输入并对外输出信号的仿真过程。

半实物仿真填补了数学仿真与实际外场试验之间的空档。数学仿真虽然效费比较高,但其置信度不高,因为许多数学模型是理想化的,且诸多子系统之间的相互作用难以预测和建模。而半实物仿真能够把系统内部主要部件置于回路中对系统进行仿真，避开了数学建模的复杂性和不准确性，提高了仿真的精度和结果的可靠性。另一方面，在半实物仿真中，可重复的仿真条件还可以验证数学仿真数据的可靠性、可用性和可维护性。然而正是由于系统中引入了实际物理系统与数学模型进行协同仿真，增加了系统的复杂性，对系统的实时性也提出了更高的要求。

8.1.3.2　半实物仿真实现方案

如前所述，半实物仿真就是在计算机仿真回路中接入一些实物，以取代相应部分数学模型的系统仿真。因此，半实物仿真系统主要由仿真机系统、箭载实物和环境模拟设备组成。下面重点介绍接入的箭载实物和环境模拟设备。

（1）运动仿真器

运动仿真器包括角运动仿真器（通常使用飞行仿真转台）和线加速度仿真器两类。飞行仿真转台就是在实验室条件下安装敏感装置并且复现运载火箭绕心运动的环境模拟设备。它将仿真机输出的姿态角或角速度电信号转换成陀螺仪、飞行平台等能够敏感的姿态角或角速度机械信号。线加速度仿真器能够将仿真机输出的运动体质心各向线加速度电信号转换为加速度计能够敏感的机械线加速度，在一定程度上复现箭体的质心运动。

（2）负载台

在仿真过程中，火箭发动机并不点火，为了模拟出火箭真实飞行时的受载情况，需要引入负载台设备，包括摆发动机负载台。摆发动机负载台以真实的发动机作为加载对象，能够模拟惯性力矩、位置力矩、偏心力矩和摩擦力矩。经过仿真验证测试，在负载台的参试情况下，执行机构的动特性较为接近热试车状态。同样，对于小型运载器和固体发动机，可利用舵机负载台和柔性喷管负载台模拟各种负载情况。

（3）数学模型和等效器

在通常的运载火箭控制系统六自由度半实物仿真系统中，敏感装置（陀螺仪、加速度计）通常作为实物部分接入整个仿真系统进行回路研究。然而敏感装置是精密仪器，工作寿命有限，成本较高，因此在一般的半实物仿真系统或整个系统的研发调试阶段，经常用敏感装置的数学模型或等效器代替实物接入整个半实物仿真系统。

（4）电气匹配和接口设备

在半实物仿真系统中，涉及数学和实物仿真之间的交叉，且实物多样性强，各个接口之间存在种种差异。为了实现这些实物和数字化系统之间进行实时而有效的信息交换，匹配技术和接口设备是必不可少的。常用的包括 A/D、D/A、V/F、I/F、V/T 等模板和相应的实物控制台等。

8.1.3.3　典型案例

以箭上飞行软件执行轨迹重规划及控制重构技术的仿真试验为例，通过半实物仿真验证技术手段，对控制系统的设计方案、GNC算法、电气接口、工作流程进行验证，以及对飞控软件产品的匹配性、正确性和可靠性进行考核。

（1）硬件环境

运载火箭轨迹重规划及控制重构技术仿真验证系统在数字仿真系统的基础上拓展而来，实现对轨迹重规划及控制重构技术的设计分析、仿真验证、测试联试以及系统软硬件产品的动静态性能检验。

该平台主要框图如图 8-8 所示，仿真验证系统如图 8-9 所示，主要包括：试验总控系统、飞行实时仿真系统、箭上电气模块及仿真演示系统。

试验总控系统负责全系统的综合调度和管理，可以对仿真设备和试验对象进行初始检测和配置，完成仿真诸元的读取和发布，可以控制系统试验的开始、暂停和终止，可以对试验数据进行实时采集、记录、显示和分析。

飞行实时仿真系统包括两台机器，采用实时操作系统，其中一

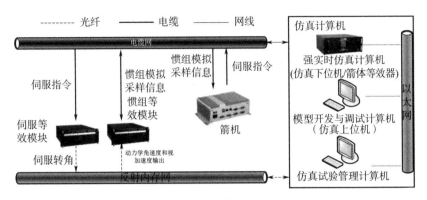

图 8-8 箭机＋数学仿真框图

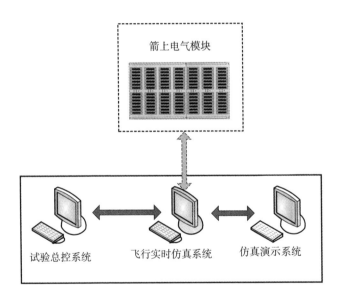

图 8-9 运载火箭轨迹重规划及控制重构技术仿真验证系统

台的主要功能是实时运行箭体飞行动力学软件和模拟惯性器件和伺服机构特性,并采用真实接口输出,驱动硬件接口设备以指定格式的通信编码和通信周期实现仿真程序与外部仿真设备和试验对象的数据交互,实时采集、记录、显示和分析系统运行的相关参数;另一台的主要功能是模拟箭机系统，完成箭上软件的计算仿真。两台仿真机均采用了实时仿真系统，可以相互调换，扩展系统功能。

仿真演示系统主要包含一台高清电视和相应的视频连接线，用于仿真曲线演示和 FlightGear 视景系统的飞行演示。

（2）软件条件

实时仿真软件提供采用 RTOS-32 开发的实时软件开发模板，开发框架包括 RTOS-32、板卡驱动，并提供实时任务的开发模板。

仿真控制台软件运行于试验总控系统中，主要负责全系统的综合调度和管理，可以对仿真设备和试验对象进行初始检测和配置，完成仿真诸元的读取和发布，可以控制系统试验的开始、暂停和终止，完成仿真节点状态监测、仿真数据采集、记录、显示，仿真异常处理和保护。

计算模块接口规定实时仿真机中支撑环境与专业计算模块之间的接口要求：专业计算模块采用标准 C 语言编写，供实时仿真机底层支撑软件统一调用。仿真初始化部分采用文件方式装定，通过试验总控系统统一下传至仿真机，实现不同飞行任务的仿真功能；实时仿真机内部各调用模块的仿真周期可独立配置。

（3）仿真试验

①控制系统回路开环功能测试

将实时仿真机、转台、惯组、箭机、伺服连接成 GNC 小回路系统，如图 8-10 所示，通过改变程序角或通过转台施加指令验证控制系统功能，测试软、硬件接口的匹配性，包括制导系统功能试验、姿态控制系统功能试验。

②控制系统回路闭环性能测试

在闭环试验中，仿真下位机运行箭体六自由度仿真模型，输出箭体姿态和位置信息，并作为转台激励信号，通过箭机产生控制指令驱动伺服机构（并考虑负载模拟器），下位机同时接收伺服摆角反馈信息，作为动力学仿真输入信号，整个控制回路实现闭环，仿真视景同比例展示如图 8-11 所示。

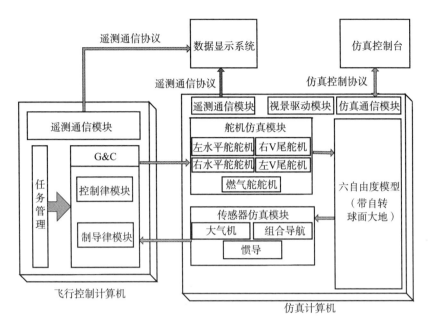

图 8-10 半实物仿真原理框图

图 8-11 仿真视景展示

在飞行仿真至指定时间时注入典型推力下降故障,通过飞行箭机软件先后进行推力下降故障辨识和任务重构,获取火箭重构后的飞行结果参数。

③飞行过程全系统仿真性能测试

以某运载火箭为例,在二级飞行段,发动机有两种工作模式:主机大推力模式和游机小推力模式,小推力模式推力约为大推力的

5.9％。整个二级飞行段分为 3 个阶段：第 1 阶段和第 2 阶段处于大推力模式，整流罩在第 1 阶段结束后分离，第 3 阶段处于小推力模式。为了在正常飞行任务中模拟出动力系统故障工况，构造了超高推力模式，即大推力模式的推力增加 10％ 为初始工况，当二级飞行到固定时刻时，切换为标准大推力模式，从而模拟飞行推力下降故障。

模拟超高推力状态，芯二级大推力增加 10％，推进剂流量不变，小推力档位不变，耗尽推进剂，到达近地点最高的圆轨道。半实物仿真结果曲线如图 8 - 12 所示。规划得到的轨道半长轴为 7 180.975 km，轨道偏心率为 0.001。目标轨道高度约 700 km，比理论弹道 600 km 目标轨道高约 100 km。

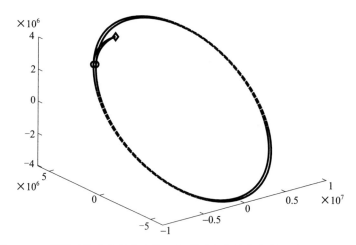

图 8 - 12　模拟无故障大推力火箭二级弹道半实物仿真结果曲线（见彩插）

任务重构的目标为优化各阶段的飞行时间，使其在推进剂耗尽的情况下进入最高共面圆轨道。半实物仿真轨迹结果曲线如图 8 - 13 所示。规划得到的轨道半长轴为 7 100.412 km，轨道偏心率为 0.001，与理论弹道 600 km 目标轨道结果一致。

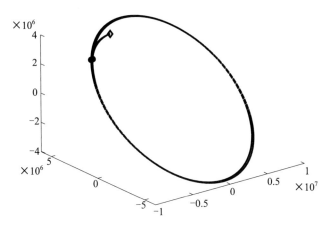

图 8 - 13   模拟推力下降故障火箭二级弹道半实物仿真轨迹结果曲线（见彩插）

8.2   实 物 试 验

　　液体运载火箭动力系统从方案论证、初样设计以及试样飞行阶段，均需要开展大量的试验工作，而动力冗余技术的研究和验证同样离不开大量的试验研究。

　　根据试验对象的不同，一般可以划分为液体运载火箭发动机试验、增压输送系统试验以及动力系统试验；按照试验实施阶段的不同，又可以划分为预研阶段、方案阶段、初样阶段以及试样阶段开展的试验。

8.2.1   液体运载火箭发动机试验

　　液体运载火箭发动机地面试验包括部组件试验和整机试验等，发动机各部组件的性能满足一定要求是发动机性能满足设计要求的前提，因此在发动机研制的前期需要进行大量的部组件试验（冷调、热试、联试等）。在各部组件试验完成后，将它们组成完整的发动机进行试验，能够对发动机各部组件间的工作协调性进行检验，暴露在部组件级试验中没有出现的问题，进而调整发动机工作状态，最终获取发动机的各项性能指标。

发动机推力调节系统方案确定后，需要结合发动机推力调节仿真分析，开展一系列的组件、系统级试验，以验证发动机各组件的变工况适应性、发动机推力调节系统方案的正确性，在此列举出其中一些核心试验项目。

8.2.1.1 关键部组件试验

（1）燃烧室

推力室、燃气发生器都属于燃烧室，研制前期燃烧室性能一般通过挤压试验来摸索。燃烧室燃烧装置挤压试验的主要目的是考核燃烧装置在不同工况下的点火及关机特性、燃烧稳定性和结构强度等。在发动机推力调节过程中，燃烧装置的流量、压力、喷注器压降等参数会在一定范围内连续变化，其燃烧特性也会随之发生变化。若调节过程中参数匹配不当，或燃烧装置抗扰动的能力不足，就可能导致燃烧装置无法维持正常燃烧，或激发不稳定燃烧。无法维持正常燃烧将导致发动机非正常熄火，而不稳定燃烧会危及发动机的工作安全。因此，需要开展专门的燃烧装置挤压试验，以验证其在不同工况下的燃烧稳定性。典型的燃气发生器挤压试验原理图如图 8-14 所示。

（2）涡轮泵

涡轮泵是液体运载火箭发动机的心脏，发动机推力调节一般通过调节推进剂流量实现，这就要求涡轮泵能够在一定的流量范围内稳定工作，涡轮泵的性能对控制发动机推力、混合比起着决定性的作用，如图 8-15 所示。涡轮泵试验一般包括泵试验、涡轮试验、轴承试验、密封试验、燃气发生器-涡轮泵联动试验等。

（3）阀门

发动机的起动、关机均通过阀门进行控制，对于具备变推力能力的发动机，其推力的调节也均通过流量调节阀来实现。流量调节阀的调节特性和调节能力直接影响着发动机的推力调节控制方案和推力调节能力，因此必须开展流量调节阀的调节特性试验，获得调

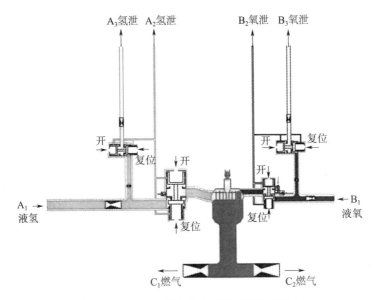

图 8-14　典型的燃气发生器挤压试验原理图

图 8-15　涡轮泵模型

节阀中介质流量与入口压力和阀门开度之间的关系，以及阀门在特定控制方案中的调节能力。阀门性能一般通过阀门液流试验来考核，典型阀门液流试验系统示意图如图 8-16 所示。

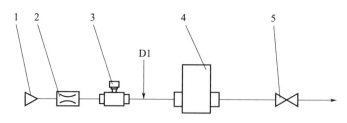

图 8 - 16　典型阀门液流试验系统示意图

1—贮箱；2—流量计；3—台上截止阀；4—流量调节阀；5—气蚀管

8.2.1.2　整机地面试验

　　发动机在完成燃烧室、涡轮泵联动装置、阀门等部组件自身试验后，还要将其组成完整的发动机进行试验，如图 8 - 17 所示。发动机整机地面试验的主要目的是检验发动机各组件间的工作协调性，并检验、调整发动机性能。

图 8 - 17　发动机整机试车

　　在每个组件单独进行试验时，其工作环境、工作状态均与其在组装成发动机后不同，由于其不受其他部组件的影响，其工作特性可能会发生变化。例如发生器-涡轮泵联动试验中涡轮泵工作不会受到推力室的振动影响。在进行推力室挤压试验时，其推进剂入口压力也不会受到泵后压力脉动的影响。因此，部组件单独试验时未出现的问题，在整机试验中能够暴露出来，各组件间的工作特性是否匹配也只能在整机试验中进行检验。

在各部组件单独进行试验时，各部组件性能均达到了设计要求，但组成完整的发动机后，各组件间的耦合作用就开始显现出来，发动机工作性能不一定能够达到预期的状态。因此，需要不断地进行"地面试验、获取数据、调整优化、地面试验……"的迭代，以逐步使发动机的各项指标满足设计要求。

对于变推力火箭发动机，还需要专门开展工况下限的适应性试验，验证发动机整机在低工况下的工作适应性，保证发动机能够在推力下限平稳、可靠地工作。低工况适应性试验既可以在试车时将额定参数直接设定为低工况，也可以通过先达到设计额定工况，再调节至低工况的方式实现。

变推力发动机还需要开展控制方案和控制算法的整机验证，即通过发动机整机试验验证推力调节控制方案的合理性，保证发动机可以通过该控制方案实现预定的推力调节范围；通过发动机整机试验验证控制算法的有效性，保证控制算法可以满足总体对发动机推力调节响应速度和调节稳定性的要求。

8.2.2　交叉增压输送试验

交叉增压输送地面试验包括关键组部件试验和系统试验等。其中，关键组部件级试验的主要目的是验证交叉增压输送系统密封、连接与分离的可靠性，开展隔离活门的气动螺栓分离和气动分离验证试验。系统试验的主要目的是研究交叉增压输送系统工作特性，辨识关键影响因素，探究不同工况下交叉增压输送控制方法，分析交叉增压输送系统故障工况的适应性。

8.2.2.1　关键组部件试验

交叉增压输送系统的关键组部件包括隔离密封阀门和分离接头等。通过隔离密封阀门打开、关闭性能试验，验证隔离密封阀门密封的可靠性等；通过分离接头分离试验，验证锁紧/解锁装置的工作性能，获取分离过程的冲击载荷及对周围装置的影响是否可控。典型的连接-分离结构件示意图如图 8 - 18 所示。

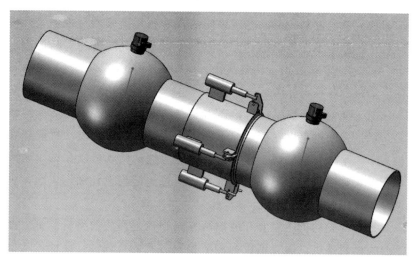

图 8 - 18　典型的连接-分离结构件示意图

8.2.2.2　系统试验

（1）试验必要性和目的

由于气液流动的自身复杂性，交叉增压输送系统试验是考核系统增压、流动和传热传质特性的重要试验，具有数值仿真不可替代的效果。目的是通过试验，对主要关键技术原理进行初步验证，研究交叉增压输送系统的工作特性，辨识交叉增压输送、交叉增压关键影响因素及其控制策略，为后续工程应用提供有力支撑。

（2）试验系统

试验系统一般由增压系统、贮箱系统、输送系统以及配套的加注系统、供配气系统、控制系统和测量系统组成，如图 8 - 19 所示。试验以常温水作为工质，使用惰性气体给模拟贮箱增压。

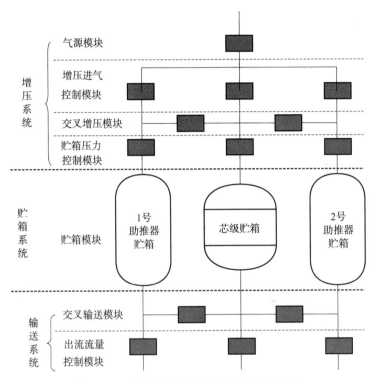

图 8 - 19　交叉增压输送系统试验方案原理图

1) 增压系统包括气源模块、增压进气控制模块、交叉增压模块和贮箱压力控制模块。主要功能是为推进剂贮箱提供稳定的氮气增压压力，满足助推器贮箱和芯级贮箱在多种流量下的气枕压力稳定，同时在各增压气路之间设置交叉管路，对交叉增压技术进行验证。其中，气源模块包括气瓶和减压器等，能够提供稳定压力供气；增压进气控制模块包括控制阀和声速喷嘴，控制进入贮箱的气体流量；交叉增压模块包括流量计和隔离阀等，实现各贮箱之间增压气体的交叉增压输送；贮箱压力控制模块包括压力自动调节仪、主增阀和调增阀等，用于贮箱压力调节。

2）贮箱系统用于存储模拟推进剂工质的常温水，包括两个助推器贮箱和一个芯级贮箱，贮箱设置安全阀、排放阀或液位计和压力测点等，以保证试验安全进行和关键参数的采集。

3）输送系统包括交叉增压输送模块和出流流量控制模块，主要功能是在贮箱和模拟发动机（流量调节阀）之间建立液路连接，控制各贮箱内推进剂流出的开启和关闭，并调节推进剂的流量和流向，实现对推进剂独立输送和交叉增压输送两种工况的模拟。其中，交叉增压输送模块包括隔离阀、流量计和压力传感器等，用于交叉增压输送控制，出流流量控制模块包括主阀、水泵、流量计和流量调节阀。

4）加注系统包括加注泵、加注阀和过滤器，用于水加注。

5）供配气系统的功能是驱动气路和液路上各气动阀门的启闭，从而实现对增压和输送系统的各气路和液路的控制。

6）控制系统和测量系统负责输出控制信号和系统参数，控制系统内所有的电控阀门，以实现试验方案预设的控制时序和气液流量调节功能；同时，监测、采集和记录试验系统内的液位、流量和压强等物理量，为输送系统的实时控制和调节功能提供参数，并为后续试验数据分析提供依据。

（3）试验主要流程

根据试验研究内容，整个试验按以下步骤进行：

①独立出流试验

试验包括芯级贮箱和助推器贮箱各自独立增压输送，目的是调试系统参数、增压进气流量、阀门开关时序，以及流量调节阀开度等。

②隔离阀控制交叉增压输送试验

芯级贮箱出口、交叉增压输送管路设置隔离阀，可分为以下两种工况：芯级贮箱出口隔离阀关闭、交叉增压输送隔离阀打开，由助推器贮箱向助推器发动机和芯级发动机供应推进剂；交叉增压输送隔离阀关闭、助推器增压进气阀关闭、芯级贮箱出口隔离阀打开，助推器发动机停止工作，芯级发动机继续工作。

开展芯级贮箱有隔离阀状态下的交叉增压输送试验，包括助推器贮箱不同气枕压力工况、两个助推器贮箱偏差加注工况等试验工况。目的是验证隔离阀控制芯级贮箱出流的状态下，交叉增压输送是否能够顺利进行；研究该状态下助推器贮箱增压压力的需求；验证该状态对助推器贮箱液位偏差的控制能力；研究隔离阀切换时序对流体流动特性的影响。

③压力控制交叉增压输送试验

开展芯级贮箱无隔离阀状态下的交叉增压输送试验，由贮箱压差控制芯级贮箱不出流，包括助推器贮箱不同压力工况、助推器液位偏差工况等试验工况。目的是验证靠贮箱压力差控制芯级贮箱不出流的状态下，交叉增压输送是否能顺利进行；研究助推器贮箱增压压力对芯级出流/回流的影响；验证该状态对助推器贮箱液位偏差的控制能力。

④交叉增压试验

模拟自生增压方案下的交叉增压工作，在交叉增压输送阶段，芯级贮箱不增压，芯级自生增压气体通过交叉增压管路分别进入两个助推器贮箱，与各助推器自身的增压气体混合，共同为贮箱增压；交叉增压输送阶段结束后，芯级贮箱主增压打开，交叉增压隔离阀关闭，芯级自生增压气体进入芯级贮箱增压。

⑤故障模式试验

分别针对隔离阀控制和压力控制交叉增压输送状态，设置助推器发动机故障关机和芯级发动机故障关机两种故障模式，研究两种形式交叉增压输送系统对不同故障工况的应对能力，验证交叉增压输送系统能否在发动机故障关机的情况下顺利完成剩余推进剂平稳输送的任务；研究故障工况下交叉增压输送系统的应对策略。

（4）试验注意事项

试验初始状态设置正确，主要包括贮箱初始液位、初始气枕压力等；增压孔板孔径匹配，根据不同的试验工况，选择与增压需求相匹配的增压孔板，保障试验过程中的增压能力；设置最低安全液位，防止贮箱内工质耗尽，造成泵空转损坏；注意试验环境温度，如温度过低可适当采取贮箱和管路加热等措施，防止试验介质结冰影响试验结果。

8.2.3　POGO 抑制试验

POGO 抑制试验的主要目的是获取泵的动态特性参数，为液体运载火箭 POGO 抑制设计提供输入数据；获取不同工况下蓄压器的实际性能参数，为 POGO 抑制设计提供输入数据，验证液体运载火箭推进剂输送系统动态特性的理论分析结果。一般分为泵的动态特性试验和输送系统的动态特性试验，除所有发动机均正常工作的标准飞行工况外，针对动力冗余涉及的部分发动机关闭或推力调节后多机并联输送系统特性需同步开展试验研究。

8.2.3.1　泵动态特性试验

（1）试验必要性和目的

发动机泵既是动力系统压力脉动的一个激励源，同时也对压力脉动的传递特性有着关键性影响。国内外学者研究建立了多种泵动特性预示的模型，但都需要通过试验获取必要的模型参数，一般理论计算结果偏差较大，且存在一定的局限性。因此，泵动态特性试验是 POGO 抑制设计的一个重要环节。

动态特性试验是为了获得泵的气蚀柔度和动态增益参数，通常用水作为试验介质。通过对泵前管路中的流体进行扫频激励（或随机激励），同时测量泵入口管路中的压力脉动，通过泵运转前后泵前管路中流体一阶频率的变化来计算分析气蚀柔度参数。在泵的不同运转工况下，在泵前管路上对试验系统内的流体施加不同频率的定频激励，同时测量泵入口和出口的压力脉动，通过压力脉动数据分析泵在不同频率下的动态增益参数。

（2）试验系统

泵的动态特性试验系统一般由试验贮箱、隔离贮箱、激励系统、泵及其驱动装置、节流孔板、调节阀门、管路和测量系统等组成，如图 8 - 20 所示。

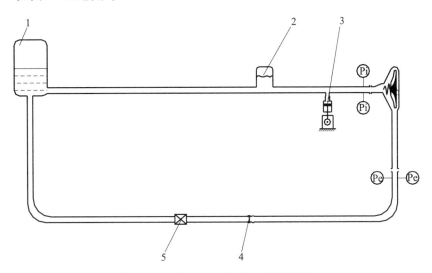

图 8 - 20　泵动态水试试验系统原理图

1—试验贮箱；2—隔离贮箱；3—激励系统；4—节流孔板；5—调节阀门

（3）试验主要流程

首先开展泵不运转时的试验。将泵前管路封堵，按要求对试验系统增压，进行正弦扫描激励，判断泵前管路在泵不运转情况下的谐振频率；调整增压压力工况，重复上述步骤。

泵运转时的试验按以下步骤进行：

1）起动测量系统；

2）打开泵前、泵后阀门，对泵前管路以及泵腔进行充填；

3）按照试验状态要求，对增压贮箱进行增压；

4）起动泵并控制调节阀门，使泵工作在额定工况、推力调节工况等状态（对应不同试验工况）；

5）起动激振系统，通过脉动压力发生器对泵前管路内的流体进行扫频激励，测量系统记录相关的试验数据；

6）调整激振器的工作模式，按照技术文件的要求，对试验系统进行不同频率的定频激励；

7）调整贮箱增压压力，进行下一个压力工况下的动态特性试验；

8）试验完成之后，停止激振系统，然后停泵。

（4）注意事项

泵的动态特性试验中介质流量、泵转速等参数应与发动机的额定工况、推力调节工况等参数满足相似准则；泵的动态特性试验中泵的气蚀裕度应与火箭飞行工况下泵的气蚀裕度相等，一般应覆盖标准飞行工况、部分发动机推力调节或关闭工况下的泵入口压力变化范围。

8.2.3.2　输送系统动态特性试验

（1）试验必要性和目的

液体运载火箭推进剂输送管路一般长度较长，是影响动力系统低阶频率特性的关键因素。鉴于管路中液体流型的复杂性、蓄压器性能对管路入口条件的敏感性等，必须开展输送系统动态特性试验，以获取模拟标准飞行工况、部分发动机推力调节或关闭工况下的输送系统声速、低阶频率、振型等参数。对于发动机多机间推进剂输送存在强耦合的状态（如采用"汇总管＋多通＋分支管"的输送系统方案），一般应开展真实产品状态下部分发动机推力调节或关闭工况的输送系统特性研究，支撑动力冗余 POGO 抑制模型验证、方案设计与考核。

输送系统的动态特性试验通过在输送系统下方位置处施加正弦扫频激励（或随机激励），测得管路沿程不同位置处的脉动压力响应。通过每个脉动压力测点的响应信号与激励信号的传递函数分析，获得输送系统的前两阶固有频率和振型。验证液体运载火箭推进剂输送系统动态特性的理论分析结果，必要时对蓄压器的性能参数进行修正。

（2）试验系统

输送系统的动态特性试验一般由模拟贮箱、供气系统、排放系统、输送管路、激振系统（脉动压力发生器）、加注系统、泄出系统、测量系统及其他试验工装等组成，如图 8 - 21 所示。

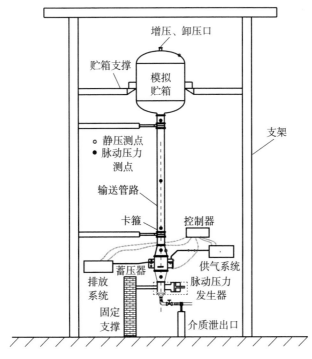

图 8 - 21　试验系统原理（见彩插）

（3）试验主要流程

1）起动测量系统；

2）给蓄压器内充入一定压力的气体；

3）打开排气阀、加注阀，起动加注系统，给试验贮箱加注至所要求的液位，然后关闭贮箱排气阀和加注阀；

4）起动增压系统，将贮箱增压至试验所需的压力工况；

5）起动激振系统，对输送管路内的液体进行扫描正弦激励，测

量系统采集并记录所有试验数据;

  6) 调整贮箱增压压力,进行下一个压力工况下的动态特性试验;

  7) 打开排气阀,将贮箱压力泄至 0,调整蓄压器的气体压力;

  8) 进行下一个蓄压器压力工况下的动态特性试验;

  9) 输送系统的动态特性试验完成之后,停止测量系统。

(4) 注意事项

试验过程中输送系统出口压力工况应覆盖火箭飞行过程中的压力变化范围,蓄压器气腔的充气介质需与实际工作气体一致,蓄压器充气前进行置换,试验过程中蓄压器的充气压力应与火箭飞行前的实际充气压力一致。

8.2.4 动力系统试车

(1) 试验必要性和目的

动力系统试车可以全面考核发动机多机并联、推力调节、交叉增压输送、冗余控制策略、控制重构及飞行程序实时规划与实现等一系列关键技术的实现情况,是飞行前全面检验动力冗余技术研制成果的重要试验,具备其他试验无法替代的效果。

1) 验证动力冗余状态多机并联与增压输送系统设计方案的正确性。

动力系统试车需要验证多台发动机不同工作状态下增压输送系统设计方案的正确性,动力系统试车前的相关试验均不能验证真实状态下的增压输送系统,增压输送系统的组件级试验很难采用所有组件,搭载发动机试车也只能为单机状态,不能考虑真实贮箱、真实管路和舱段等的影响,不能进行多发动机的效果验证,边界条件和完整的系统也存在差异。尤其发动机冗余切换状态后贮箱出流、输送管走向、增压参数、贮箱换热等关键设计接口和参数,均需要动力系统试车进行全面检验。

2) 检验动力冗余状态箭体结构、增压输送、阀门与发动机之间接口和参数的协调性。

动力系统试车是完全验证火箭子级模块生产、总装、工作性能的试验，不仅对结构、增压输送、发动机的装配和总装的合理性进行全面验证，而且通过系统级试车对不同发动机工作状态下箭体结构、增压输送、发动机联合工作的性能、环境适应性、接口和参数的协调性进行验证。

3）检验动力冗余状态 POGO 抑制装置方案的合理性、有效性。

动力系统试车是全面检验 POGO 抑制系统方案、结构和参数的最终试验，在发动机试车时由于试车台很难布置真实贮箱和管路，而且均为单机试验，因此 POGO 抑制装置不能全面验证，管路系统级试验时不能保证贮箱边界和输送管固定条件真实，也无发动机，激励也不是真实的。因此发动机真实工作条件下 POGO 抑制方案的正确性只能在动力系统试车条件下考核。

4）获取动力冗余状态各系统的工作参数和环境参数。

动力系统试车作为火箭研制过程中最全面的地面试验，对于获取动力冗余状态多发动机切换下各系统的工作参数和环境参数非常重要，例如多机并联及切换状态下火箭底部和尾舱内的振动参数、温度、热流，高温燃气对发动机的热冲击、发动机汇总管路的力热环境。

（2）试验系统

动力系统试车遵循尽量多的箭上和地面系统参加试验考核的原则开展工作。主要参试系统包括动力、结构、电气、发射支持、试车台、环境及光学测量等。

动力系统试车是初样转试样研制最具代表性的大型地面试验，试车过程中一旦出现问题，将对研制周期和进度产生重大影响，易对地面人员造成伤害和设施的损失。为了确保动力系统试车工作的顺利进行，各系统在参加动力系统试车前需要完成单机、分系统的相关研制工作。

为了充分考核动力冗余功能的实现情况和各系统间接口的匹配度，多机模块试车一般需要考核以下几个试验工况：

1）标准任务剖面工况考核。所有发动机均按标准设计时序工作的工况，故障诊断系统参与试车但不参与控制。

2）预置故障——任务重构剖面工况考核。在参试系统中预置1台发动机异常参数，考核故障诊断系统对故障参数的检测、判断和控制重构能力，以及动力系统（包括发动机性能、摇摆特性、增压性能、输送特性）对重构剖面的适应性。如果条件具备，应分别考核起飞段（预置故障发动机不点火）和飞行段两个子工况。

3）包络设计工况考核。对于采用系列化设计理念的多机布局模块，如果不同构型配置的发动机台数不同，可以通过少台数模块热试车同步获得最大台数模块动力冗余状态的系统特性。参试模块产品中发动机、增压输送系统、试车流程需要按照最大台数模块状态设计，冗余发动机不点火，地面模拟冗余发动机的相关测量参数，实现模块不同飞行阶段的动力冗余适应性的考核。

（3）试验主要流程

一般而言，在地面试验比较充分以及系统具有较好继承性的条件下，为了检查各系统对发动机工作环境的适应性和系统之间的协调性，通常只需要试车1～2次。国外运载火箭研制过程将动力系统试车作为重要考核试验（附录B），通常开展几次到几十次不等的热试车，国内CZ-5、CZ-6、CZ-7火箭研制过程中各模块均进行了1～2次全程试车。

动力系统试车的一般流程如图8-22所示，主要包括试车方案制定（重点明确试车流程中关于动力冗余的考核项目）、箭体和地面设备设施研制、试车准备、点火试车、试车后处理和试车结果分析等。

①试车方案制定

试车方案制定工作包括定制试车方案和试车大纲，除箭体结构、动力系统、故障诊断系统必须参加外，其他系统和单机是否参加，根据试车目的而定；发动机点火、关机和摇摆等控制可直接由地面测控系统完成。

在考核控制系统对动力冗余适应性的试验项目中，必须采用真实设计状态的产品参与飞行。由于地面试车约束，飞行过载可以采用模拟量同步参加试验。

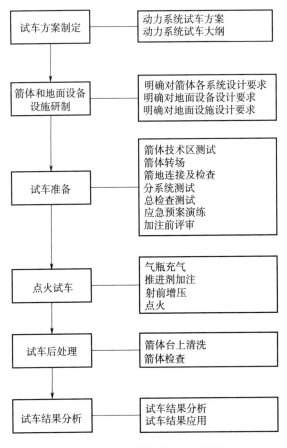

图 8-22 动力系统试车的一般流程

②箭体和地面设备设施研制

试车抓总单位提出对箭体各系统设计要求、对地面设备设计要求、对地面设施设计要求，各分系统完成相应产品和设备的研制，完成地面设施的建设。

③试车准备

试车准备工作一般包括箭体技术区测试、箭体转场、箭地连接及检查、分系统测试、总检查测试、应急预案演练、加注前评审等。

④点火试车

点火试车一般包括气瓶充气、推进剂加注、射前增压及其他点火前准备工作等。

⑤试车后处理

发动机关机后按照试验规程的要求进行吹除，泄出剩余推进剂，对箭体进行清洗，对产品外观及各参试工艺系统技术状态进行检查。

⑥试车结果分析

试车完成后，试验单位和设计单位均应提供结果分析报告。同时，应做好对试车结果的应用，对试车中出现的故障和问题进行深入分析，针对系统存在的设计和生产缺陷进行改进。

8.2.5　飞行搭载试验

运载火箭作为一种复杂系统，在研制过程中，最突出的难题是解决天地一致性问题。通过各种地面仿真、实物试验，尽可能地逼近实际飞行模型和模拟实际飞行状态。所以在经过充分的地面试验考核后，还将开展飞行搭载验证试验。飞行搭载可分为两大部分：一是结合主任务开展，一般采用开环形式，搭载设备自成系统，与箭上不形成闭环回路，不影响主任务，尽可能地使用实际飞行条件去验证新研技术的有效性；二是单独进行模块或试验箭的飞行，一般不结合入轨任务，也不携带有效载荷，试验的目的就是验证系统的工作性能，并根据试验内容的不同，选择试验产品的状态。

8.2.5.1　结合主任务开展的搭载试验

结合主任务开展的搭载试验有很多种，可以是仪器设备功能验证，也可以是飞行算法的验证。下面以故障诊断算法的搭载验证为例，介绍飞行搭载试验的目的和方案。

为了充分考核故障诊断技术在实际飞行任务中的功能、性能表现以及软硬结合程度，开展故障诊断飞行搭载试验验证。

搭载系统本身与火箭箭上系统无数据交互，也不参与全箭数据的采集和飞行控制，但是能够通过自带的惯组获得当前火箭的飞行状态（包括速度、位置、视加速度、姿态等信息）。为充分验证在线故障诊断技术，采用了一种"预设虚拟轨迹"的飞行搭载方案，其具体方案介绍如下：

基于火箭实际飞行状态，分两段验证故障诊断技术，具体任务剖面如图 8 - 23 所示。

阶段 1：基于一级飞行段正常工况参数，对发动机推力大小进行监测，验证在实际飞行中，风、结构等未建模干扰和气动、质量等建模误差对算法准确性和鲁棒性的影响；

阶段 2：预设一条大推力高弹道，进行多模型建模，对二级发动机推力大小进行监测，验证算法的准确性。

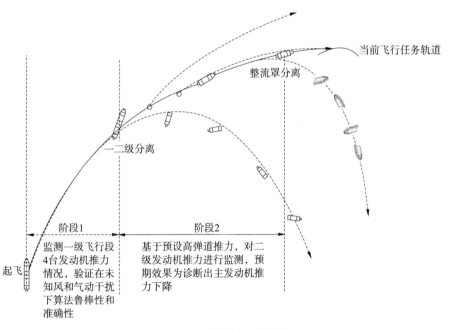

图 8 - 23　搭载任务剖面

8.2.5.2　模块或试验箭的验证飞行

关于模块或试验箭的验证飞行，早期主要采用试验箭的方式，如著名的 Ares I‐X 的亚轨道飞行试验，印度 GSLV‐MK3 火箭首次亚轨道飞行试验，还有像载人火箭在研制过程中，为考核逃逸系统的性能，开展的飞行中止试验等，例如 SpaceX 公司法尔肯 9 的飞行中止试验等。

2009 年 10 月 28 日，NASA 在佛罗里达州的肯尼迪航天中心成功发射了 Ares I‐X 火箭。Ares I‐X 火箭从 39B 发射工位点火升空，成功完成了约 2 min 的不载人亚轨道飞行试验。火箭从点火起飞到部件溅落海面，整个飞行试验持续 369 s，其中主动段飞行时间 124 s。Ares I‐X 火箭飞行试验是一次真实意义的"试验"，为亚轨道飞行，目的是获得飞行力学环境参数、考核滚动控制、验证分离系统并获得分离环境、验证一子级回收系统。

在此次飞行试验中，真实产品包括现有航天飞机的 4 段式固体火箭助推器、以宇宙神 5 火箭为基础改进的电子设备、现有"和平保卫者"导弹的滚动控制系统、现有航天飞机的降落伞减速系统、现有航天飞机的反推火箭、飞行仪器。模拟件包括固体火箭助推器的第 5 段、火箭二级、"猎户座"乘员舱。

Ares I‐X 火箭的飞行方案为：当一级发动机推力小于 18 t 时，级间分离，之后进入无动力滑行；分离掉的一级进行回收。

Ares I‐X 火箭飞行试验的目的见表 8‐1。Ares I‐X 火箭示意图如图 8‐24 所示。

表 8‐1　Ares I‐X 火箭飞行试验的目的

目标	序号	验证内容
首要目标	1	以相似的系统验证飞行控制软件(主要是算法)的可行性
	2	通过飞行验证分离方案
	3	评价与 Ares‐I 类似的一子级在肯尼迪航天中心组装和修复的可行性
	4	验证级间分离时序，并量化一级再入气动参数和减速伞参数
	5	验证一级飞行段滚控方案

续表

目标	序号	验证内容
次要目标	1	确定一级分离发动机的数量
	2	获得上升段飞行环境和载荷数据
	3	明确射前瞄准流程
	4	明确发射场在飞行试验中的负荷
	5	评价在发射场和对仪器舱的可操作性
	6	评价一子级脐带电缆的性能

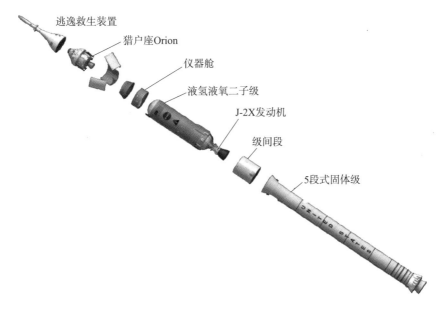

图 8-24　Ares I-X 火箭示意图

　　随着近年来可重复使用技术的不断发展，利用可重复使用技术开展模块级或火箭子级的飞行演示验证越来越普遍。这样做的好处主要包括：不用完成全箭的总装，对研制进度和研制周期的要求相对宽松；采用子级模块，研制成本有所降低；利用可重复使用技术，测试数据和参试产品方便回收。当然，由于模块级试验一般安排在研制过程中的初期或中期，技术相对来说还不成熟，因此失败的可能性较高。下面以 SpaceX 公司超重-星舰二级模块星舰（Starship）SN15 的飞行为例，说明其子级演示验证试验的情况。

北京时间 2021 年 5 月 6 日早晨 6 时 24 分，SN15 星舰原型机从 SpaceX 公司德州博卡奇卡的试验场起飞，上升到 10 km 高度后，完成了"腹部拍水""神龙摆尾""反推着陆"等一系列动作，整个测试过程约进行了 6 min，SN15 成功落回试验场指定位置，如图 8 - 25 所示。着陆后，箭体的尾舱出现了着火的现象，但在远距离灭火系统的作用下仅用了几分钟就将火扑灭了。SN15 星舰测试的成功标志着 SpaceX 公司已经掌握了二级安全着陆的部分关键技术，同时也验证了猛禽发动机多次起动，动力冗余的性能和控制系统的性能，也是 SN 星舰系列原型机的一个里程碑节点。

图 8 - 25　SpaceX 公司星舰 SN15 原型机飞行试验示意图

就像之前提到的这样的试验失败概率很高，在此次 SN15 着陆成功之前，SN 系列原型机经历了若干次的失利，除去之前 SN8、SN9、SN10、SN11 在飞行测试过程中经历的一系列爆炸，加上早先在星舰最初的压力测试、超低温加压测试、静态点火测试等试验中报废的星舰，SN15 之前共有 9 艘星舰原型机折戟沉沙。2021 年的两次试验，SN10 是最接近成功的一次，它和 SN15 一样已经成功地完成了飞行测试并且软着陆成功了，但在着陆数分钟后，因未控制住尾舱中的火势从而引发爆炸。而在 2021 年 3 月 30 日进行高空试飞的 SN11，在准备进行空中翻转动作时，发生爆炸解体，这次失利也让 SpaceX 公司痛定思痛，在 SN15 上进行了重大的设计更改，据报道有数百项之多，重点针对控制系统和发动机工作的稳定性，以及舰上软件等。

因此，要想完成子级模块的飞行试验，不但需要有一定承受失败可能的心理素质，还需要有技术快速迭代的能力，能够迅速组织下一次试验的开展。对于运载火箭承研方，是一次性进行全系统测试或全箭测试（All - up test），还是通过不断的模块搭载试验来推动技术的进步，这将取决于项目的内容和所要实现的目标，也是研制过程中需要权衡的一个难题。

参 考 文 献

[1] JORANT P. Ariane 5 family [C]. Proceedings of the AIAA Space Programs and Technologies Conference and Exhibit, Huntsville AL, 1993.

[2] 徐庚保. 运载火箭控制系统仿真的发展方向 [J]. 航天控制, 1993 (4): 69 - 72.

[3] ORYE R. Ariane 5: Launcher for the 21st Century [C]. Proceedings of the AIAA Space Programs and Technologies Conference, Huntsville AL, 1994.

[4] HIROSHI M. The H-Ⅱ launch vehicle status [R]. 1996.

[5] 胡云中, 王广民. 运载火箭六自由度仿真原理与实现 [J]. 航天控制, 1997 (1): 39 - 44.

[6] 刘立军, 徐庚保. 运载火箭控制系统六自由度数字仿真研究 [J]. 航天控制, 1998 (3): 45 - 51.

[7] 李晓娟, 蔡远文, 陈勇. 运载火箭控制系统模拟仿真研究 [J]. 指挥技术学院学报, 2000, 11 (1): 85 - 88.

[8] 李新国, 唐硕, 陈士橹. 挠性捆绑液体火箭动力学与仿真 [J]. 导弹与航天运载技术, 2002 (4): 39 - 43.

[9] SLAZER F A, HARVEY J C, SIRKO R J, et al. Delta Ⅳ Launch Vehicle Growth Options to Support NASA's Space Exploration Vision [J]. Acta Astronautica, 2005, 57: 604 - 613.

[10] 孙雅平. 德尔它 4 系列运载火箭 [J]. 导弹与航天运载技术, 2005 (6): 21 - 27.

[11] 蒋吉兵, 朱良平, 丁志强. 新一代运载火箭测试发射流程设计方法 [J]. 计算机工程与应用, 2012, 48 (3): 456 - 459.

[12] 孙思逢, 安效民, 王雅彬, 等. 运载火箭六自由度仿真平台搭建与应用 [J]. 计算机仿真, 2014, 31 (10): 57 - 60.

[13] 左家亮, 杨任农, 张滢, 等. 分布式半实物环境实时弹道仿真步长自适

应研究 [J]. 兵工学报，2015，36（4）：653 - 659.

[14]　卜玉，刘瑞敏，梁怀喜. 新一代运载火箭氢氧模块动力系统试验风险分析 [J]. 火箭推进，2016（2）：66 - 70.

[15]　刘瑞敏，卜玉，孙德，等. 新一代运载火箭动力系统试车总体试验技术研究 [J]. 火箭推进，2017（2）：72 - 77.

[16]　刘塑，周春华，邱伟. 基于 Matlab/Simulink 的新型火箭建模与仿真平台搭建 [J]. 系统仿真技术，2018，14（4）：285 - 291.

[17]　李杰奇，孔福，李争学，等. 航天飞行器总体性能仿真验证系统设计与实现 [J]. 火力与指挥控制，2018，43（1）：165 - 174.

[18]　李榕. 小型固定翼无人机半实物仿真技术研究 [D]. 北京：北京理工大学，2018.

[19]　王欣，郭鑫，刘旭. 基于嵌入式系统和虚拟现实技术的制导律仿真平台设计与实现 [J]. 弹箭与制导学报，2018，38（2）：1 - 6.

[20]　宋超，黎志强，刘旭. 考虑航路点的飞行器再入轨迹优化与仿真 [J]. 航空计算技术，2019，49（1）：19 - 23.

[21]　邹莹，王勇，赵欣，等. 长三甲系列运载火箭分布式全数字半实物仿真试验系统设计与实现 [J]. 导弹与航天运载技术，2019（4）：114 - 118.

[22]　吴帅，庞博，位仁磊，等. 飞机制动半实物仿真系统 [J]. 北京理工大学学报，2020，40（2）：189 - 197.

附 录

附录 A 国内外火箭飞行故障情况统计（不完全统计）

序号	时间	型号	故障现象	故障原因	动力故障	能否冗余
1	1959.11.26	宇宙神-艾布尔 4B	飞行 45 s, 玻璃纤维整流罩脱落	整流罩强度不够, 无法抵抗内外压差		
2	1960.6.26	宇宙神-阿金纳 A	级间分离时发生故障	级间分离时火箭爆炸		
3	1960.7.29	水星-宇宙神 1	起飞 59 s, 火箭解体	液氧箱前部分裂皮结构强度不够, 造成飞行扰动		
4	1960.9.25	宇宙神-艾布尔 5A	二级发动机点火和燃烧不正常, 发射失败	发动机点火系统出现故障	是	能
5	1960.10.11	宇宙神-阿金纳 A	发射失败	控制系统电路故障或脐带陀螺捅头故障		
6	1960.12.15	宇宙神-艾布尔 5B	飞行 70 s, 第一级爆炸	二级发动机提早点火	是	
7	1961.4.25	水星-宇宙神 3	起飞 43 s, 滚动和俯仰程序故障, 发射失败	伺服机构的插销受到污染在振动时造成故障		
8	1961.8.23	宇宙神-阿金纳 B	阿金纳上面级点火失败, 探测器停留在停泊轨道上	上面级二次点火失败	是	

续表

序号	时间	型号	故障现象	故障原因	动力故障	能否冗余
9	1961.9.9	宇宙神-阿金纳B	火箭起飞后不久,掉在发射台上爆炸	发动机自动关机	是	能
10	1961.11.18	宇宙神-阿金纳B	阿金纳上面级点火失败,探测器停留在停泊轨道上	上面级高空点火失败	是	
11	1961.11.22	宇宙神-阿金纳B	第二级故障	不详		
12	1962.4.9	宇宙神11F	起飞后,主发动机液氧泵爆炸	发动机起动过程不平稳,泵轴偏心	是	能
13	1962.5.8	宇宙神-半人马座(AC-1)	起飞44s,液氢箱一块隔板脱落,液氧蒸发加剧,至54.7s贮箱爆炸	头部整流罩底部液氧贮箱间的结构设计不当,气流造成负压使隔热板提前脱落		
14	1962.7.22	宇宙神-阿金纳B	起飞5min后,地面指令自毁	制导系统故障	是	
15	1963.6.12	宇宙神-阿金纳B	刚一起飞即发生自毁	不详	是	能
16	1964.4.3	宇宙神3F	燃烧剂主阀门打开缓慢,发动机未达到额定工况	主阀门作动器内有多余物	是	能
17	1964.6.30	宇宙神-半人马座(AC-3)	上面级点火4s后液压泵故障,使发动机提前127s关机	控制发动机摆动用的一台液压泵在点火4s后卡住,引起半人马座滚动,提前关机	是	能
18	1964.9.1	大力神ⅢA	三级增压系统故障导致发动机提前关机	不详	是	
19	1964.10.8	宇宙神-阿金纳D	故障	不详	是	

续表

序号	时间	型号	故障现象	故障原因	动力故障	能否冗余
20	1964.12.11	宇宙神－半人马座	上面级二次起动失败	滑行段推进剂未沉底，部分液氢从排气孔排出，造成半人马座翻滚	是	
21	1965.1.21	宇宙神 D	星箭未分离	不详		
22	1965.3.2	宇宙神－半人马座（AC－5）	起飞后 2 s，泵前阀堵塞丁流向助推器发动机的推进剂通道，5 s 后发动机爆炸，发射台损坏	发动机阀门故障	是	能
23	1965.5.27	宇宙神 D	助推器起飞 120 s 爆炸，发射失败	不详	是	
24	1965.7.20	宇宙神 225E	小游机因缺少氧化剂烧毁	推进剂菌型阀门阀杆出现故障，液氧输送不畅	是	能
25	1965.10.15	大力神ⅢC	变轨级解体	不详		
26	1965.10.25	宇宙神－阿金纳 D	起飞 6 min，上面级发生爆炸	不详	是	
27	1966.3.19	宇宙神 304D	卫星与助推器分离后相撞	由于液氧泄漏对控制管路产生影响，发动机关机量过大	是	能
28	1966.4.8	宇宙神－半人马座（AC－8）	上面级二次点火时有 1 台发动机仅工作了 17 s，比原计划缩短了 90 s	因过氧化氢燃烧剂泄漏，未能实现全能实现发动机压力，推力二次点火，导致 1 台发动机压力偏低	是	能
29	1966.5.17	宇宙神－阿金纳 D	起飞 2 min 后，一台助推器发动机剧烈摆动，火箭失控	助推器控制系统故障		

续表

序号	时间	型号	故障现象	故障原因	动力故障	能否冗余
30	1966.7.14	宇宙神D	远地点发动机故障,双星中仅一颗星入轨	远地点发动机故障	是	能
31	1966.8.26	大力神ⅢC	整流罩未分离	不详		
32	1967.4.26	大力神ⅢB	火箭二级失去推力	二级发动机早常关机	是	能
33	1968.8.10	宇宙神-半人马座(AC-17)	上面级主发动机二次起动失败	低温推进剂泄漏,冻结了过氧化氢管路,使得无法二次起动	是	
34	1969.10.10	宇宙神89F	发动机性能下降,未达到预定速度	涡轮泵润滑系统堵塞,齿轮和轴承发生故障,涡轮泵工作不协调	是	能
35	1970.11.30	宇宙神-半人马座(AC-21)	整流罩未分离	不详		
36	1971.5.8	宇宙神-半人马座(AC-24)	上面级点火后25 s,两台发动机急剧摆动,火箭大幅晃动。起了282 s后,发动机熄火,火箭翻滚,落入大西洋	电路问题或电子元器件故障,使速率陀螺同向发动机执行机构的信号中断		
37	1971.12.4	宇宙神-阿金纳D	地面指令炸毁	第一级制导控制系统故障		
38	1973.6.26	大力神ⅢB	上面级阿金纳故障	不详	是	
39	1975.2.20	宇宙神-半人马座(AC-33)	起飞144 s,助推器分离时出现故障,出现众多异常现象	一个原因是助推器发动机电接插件分离过猛,留下断头导线,引起短路;另一个原因是测试电缆没有全部拆除		

续表

序号	时间	型号	故障现象	故障原因	动力故障	能否冗余
40	1975.5.20	大力神ⅢC	变轨级故障导致未能入轨	火箭陀螺仪发生电力故障，变轨级失去姿控而失败		
41	1977.9.29	宇宙神-半人马座（AC-43）	飞行5 s后,助推器起火	由于碳污染（加工过程引起）和导管腐蚀,助推器发动机的燃气发生器输送导管破裂	是	能
42	1980.5.23	阿里安Ⅰ	起飞后25 s 1台发动机燃烧室温度快速升高,压力下降,滚转力矩增大,101 s滚转达到60(°)/s,随后火箭解体	发动机燃烧室喷嘴存在问题	是	能
43	1980.5.29	宇宙神19F	发动机性能下降,未达到预定速度	涡轮泵主密封渗漏,涡轮泵轮箱满溢,涡轮泵效率降低	是	能
44	1980.12.8	宇宙神68E	涡轮泵齿轮箱故障导致发动机故障	可能原因:因某种原因导致涡轮泵无润滑油	是	能
45	1982.9.9	阿里安Ⅰ	三级发动机提前关机,卫星失踪	三级发动机齿轮装置损坏,导致发动机提前关机	是	能
46	1984.6.9	宇宙神G-半人马座	由于上面级贮箱泄漏,卫星未进入GTO	分系统装药工作使液氧贮箱破坏	是	
47	1985.8.28	大力神34D	失去推力,火箭自毁	由于涡轮泵子系统故障导致两台发动机中的一台早关机,火箭姿态失控	是	能
48	1986.5.31	阿里安Ⅱ	三级发动机不连续点火,关机	发动机点火系统性能较差	是	

续表

序号	时间	型号	故障现象	故障原因	动力故障	能否冗余
49	1987.3.26	宇宙神G-半人马座(AC-63)	发射时,发射场上空有雷雨。起飞38 s时,雷电致使火箭上计算机的存储器出现翻转,导致发出错误的游机摆动指令。50.7 s箭体因气动载荷过大而折断	雷电致使火箭上计算机的存储器出现翻转,而气象预报人员与火箭研制团队缺乏协调一致的沟通		
50	1990.2.22	阿里安44L	火箭起飞后2.6 s芯级1台发动机燃烧室压力下降一半,控制系统通过其他3台发动机来平衡推力,87 s发动机摆角达到最大,约100 s火箭解体	气体发生器的水流发生堵塞,使得燃烧室压力异常	是	能
51	1991.4.18	宇宙神G-半人马座(AC-70)	上面级的2台发动机(LH2/LO2)中的1台未起动	最大可能认为,发射前的冷却过程导致火箭周围的潮湿空气在发动机涡轮泵里冷凝	是	能
52	1991.8.25	宇宙神2-半人马座	由于人为操作失误,上面级被破坏	共底抽真空不彻底,加注低温推进剂时,共底在热应力下损坏	是	能
53	1992.3.22	CZ-2E Y2	7.26 s时火箭自动紧急关机,发射中止	程序配电器接点上有积质多余物,使1,3助推器副系统提前关闭	是	能
54	1992.8.22	宇宙神G-半人马座(AC-71)	上面级的2台发动机(LH2/LO2)中的1台未达到满推力	最大可能认为,发射前的冷却过程导致火箭周围的潮湿空气在发动机涡轮泵里冷凝	是	能
55	1993.3.25	宇宙神1-半人马座	卫星未进入预定轨道	助推器发动机的燃气发生器液氧流量控制杆式调节螺钉松动,致使出口压力降低,致使推力比额定值下降66%	是	能

续表

序号	时间	型号	故障现象	故障原因	动力故障	能否冗余
56	1993.8.2	大力神Ⅳ A	火箭起飞后约100 s,发生爆炸	固体发动机壳体烧穿	是	
57	1994.1.24	阿里安44LP	当火箭升空飞行到6分47秒时,涡轮泵过热,发动机提前关机,星箭双双坠入大西洋	三子发动机涡轮氧一侧轴承故障	是	能
58	1994.5.25	旋风3号	发射宇宙2281卫星失败	二、三子级未分离,卫星未入轨		
59	1994.6.27	飞马座XL	火箭起飞后32 s,滚转和偏航开始发散,导致火箭头部向右俯仰,右侧机翼向下滚转,发散情况随着指数不断增加,直至39 s,火箭飞行失控;40 s,遥测信号丢失;171 s,火箭第二级发动机未能点火,飞行终止	错误的气动模型对火箭产生气动响应产生不正确评估,导致箭上制导和控制计算机程序计算错误,随后其他一些异常情况主要由于二子级发动机未发散所致		
60	1994.12.1	阿里安42P	升空后坠入大西洋,价值1.5美元的泛美卫星3号故毁	这次故障的原因是液氢输送管道发生泄漏或者阻塞,导致液氧供应短缺和燃气发生器压力降低30%,从而使第三级发动机涡轮泵的转速由62 000 r/min降低到50 000 r/min	是	能
61	1995.1.26	CZ-2E Y6	飞行49 s后发生爆炸,卫星和火箭均落在靶场附近山上	受高空风的影响,此次发射中有效载荷与整流罩之间产生了谐振,导致卫星结构被破坏,引起卫星爆炸		
62	1995.3.28	起跑号	火箭前三级飞行正常,但第四级发动机点火不久,遥测信号全部丢失	第四级与第五级未能分离		

续表

序号	时间	型号	故障现象	故障原因	动力故障	能否冗余
63	1995.6.22	飞马座XL	起飞148 s后坠毁	组装中的人为因素，使得3个喷管／级间段滑轨安装出现错误，导致第二级发动机点火后，一、二级间的级间段未能与第二级正常分离，发射失败		
64	1995.8.5	德尔它7925	6台地面点火石墨—环氧助推器中的1台与火箭第一级分离后，遗留的壳体大大降低了火箭的飞行速度。为了弥补性能的不足，第二级发动机超时工作，但最终由于推进剂耗尽，发动机提前关机	过高的温度使一根像引信一样的引爆线受到损坏，从而导致一枚捆绑助推器未能与火箭分离		
65	1995.8.15	LLM（后改名为雅典娜-1）	火箭起飞80 s后失去控制，在1 min的翻滚飞行后，第二级推力矢量控制系统消除了滚动。但由于惯性推力矢量控制装置发生故障，火箭飞行偏离预定轨迹。第二级发动机点火10 min后，发射场人员发出火箭自毁指令	第一级推力矢量控制系统利顿（Litton）惯性测量装置的故障		
66	1995.10.23	大篷车	火箭起飞46 s后发生爆炸	低频噪声干扰箭上制导系统，使之发出修正姿态指令，致第一级控制系统液压油耗尽，火箭飞离预定轨道		

续表

序号	时间	型号	故障现象	故障原因	动力故障	能否冗余
67	1996.1.15	CZ－3B Y1	起飞约 2 s 火箭飞行姿态开始出现异常,以很大的负俯仰角和负偏航角向右前快速倾倒,飞行约 22 s 后火箭撞到山坡上起火爆炸	惯性平台系统的随动回路功率级无输出是最大可能的故障模式		
68	1996.2.19	质子号 K/Block－DM－2	火箭起飞约 80 min,Block－DM 上面级第一次点火,推力为 85.8 kN 后,级燃油发动机工作约 7.5 min 后,把上面级和有效载荷送到 36 500 km×240 km,倾角为 48.5°的转移轨道。几小时后,上面级准备进行第二次点火时,发生爆炸	液氧输送管路中的阀门堵塞是导致这次失败的主要原因	是	能
69	1996.5.14	联盟号 U	整流罩过早打开	整流罩释放装置故障		
70	1996.6.4	阿里安 5	火箭起飞后 37 s,在 4 km 的高空爆炸,箭上 4 颗科学卫星全部报废	为降低成本,直接继承了阿里安 4 的初始化惯性基准系统。由于阿里安 5 比阿里安 4 飞行加速度大很多,飞行30 s 时,浮点运算值和整数进行变量变换时产生溢出,导致飞行软件崩溃。地面测试时,因为无法模拟飞行加速度导致未能发现		
71	1996.6.20	联盟号 U	整流罩过早打开	整流罩释放装置故障		

续表

序号	时间	型号	故障现象	故障原因	动力故障	能否冗余
72	1996.11.4	飞马座	第三级和卫星在到达预定轨道后未能分离	火箭二三级分离时的冲击损坏了火箭电源总线上的电源转换开关。由于电压不足,星箭分离用的火工品未能起动		
73	1996.11.16	质子号K/DM-2	火箭上面级在进行第二次点火期间发生故障	火星96探测器控制系统出现故障		
74	1997.1.17	德尔它2-7925	火箭在动力飞行12 s后出现异常,火箭自毁。火箭和卫星残骸落入大西洋和空军基地上	由于地面误操作导致2号固体助推器壳体破裂	是	
75	1997.5.20	天顶号2	火箭起飞48 s后一级发动机发生故障,导致火箭坠毁	一级发动机故障	是	
76	1997.10.30	阿里安5G	芯级发动机在火箭飞行中产生了900 N·m的滚动力矩,火箭滚转速率达5.5 r/min,提前触发了液体发动机提前关机信号,致使芯级发动机提前关机,模拟卫星没有进入预定轨道	产生滚转的原因:1)喷管内壁存在一定的表面粗糙度,使喷管排气产生微弱的螺旋运动 2)发动机的重心偏移,造成推力不对称 3)涡轮泵排气管气支杆断裂	是	
77	1997.12.24	质子号K/DM3	DM3上面级发动机提前关机	不正确的涡轮泵漆层密封	是	
78	1998.1.22	沙维特	第一级工作正常,但在第二级点火期间,火箭出现故障,卫星和火箭同时被毁			

续表

序号	时间	型号	故障现象	故障原因	动力故障	能否冗余
79	1998.2.22	H-2	火箭第二级主动机 LE-5A 发动机出现故障，导致价值 3.75 亿美元的数据中继卫星被送入一条无用的大椭圆轨道	第二级 LE-5A 发动机焊接故障	是	能
80	1998.8.12	大力神 4A	火箭发射升空 41 s 后，制导电子设备失去控制，火箭偏离预定轨道，飞行终止	火箭制导电子设备的蓄电池系统断电		
81	1998.8.26	德尔它 3	起飞后 55 s 火箭失去控制，控制系统在试图进行修正时但未达到目的的反而因过度补偿加剧了滚转，并最终耗尽了供固体火箭助推器上的推力矢量控制装置使用的液压油（高压油）	火箭的控制系统问题是导致此次失败的原因所在，具体原因为：9 个固体助推器中有 3 个参与摇摆控制。因两个设计团队之间缺乏沟通、固体助推器动力学模型错误导致失败		
82	1998.9.10	天顶号 2	第一级发动机工作正常，第二级发动机按原定程序在火箭起飞后 2 分 32 秒点火，但发动机仅工作了 2 min 便提前关机，致使第二级及其携带的 12 颗卫星坠毁于西伯利亚南部	箭上计算机故障		
83	1999.4.9	大力神 4B	一子级和二子级分离时，一子级发动机异常损坏了二子级发动机，导致二子级发动机不正常工作	一子级和二子级分离出现异常，导致二子级推进剂过量消耗，发动机提前关机		
84	1999.4.27	雅典娜 2	火箭在范登堡空军基地发射伊诺斯 1 高分辨率商业遥感卫星失败	整流罩横向火工品起爆时，爆炸产生的振动和冲击将连接级向分离火工品的插头振脱，导致整流罩纵向未解锁		

续表

序号	时间	型号	故障现象	故障原因	动力故障	能否冗余
85	1999.4.30	大力神401B-半人马座上面级	火箭起飞9min后偏离预定轨道,发射失败	半人马座上面级研制和验证的软件出现一些异常操作可能是由半人马座上面级的计算机系统在发现问题后,尝试进行修正引起的		
86	1999.5.4	德尔它3	该火箭将Orion 3通信卫星送入了低于预定轨道的轨道,发射失败。本次发射是该火箭的第二次发射	燃烧室铜焊工艺存在缺陷致使燃烧室出现裂缝是本次发射失败的主要原因	是	能
87	1999.7.5	质子号K/微风M	火箭起飞后不久出现故障,星箭坠毁于哈萨克斯坦境内的草原上	燃气涡轮泵内出现多余物质,致使第二级发动机出现故障	是	能
88	1999.10.27	质子号K/Block-DM	火箭起飞后不久,第二级发动机中的1台发生故障,接着其他3台发动机也自动关机	涡轮泵内出现多余物,从而导致涡轮泵发动机组件着火	是	能
89	1999.11.15	H-2	起飞约4min后,第一级发动机LE-7停止工作,火箭随即偏离预定轨道,7分35秒后地面接收不到遥测信号,随即发出自毁指令	推进剂管路破裂,推进剂泄漏,导致发动机停止工作	是	能

续表

序号	时间	型号	故障现象	故障原因	动力故障	能否冗余
90	2000.2.10	M-5	火箭起飞初期一切正常,25 s时,火箭产生振动。41 s时,第一级发动机喷管绝热层破裂脱落,55 s时,火箭头部抬高超过预定高度。75 s地面控制中心发出修正姿态指令,第一级与火箭分离。218 s时,第二级与火箭分离。621 s后卫星与火箭第三级发动机点火。23 min后卫星与火箭第三级分离,但进入了较低的轨道	发动机喷管的绝热层脱落是导致M-5火箭发射失败的主要原因。绝热层的脱落可能源于材料自身存在缺陷等原因	是	
91	2000.3.12	天顶号3SL	火箭起飞467 s后,由于第二级发动机未能正常点火,发射最终以失败告终	由于地面控制软件系统存在逻辑错误,导致二子级气动装置上的阀门未能正常关闭,致使气压力损耗,发动机无法正常工作,最终导致火箭发射失败		
92	2000.12.27	旋风3号	火箭发射6颗"箭"3卫星时,第三级出现故障,卫星和第三级火箭落入白令海峡	计算机故障		
93	2001.4.18	地球同步轨道运载火箭(GSLV)	据报道,火箭将GSAT-1送入了低于预定高度的轨道	由于引进的俄制低温上面级有无分燃烧。按计划12KRB低温上面级应该持续燃烧710 s,然而它只燃烧了698 s	是	

续表

序号	时间	型号	故障现象	故障原因	动力故障	能否冗余
94	2001.7.12	阿里安5G	在火箭发射过程中,在上面级Aestus发动机点火之前,各子级的飞行过程一切正常。然而,Aestus发动机点火燃烧过程中出现了不稳定燃烧现象,导致上面级推力未达到正常推力,推进剂过早耗尽,发动机提前关机	上面级发动机工作期间,在上面级推进剂输送系统和发动机燃烧室内部管路间出现了动态压力耦合现象,导致发动机燃烧不稳定	是	能
95	2001.9.21	金牛座	T+83 s,一子级分离时,火箭偏离轨迹,几秒后得到控制,但因二子级未达预定速度,导致有效载荷未进入轨道	第二级固体发动机点火时,发动机的推力矢量控制系统中的作动器出现了5 s的停滞		
96	2002.10.15	联盟号U	火箭起飞后不久,一子级尾部喷出不正常尾焰。20 s时,火箭一二子级捆绑助推器中的一台脱开,火箭飞行姿态出现倾斜。29 s时,火箭坠入了距普列谢茨克发射场约1 km的森林中爆炸,引起林中起火。此次事故导致地面人员1人死亡,8人受伤,发射的"光子-M"国际科研卫星被毁,发射台也受到部分损坏	在一子级D组RD-107发动机涡轮泵和输送液氢化氧发生器产物到此涡轮泵的蒸气导管路中存在着外来多余物。火箭发射后不久,D组发动机出现故障,异常发生后的脉动压力高出标称平均压力5～6倍。急剧的脉动压力引起管路泄漏或破裂,结果导致压力降低,推力减小	是	能
97	2002.11.25	质子号K/DM-3	上面级发动机第二次点火时出现异常。主发动机内存在过多的推进剂,导致温度升高,发动机毁坏	造成这种情况的可能原因有两个: 1)游离颗粒使集流腔堵塞 2)游离颗粒使燃气发生器注入器燃烧剂供给阀门的气密性破坏	是	能

续表

序号	时间	型号	故障现象	故障原因	动力故障	能否冗余
98	2002.12.11	阿里安5ECA	火箭起飞约96 s时出现异常;178 s(固体助推器分离约41 s)时,火箭低温芯级上的"火神2"主发动机经受了"严重的扰动",结果导致整个运载火箭的飞行控制不平稳;187 s时,火箭飞至大约150 km高空处,在不稳定的情况下,抛掉了整流罩,火箭完全失去控制,偏离飞行轨道;455 s时,发射中心指挥人员发出自毁指令,火箭在69 km高空中爆炸	火神2发动机经受了不详载荷	是	能
99	2003.11.29	H-2A	火箭起飞62 s,地面人员意外发现,SRB-A助推器喷管的外侧温度突然升高,超出设计极限,使助推器分离系统炸药索在高温下失效,导致SRB-A无法实现分离,最后地面控制中心发出自毁指令,火箭爆炸	SRB-A外侧温度突然升高的可能原因有两个: 1)喷管的耐热材料粘合层泄漏燃烧气体; 2)耐热材料在燃烧气体作用下熔化变薄,影响了隔热效果	是	
100	2004.6.29	天顶号3SL	前两级助推段工作正常,但在block DM上面级两次点火期间,由于发动机关机时间分别提前了9 s和26 s,使卫星进入了较低的轨道	箭上电缆出现短路,中断了推进剂传感器的数据传输,上面级推进剂耗尽,最终使火箭未能达到预定的远地点	是	

续表

序号	时间	型号	故障现象	故障原因	动力故障	能否冗余
101	2004.9.6	沙维特	火箭第一、二级发动机正常工作，约3 min后，在卫星与"沙维特"火箭成功分离后，飞行控制装置出现故障，第三级发动机未能点火	为第三级发动机点火的4个电子点火装置中的1个存在工艺上的缺陷		是
102	2004.12.21	德尔它4H	起飞约4 min后，左右两个助推器关机，与火箭芯级随后分离，但发动机关机时间以及随后的助推器分离时间比预计提前了8 s。因此上面级被迫延长工作时间，以弥补性能的不足。但最终发动机因推进剂耗尽，未能完成最后的机动，载荷进入了较低的轨道	液氧输送管路中出现的"气蚀现象"被确定为本次故障的根本原因。"气蚀现象"最初发生在液氧推进剂输送管路的入口处。后向输送管底部延伸至传感器处，导致计算机得到这一信息后发出关机指令，贮箱内还有足够的推进剂耗尽。发动机提前关机，而飞行数据显示，贮箱内还有足够的推进剂可完成第一阶段的飞行任务		是
103	2004.12.24	旋风3号	第三级发动机提前关机，将卫星留在大椭圆轨道1 300 km×1 900 km	发动机提前关机		是
104	2005.6.21	闪电M	第三级发动机没有按预定时间点火	据报道，导致此次失败的原因有两种可能：其一，运载火箭在飞行过程中控制系统出现故障；其二，三级火箭发生爆炸		是

续表

序号	时间	型号	故障现象	故障原因	动力故障	能否冗余
105	2005.6.21	波浪号	一子级发动机提前关机（原定工作时间为100 s，但只工作了82.86 s），火箭飞行160 s后，箭上控制系统自动终止了飞行	发动机涡轮泵运行能力能化导致一子级发动机提前关机是主要原因	是	能
106	2005.10.8	隆声号KM	上面级未能与火箭成功分离，最终坠入格陵兰岛北部的冰冷洋海域	飞行控制系统的指令丢失导致火箭第二级主发动机关机，直至推进剂耗尽		
107	2005.10.27	宇宙3M	未能将发射的8颗卫星中的莫扎伊-5送入预定轨道	卫星未能与火箭的第三级分离		
108	2006.2.28	质子号M/微风M	火箭发射后，微风M上面级在其第二次点火时发动机出现异常，提前关机3 min，因而未能将阿拉伯4A卫星送入预定轨道	上面级发动机提前关机是由于氧化剂输送系统内发生异常而导致的。而遥测数据显示，造成氧化剂输送系统异常的最大可能原因是杂质堵塞了火箭助推器液压泵的喷嘴	是	能
109	2006.3.24	法尔肯1号	T+25 s，一级发动机点火，但工作时间远低于预计工作时间。T+41 s，火箭及其有效载荷一同坠落，首飞宣告失败	粒间腐蚀裂缝造成位于燃烧剂泵入口压力传感器上的铝制B型螺母发生故障。该故障引起RP-1煤油泄漏到发动机上部，到达推力室外部。当发动机点火时，泄漏的燃烧剂开始起火。火焰导致气压闭阀门关闭，RP-1煤油和液氧预后闭阀，发动机在火箭发射后34 s停止产生推力	是	能

续表

序号	时间	型号	故障现象	故障原因	动力故障	能否冗余
110	2006.7.10	GSLV	火箭起飞后 0.2 s,4 个捆绑液体助推器中的 1 个突然丧失推力工作,尽管其他 3 台助推器仍在工作,但对火箭的控制明显减弱,直到发射后 50 s 左右时火箭达到跨声速,姿态误差增大,导致空气动力载荷超出设计限值,火箭解体	发动机推进剂调节器在封闭环境内流量系数过高,导致燃气发生器的推进剂流量过大,致使冷却液体的流量过高,温度减少,温度升高,超过了设计工作限值。过高的工作压力和温度导致燃气发生器的结构发动机出现故障。随后负责输送推进剂给发动机的涡轮泵停止工作。发动机失去推力。导致调节器流量系数过高的原因可能是制造过程中的失误	是	能
111	2007.3.21	法尔肯 1 号	火箭第二级飞行状态下地面控制人员与火箭失去联系,火箭未能进入预定轨道	1)因推进剂利用系统文件设定不正确,导致发动机混合比发生偏差,引起的二级飞行段比预计的弹道略低 2)因弹道高度低,且推力线偏斜参数余量不够,使得分离前组合体的二级箭体的滚转速度均大于设计值,导致在级间分离过程中发动机喷管与级间段发生了碰撞 3)因二级贮箱无防晃板,因晃动而发散		

续表

序号	时间	型号	故障现象	故障原因	动力故障	能否冗余
112	2006.7.26	第聂伯 1 号	火箭第一级发动机紧急关机导致火箭坠落于发射场南部 25 km 处	发动机液压作动器故障是导致发动机提前关机的主要原因。液压作动器故障可能是由于火箭隔热层被破坏，输送管路内推进剂过热	是	
113	2007.1.30	海射天顶号 3SL	火箭在漂浮的"奥德赛"发射平台上空解体爆炸，但对平台未造成太大损害	燃烧剂注入管故障或阀门故障造成液氧贮箱增加压力，从而导致发动机停机和火箭发射失败	是	
114	2007.6.15	宇宙神 5-半人马座上面级	上面级第二次点火后的工作时间未达到预计时限而提前关机，导致卫星机道偏低	因低温液氢阀门燃烧剂泄漏，RL-10"半人马座"上面级发动机提前关机	是	
115	2007.9.6	质子号	在第一级发送机就要耗尽推进剂应并停止工作时，第二级的 4 个发动机开始点火，加速到全部气门耗尽时的第一级火箭将坠落。但发动过程中，第二级发动机未能成功点火	因一根控制电缆损坏，火箭的第一级与第二级紧急分离，分离紧螺栓未能及时发挥作用，从而导致发动机紧急关闭	是	
116	2008.3.15	质子号 M/微风 M	微风 M 上面级发动机第二次点火后仅工作 32 min 便关机，比预定关机时间提前了 2 分 13 秒	微风 M 上面级主发动机燃气发生器与推进剂涡轮泵之间的气体管路破裂，气体管路破裂很可能是由于管壁腐蚀、高温以及管内过长时间低频压力波动的综合作用所致	是	

续表

序号	时间	型号	故障现象	故障原因	动力故障	能否冗余
117	2008.8.3	法尔肯1号	火箭第一级与第二级在进行分离时出现异常，两级相撞	一级发动机采用新型"隼"1C发动机替代原型"隼"1A发动机，后级同步分离时效时间变长，但级间分离时序未相应调整		
118	2009.2.24	金牛座XL	整流罩与火箭分离失败，导致卫星未能进入预定轨道	故障原因可能有4种：1)分离装置失效 2)用于起爆解锁装置的电气系统故障 3)整流罩分离装置喷嘴供气系统故障 4)一段电缆卡在了分离装置附近导轨的螺母底座上		
119	2010.6.4	法尔肯9（第一发）	发动机参数超差，点火前1s终止发射	发动机参数超差	是	能
120	2010.12.8	法尔肯9（第二发）	发动机点火后燃气发生器内温度异常升高，发动机及时关机，发射终止	1台发动机混合比错误，导致燃气发生器内温度异常升高	是	能
121	2011.2.1	隆声号/微风KM	微风KM上面级第2次点火时推进装置上的控制系统失灵，导致发动机提前关闭	微风KM上面级第2次点火时推进装置上的控制系统失灵，导致发动机提前关闭		
122	2011.03.04	金牛座XL	未能将有效载荷送入轨道	初步原因：金牛座运载火箭整流罩未完全打开；间接原因：一是侧载原因；二是侧轨系统在性能检测试环境不同的环境中未能正常运行		

续表

序号	时间	型号	故障现象	故障原因	动力故障	能否冗余
123	2011.8.18	质子号M/微风M	上面级在第5次点火之前发生故障，地面无法接收到遥测数据，失去了与卫星的联系	在生成微风M上面级飞行时序时，因导航周期脉数不适当地设置当过短，导致三轴陀螺稳定平台解算错误，致使微风M上面级未能将卫星送入预定轨道		
124	2011.8.24	联盟号U	起飞325 s箭上计算机飞行终止系统（发动机RD-0110）压力低于正常值，中止箭供推主，致使发射失败	二级发动机推进剂输送管路堵塞造成燃气发生器故障	是	能
125	2011.12.23	联盟2-1b	起飞后421 s二级发动机RD-0124发动机故障，卫星连同二子级、上面级坠落	二级燃剂管压力异常导致1号燃烧室膨胀，燃烧剂泄漏	是	能
126	2012.4.13	银河3号	火箭点火升空1 min后在大气中解体，火箭和卫星均未离开大气层。最高上升到高度120 km，之后一、二级分离失败，火箭再入解体，碎片坠落在韩国西岸群山市约200 km海面上	初步判断故障原因是由于在一级飞行段，整流罩提前分离，未见。产生故障分离的迹象。飞行试验失败，可能原因包括控制系统发指令、火工品误动作、整流罩结构故障误控制系统误发指令，整流罩有可能的原因是控制系统误发指令，但是最有可能的原因是见公开报道		能
127	2012.5.19	法尔肯9（第三发）	发动机点火后五号发动机燃烧室压力异常升高，9台发动机及时关机，起飞前0.5 s发射终止	五号发动机燃烧室压力异常升高是由于涡轮泵阀引起的	是	能

续表

序号	时间	型号	故障现象	故障原因	动力故障	能否冗余
128	2012.5.23	使者号	发射黎明一号地球观测卫星失败	不详		
129	2012.8.6	质子号M/微风M	微风M上面级故障，未能将卫星送入预定轨道	上面级燃烧剂管路由于机械损伤导致泄漏	是	能
130	2012.9.22	使者号	使者号运载火箭在发射台上爆炸	不详		
131	2012.10.7	法尔肯9（第四发）	起飞后79 s 1台发动机突然失压，火箭及时关闭故障发动机	不详	是	能
132	2012.12.8	质子号M/微风M	微风M上面级第4次工作，由于上面级发动机相对预定的528 s工作时间少工作了240 s，导致卫星被提前释放在非预定轨道	不详	是	
133	2013.2.1	天顶号3SL	发射起飞约11.4 s后，箭上飞行控制系统检测到滚动值超过预先程序设定的限制范围，箭上推力中止系统起动，一子级主发动机RD-171M在起飞后20 s推力中止，所有遥测信号丢失，坠入距离奥德赛发射平台约4 km远的太平洋海面	由前上同服机构的液压泵故障所致。火箭起飞后3.9 s左右，负责向一子级发动机伺服机构作动器泵入液压油的液压泵性能异常，导致液压动力输送装置失效	是	
134	2013.2.17	使者号	发射黎明三号地球观测卫星失败	不详		

续表

序号	时间	型号	故障现象	故障原因	动力故障	能否冗余
135	2013.7.2	质子号 M/DM－03	火箭在飞行约 30 s 后去控制，42 s 时一子级发动机紧急关失败，在空中解体，火箭开始偏离运行轨道，星箭俱毁，火箭碎片散落在发射场附近	本次事故原因是 3 个（共有 6 个）偏航角速度传感器安装极性错误（方向颠倒），导致偏航方向姿控系统失效		
136	2014.5.16	质子号 M/微风 M	在 525 s 三子级开始工作时，一台游机 RD－0124 燃烧室中压力急剧下降，火箭偏离预定轨道，飞行 545 s 时参数非正常变化，火箭自动发出发动机关机指令。发动机紧急关机后，上面级与有效载荷等开始下降，在大气层中剧烈燃烧，最终发射以失败告终，卫星未能入轨	由组装过程中的工艺缺陷导致的三子级 RD－0124 游机涡轮泵轴承损坏所致	是	能
137	2014.8.22	联盟号 STB/弗雷盖特 MT	两星近地点和轨道倾角存在严重偏差，联盟号的"弗雷盖特"上面级将两星送错轨道	因为一条肼燃烧剂管路同一条过冷氢增压管装得太近，使用一个铝制卡箍来固定这两条管路。本次发射在上面级发动机第一和第二次点火工作之间有一个很长的滑行段，而卡箍其间成了一个热桥，导致肼燃烧剂冻结，使上面级两台姿控推力器的燃烧剂供应中断，致使上面级惯性参考系统超出通常的工作范围并最终失效	是	能

续表

序号	时间	型号	故障现象	故障原因	动力故障	能否冗余
138	2014.10.21	质子号M/微风M	微风M上面级工作可能出现异常，未能将卫星送入预定轨道，不仅实际轨道倾角偏离，而且近地点高度比预定轨道高度低2 000 km以上	俄方一直未公布本次发射的具体故障原因，初步推测可能为微风M上面级工作异常		
139	2014.10.28	安塔瑞斯130（第一发）	火箭升空6 s后爆炸，船箭俱毁；火箭落回发射场后引起二次爆炸	由安装在主发动机1位置上的AJ-26发动机首先发生在液氧涡轮泵上。爆炸首毁坏了主发动机2位置上的AJ-26发动机，火箭失去了推力，坠落并发生爆炸	是	能
140	2015.4.28	联盟号2-1a	联运号2-1a火箭将进步号M-27M货运飞船送入错误轨道，未能与国际空间站实现对接，并于5月8日在太平洋上空的大气层内焚毁	二级发动机燃料管路压强异常导致1号燃烧室膨胀，造成了燃剂泄漏	是	能
141	2015.5.16	质子号M/微风M	在火箭飞行至第497 s，上升至161 km高度时，三子级发动机出现故障，火箭偏离预定轨道，遥测信息传输中断，火箭自动发出关机指令，微风M上面级与有效载荷未能实现与三子级的分离，发射失败	由火箭与飞船的异常分离导致，飞船受损，此原因根本质上与飞船和运载火箭连接处，即与两者连接处的结构特点、两者连接处的频率特性相关	是	能

续表

序号	时间	型号	故障现象	故障原因	动力故障	能否冗余
142	2015.6.28	法尔肯 9v1.1（第 19 次商业发射）	火箭飞行至 139 s，箭体在空中发生解体	二级氧箱里一个用于固定压使用的高压氦气瓶的钢支架，在飞行过程中随着载过载增加使其压力上升，进入氧箱高压氢气泄漏，使得贮箱结构破坏，并最终造成飞行失利	是	
143	2015.11.4	超级斯届比	起飞约 1 min 后失去控制，开始自旋，随后爆炸	任务失败很可能是由一子级引起的。火箭姿态失稳有可能源于外界环境出现大的扰动，也有可能源于火箭自身，比如发动机推力存在较大不对称等偏差，或火箭控制系统出现异常。外界普遍怀疑"超级斯届比"火箭一级采用的 LEO-46 发动机是引起爆炸的重要因素		
144	2015.11.13	VS40 运载火箭	在阿尔坎塔拉发射中心准备发射时发生爆炸	发射中心推测，爆炸可能是火箭发动机故障导致，但具体原因尚不清楚		
145	2015.12.4	联盟号 2-1v	伏尔加上面级与搭载星正常分离，未能与"Kanopus ST"卫星分离	星箭分离的 4 个解锁装置中的 1 个未能正常工作，导致卫星无法正常入轨		

续表

序号	时间	型号	故障现象	故障原因	动力故障	能否冗余
146	2016.12.1	联盟号 U	火箭飞行至约 383 时，遥测信号终止，俄任务控制中心失去与火箭/飞船的联系。进步号 MS－04 货运飞船在国上空约 190 km 的高空开始下坠，飞船及其所携带的质量约为 2.5 t 的货物均在大气层中烧毁	火箭二子级发动机燃烧室烧穿，燃烧室压力下降，火箭体偏离预定飞行轨道，之后火箭飞行控制系统发出"发动机紧急关机"指令，导致火箭与飞船过早分离，而导致发动机内存在异物或发动机大可能是发动机烧穿其最装配存在问题	是	能
147	2017.1.15	SS－520	起飞约 20 s 后，地面失去遥测信号，终止了原定于发射 3 min 后进行的二子级点火	箭上电缆短路，无法向地面传送数据，为保证安全，控制人员使其坠入大海		
148	2017.5.25	电子号	火箭一级和分离正常，但实验载荷进入太空，却未成功入轨	地面通信故障导致失利		
149	2017.6.19	CZ－3B Y28	进入三级滑行段后火箭姿态发散，未能将卫星送入预定轨道	三级滑行段姿态控制异常	是	能
150	2017.7.2	CZ－5 Y2	火箭芯一级工作至 346.7 s 后一分机推力异常降低	YF－77 发动机异常	是	能
151	2017.7.27	凤凰火箭	卫星未能入轨	第二级发动机故障	是	能
152	2017.8.31	PSLV－XL	整流罩未能分离	怀疑是火工品失效		

续表

序号	时间	型号	故障现象	故障原因	动力故障	能否冗余
153	2017.11.28	联盟号2.1b/弗雷盖特M	上面级第一次点火未能进入预定轨道，组合体再入坠毁，任务发射失利	上面级出现人为的数据注入错误，定时滑行60 s后，上面级主发动机第一次点火点失，推力实际方向与需要方向之间出现较大偏差，造成主发动机定时关机，未进入预定轨道，最终坠入大气层		
154	2018.1.8	法尔肯9-1.2	星箭分离不完全，疑似坠毁	卫星未能和火箭正确分离		
155	2018.1.25	阿里安5ECA	飞行中弹道出现偏离，火箭遥测信号于飞行进行到9分26秒时丢失。两颗卫星的信号在正常任务时间过后被捕获到，卫星经证实状态良好，但处于非预定轨道，最终卫星利用自身的动力系统到达预定轨道	火箭两个惯性基准推系统执行技术参数的数值不正确，导致火箭弹道从飞行的最初数秒向南偏移了20°，号致地面跟踪系统未能够如期限踪偏离预定轨道，并且卫星最终偏离预定轨道		
156	2018.10.11	联盟号FG	火箭起飞后约115 s，逃逸塔正常分离，约118 s，火箭助推器分离，之后，乘组感觉失重，并报告火箭故障，随后逃逸系统起动，整流罩上的高空逃逸发动机点火，返回舱弹道式返回	火箭在飞行第118 s，一个助推器前捆绑中的传感器发生故障，造成助推分离能源的阀门没有正常打开，导致助推器滑向芯级侧面并使箱体破裂，致使"联盟号MS-10"失效并且紧急中止	是	
157	2018.10.27	朱雀一号(ZQ-1)	飞行至约380 s时，三级火箭自旋失稳，最终未达到第一宇宙速度，卫星未能入轨，星箭再入大气层焚毁，坠入印度洋	不详		

续表

序号	时间	型号	故障现象	故障原因	动力故障	能否冗余
158	2019.1.15	信使火箭	第三级速度不足,入轨失败	第三级的速度不足		
159	2019.2.5	信使火箭	卫星未成功入轨	不详		
160	2019.7.11	织女星	火箭起飞后130 s解体。在火箭抛掉其P80第一级后,Zefiro 23第二级如期点火,并工作了14 s,但火箭随后便因一起"突然而剧烈的事件"解体成了两大块,起飞后213 s,靶场安全人员发送了自毁指令,完成了火箭自毁。起飞后314 s,遥测信号消失	二子级固体发动机(Zefiro 23)的燃烧气体(约3 000 ℃)对二子级的碳纤维结构造成冲击或烧蚀损坏,导致热结构失效,最终使火箭解体	是	否
161	2020.2.9	凤凰火箭	卫星在其轨道末端未达到入轨所需的预定速度	上面级点火出现问题,可能是点火失败或者点火推迟,或者点火后发动机推力不足	是	能
162	2020.3.16	CZ-7A Y1	助推一级组合体与二级分离异常	输送系统空化	是	能
163	2020.4.9	CZ-3B Y71	火箭一二级飞行正常,三级工作段异常,卫星、三级及卫星再入坠毁,发射任务失利	三级发动机工作异常	是	能
164	2020.5.25	Launcher One	在一级点火后不久发生异常,发动机停止提供推力,发射任务失利	将低温液态氧输送到第一级燃烧室的高压管线出现了破损,在没有氧化剂供应的情况下,发动机很快停止提供推力,发射任务失利	是	能

续表

序号	时间	型号	故障现象	故障原因	动力故障	能否冗余
165	2020.7.5	电子号	火箭在一二级分离后飞行出现异常，火箭发射 5 min 后，二级火箭似乎也出现了发射问题，遥测信号显示高度由约 194 km 下降到约 165 km	电缆插接问题		
166	2020.7.10	快舟十一号	火箭一二级飞行正常，三级飞行段出现异常，卫星未能达到入轨速度	不详	是	能
167	2020.9.12	快舟一号	火箭飞行出现异常	不详		能
168	2020.9.12	Rocket 3.1	起飞后 30 s，安全系统命令一级发动机关机，火箭坠地爆炸	上升过程中导引系统发生轻微振荡，火箭偏离预定轨道	是	能
169	2020.11.17	织女星	前三级飞行正常，在第四级液体上面级开始点火工作后偏离飞行轨道，最终任务失利	上面级的两个推力矢量控制执行机构（即伺服机构）的电缆连接插反，控制指令持续作用到了相反的执行机构，最终导致箭体姿态失控	否	能
170	2020.12.16	Rocket 3.2	火箭第二级发动机推进剂过早耗尽，关机时间早了约 12~15 s，火箭达到了 390 km 的轨道高度，但速度仅为 7.2 km/s，未能达到入轨的速度要求，发射失败	第二级发动机推进剂过早耗尽，关机时间早了约 12~15 s	是	能

续表

序号	时间	型号	故障现象	故障原因	动力故障	能否冗余
171	2021.2.5	双曲线1号Y2	一级飞行段箭体姿态变,发射失败	一块保温泡沫脱落后不慎掉到4号栅格舵上,导致栅格舵短暂阻塞,随后泡沫吹落,栅格舵恢复控制系统跟踪指令,造成舵偏角在短时间内超过30°偏转,箭体姿态突变	否	能
172	2021.8.27	Rocket 3.3	火箭脱离发射台架后,并未直线上升,而是朝远离发射台架的方向"漂移"了一段距离,然后缓缓上升。在大约2分30秒的飞行过程中,火箭偏离预定飞行轨道过多,靶场发出命令要求所有的发动机关机,飞行失利	火箭一级飞行不到1个主发动机的1个在升空不到1s就关闭,是导致起飞后发生"漂移"现象的原因,这也使得火箭一级的偏离严重偏离设计值。由于一级推力不足,导致火箭无法获取必要的级推力,致使火箭无法达到飞行目标速度增量,进而无法达到飞行目标	是	能
173	2021.9.2	萤火虫-阿尔法	起飞2.5 min后,火箭在高空爆炸解体,当时火箭正处于一级飞行阶段。根据发射直播视频,火箭在爆炸前已经失控并发生翻滚	火箭一级4台"金甲虫"发动机中的2号发动机在飞到第15 s时熄火,3台发动机的推力矢量控制能力不足,致使火箭滚转失衡。萤火虫航空公司称,"这是一次平静的停车——该发动机并未失效,只是其推进剂主阀并未关上了,致使2号发动机推力不知怎么终止了"	是	能

附录 B 国内外动力系统试车情况（不完全统计）

国家	型号	短程试车情况	全程试车情况	贮箱状态	试车地点
美国	土星V一级	34次	18次	真实贮箱	马歇尔太空飞行中心的先进发动机试验设施（15次静态点火试车是在斯坦尼斯斯航天中心B-2试车工位）
	德尔它IV一级	不详	多次试车	真实贮箱	斯坦尼斯航天中心（SSC）B-2试验台
	法尔肯9火箭	多次试车	多次试车（V1.1进行了5次试车）	真实贮箱	得克萨斯州麦克格雷格试验场（静态点火试验在发射场进行）
日本	H-I二级	33次（简易贮箱6次，加强贮箱25次，真实贮箱2次）	5次（真实贮箱）	1/7简易贮箱 1/3加强贮箱 真实贮箱	田代试验场
	H-II一级	31次（加强贮箱）	多次试车	加强贮箱 真实贮箱	田代试验场
	H-IIA一级	4次	不详	真实贮箱	种子岛航天中心的大崎发射场
	H-IIA二级	6次	1次	真实贮箱	田代试验场
欧洲	阿里安I一级	7次	多次试车	加强贮箱 真实贮箱	维农试验场

续表

国家	型号	短程试车情况	全程试车情况	贮箱状态	试车地点
欧洲	阿里安 I 三级	19 次	多次试车	加强贮箱 真实贮箱	维农试验场
	阿里安 V 一级	不详	4	真实贮箱	阿里安 V 发射台(ELA-3)
苏联	能源号助推器	不详	多次试车	真实贮箱	IS-102
	能源号芯级	不详	多次试车	真实贮箱	试车台/发射系统
	联盟号	不详	多次试车	真实贮箱	IS-102
	质子号一级	不详	多次试车	真实贮箱	IS-102
	质子号二级	不详	多次试车	真实贮箱	IS-102
中国	CZ-3 三级	2 次	4 次	真实贮箱	101 所
	CZ-3A 三级	2 次(发动机故障紧急关机)	1 次	真实贮箱	101 所
	CZ-5 火箭	无	一级 2 次,二级 2 次,助推器 1 次	真实贮箱	101 所
	CZ-6 火箭	无	一级 1 次,二级 1 次	真实贮箱	101 所
	CZ-7 火箭	无	一级 2 次,二级 1 次,助推器 2 次	真实贮箱	101 所

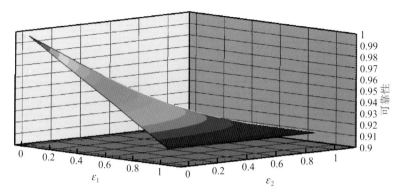

图 2-3　6 台冗余 1 台策略下 ε_1、ε_2 对动力系统可靠性的影响

（单机可靠性 0.985，P29）

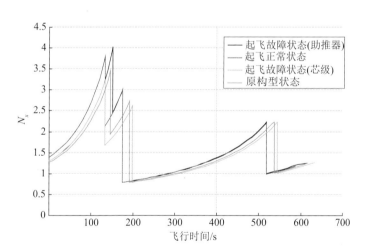

图 2-5　4 种典型方案的过载-时间历程对比（P32）

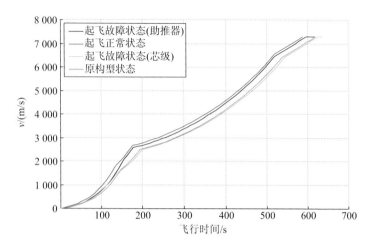

图 2-6　4 种典型方案的速度-时间历程对比（P33）

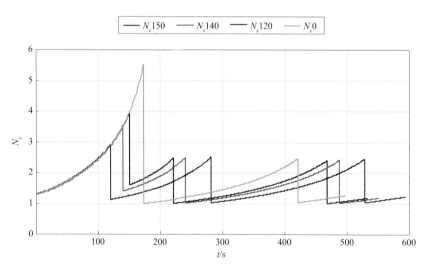

图 2-12　不同状态轴向过载曲线（N_x150 对应状态 3，N_x140 对应状态 2，
N_x120 对应状态 1，N_x0 对应基准构型，P41）

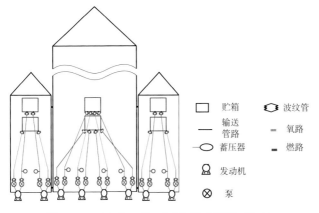

图 2-15　Mode 1 的 POGO 振动模型（P52）

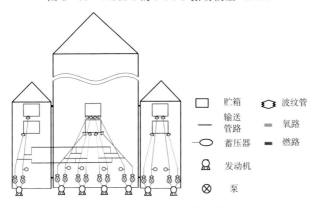

图 2-16　Mode 2 的 POGO 振动模型（P53）

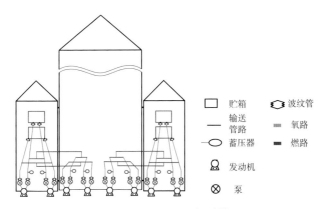

图 2-17　Mode 3 的 POGO 振动模型（P54）

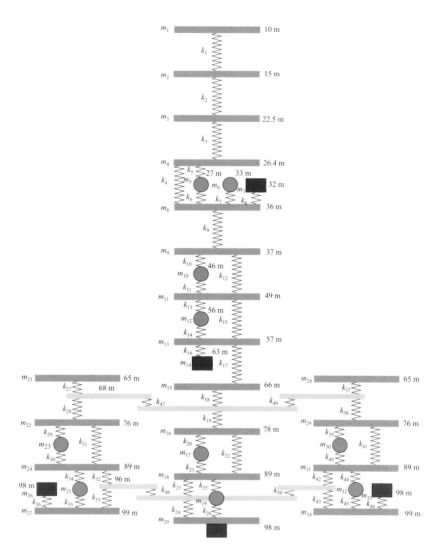

图 2-22 液体捆绑火箭的结构简图（P61）

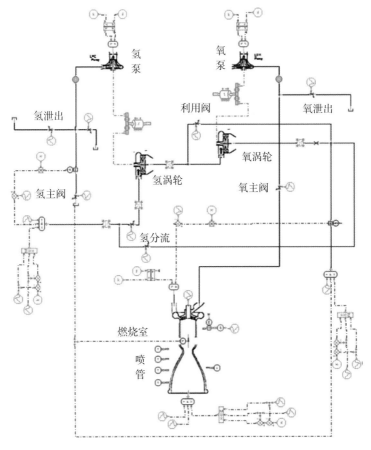

氢泵

氧泵

氢泄出

利用阀

氧泄出

氢涡轮

氧涡轮

氢主阀

氧主阀

氢分流

燃烧室

喷管

图 3 - 14　基于 AMESim 的发动机仿真系统（P102）

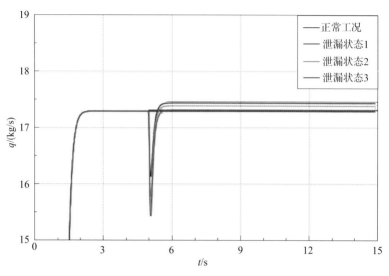

图 3-42　发动机氧流量变化（故障 6，P122）

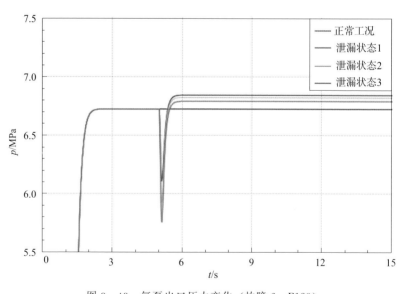

图 3-43　氧泵出口压力变化（故障 6，P123）

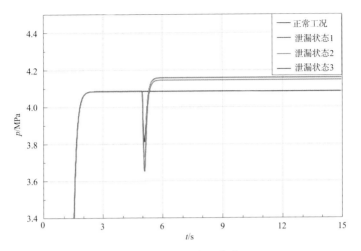

图 3-44 燃烧室压力变化（故障 6，P123）

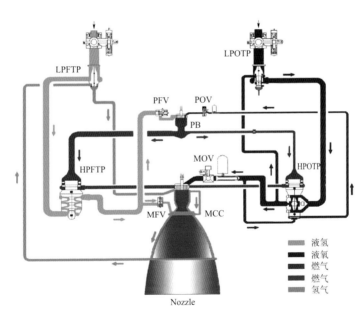

图 4-9 某型氢氧发动机系统原理图（P158）

LPFTP—氢预压泵；LPOTP—氧预压泵；PB—预燃室；PFV—预燃室氢调节阀；

POV—预燃室氧调节阀；MOV—推力室氧调节阀；MFV—氢主阀；

HPFTP—氢主泵；HPOTP—氧主泵；MCC—燃烧室

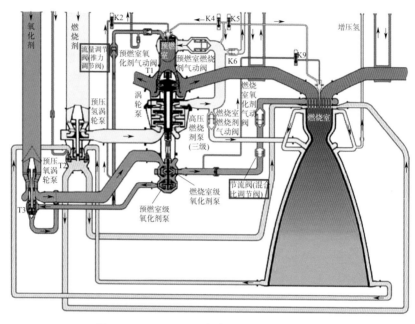

图 4-13 RD-0120 发动机系统简图（P162）

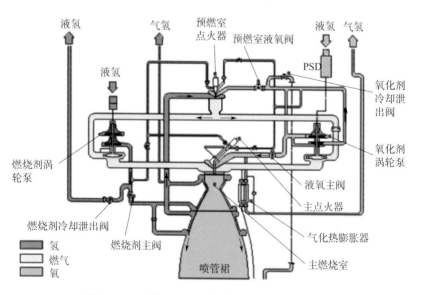

图 4-14 日本 LE-7A 发动机系统简图（P163）

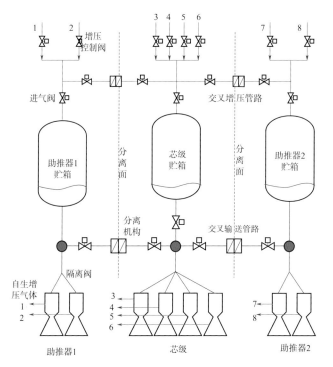

图 5 - 22 交叉输送-交叉增压系统示意图（P222）

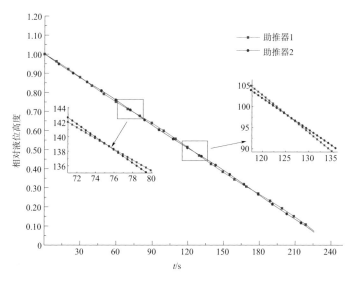

图 5 - 30 两助推器推进剂液位变化（P228）

表 5 - 10   各故障工况下贮箱液位和交叉输送流量变化 (P249)

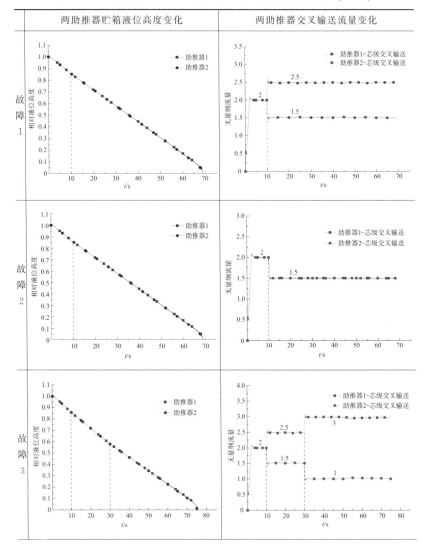

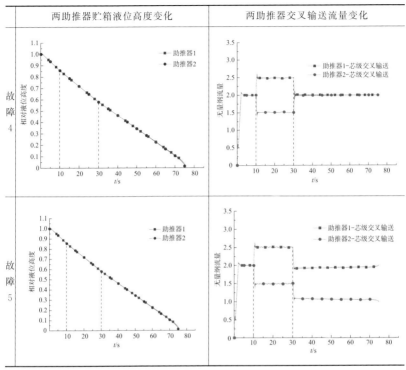

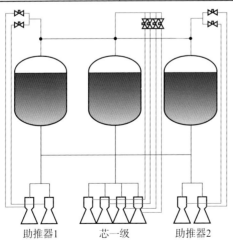

图 5-57 交叉增压方案原理图 (P265)

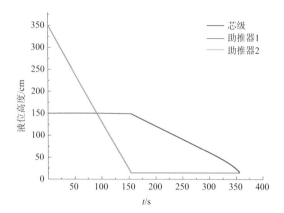

图 5-59　推进剂液位高度变化（P267）

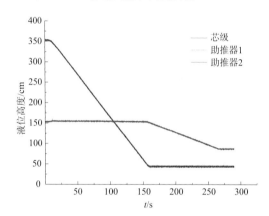

图 5-65　推进剂液位高度变化（P270）

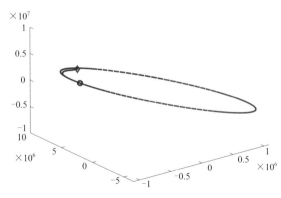

图 6-5　无故障第一阶段火箭发射弹道（P296）

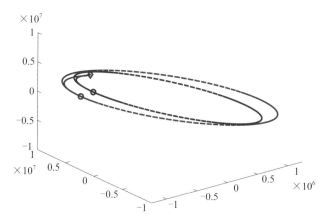

图 6 - 6　芯一级故障第一阶段火箭发射弹道（P296）

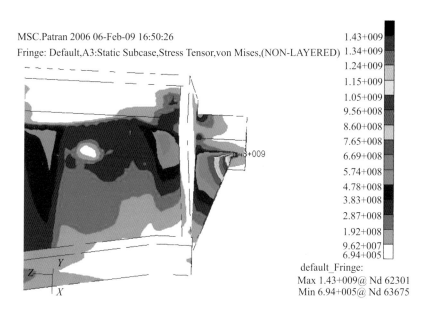

MSC.Patran 2006 06-Feb-09 16:50:26
Fringe: Default,A3:Static Subcase,Stress Tensor,von Mises,(NON-LAYERED)

1.43+009
1.34+009
1.24+009
1.15+009
1.05+009
9.56+008
8.60+008
7.65+008
6.69+008
5.74+008
4.78+008
3.83+008
2.87+008
1.92+008
9.62+007
6.94+005

default_Fringe:
Max 1.43+009@ Nd 62301
Min 6.94+005@ Nd 63675

图 7 - 4　故障模式工况下腹板端头处计算结果（P335）

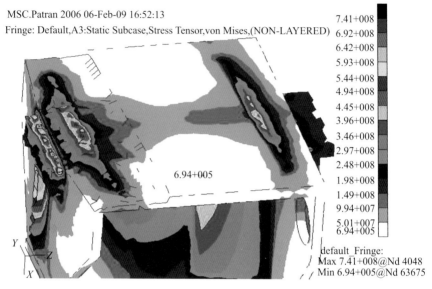

图 7 - 5　故障模式工况下翼板端头根部计算结果（P336）

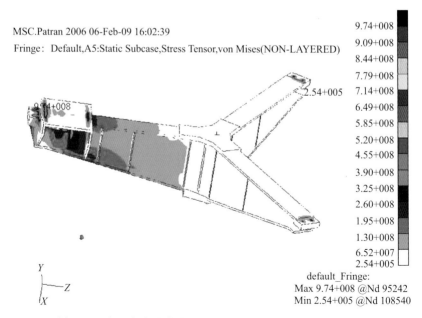

图 7 - 7　加强方案故障模式工况下机架应力计算结果（P338）

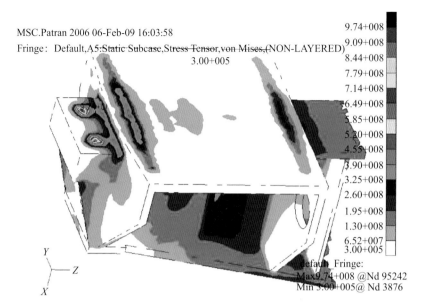

图 7 - 8　加强方案故障模式工况下机架翼板端头根部局部应力计算结果 （P338）

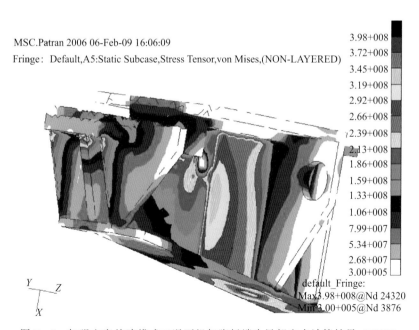

图 7 - 9　加强方案故障模式工况下机架腹板端头局部应力计算结果 （P339）

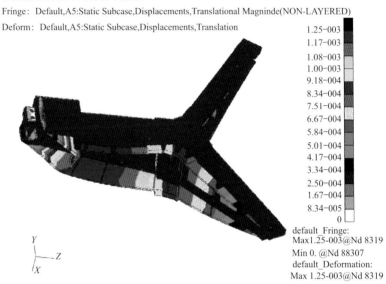

MSC.Patran 2006 06-Feb-09 16:02:06

Fringe：Default,A5:Static Subcase,Displacements,Translational Magninde(NON-LAYERED)

Deform：Default,A5:Static Subcase,Displacements,Translation

1.25-003
1.17-003
1.08-003
1.00-003
9.18-004
8.34-004
7.51-004
6.67-004
5.84-004
5.01-004
4.17-004
3.34-004
2.50-004
1.67-004
8.34-005
0

default_Fringe:
Max1.25-003@Nd 8319
Min 0. @Nd 88307
default_Deformation:
Max 1.25-003@Nd 8319

图 7 - 10　加强方案故障模式工况下机架位移计算结果（P339）

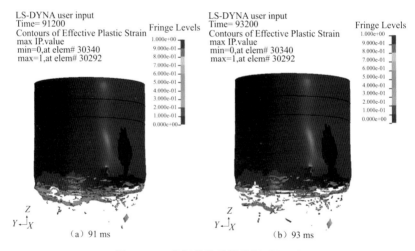

LS-DYNA user input
Time= 91200
Contours of Effective Plastic Strain
max IP.value
min=0,at elem# 30340
max=1,at elem# 30292

Fringe Levels
1.000e+00
9.000e-01
8.000e-01
7.000e-01
6.000e-01
5.000e-01
4.000e-01
3.000e-01
2.000e-01
1.000e-01
0.000e+00

LS-DYNA user input
Time= 93200
Contours of Effective Plastic Strain
max IP.value
min=0,at elem# 30340
max=1,at elem# 30292

Fringe Levels
1.000e+00
9.000e-01
8.000e-01
7.000e-01
6.000e-01
5.000e-01
4.000e-01
3.000e-01
2.000e-01
1.000e-01
0.000e+00

（a）91 ms

（b）93 ms

图 7 - 15　破坏前及最终破坏（P346）

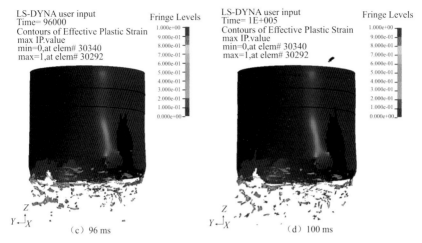

图 7 - 15　破坏前及最终破坏（P346，续）

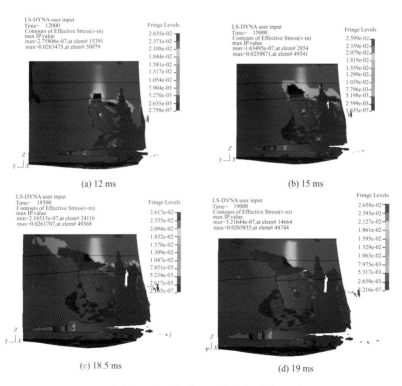

图 7 - 16　受碎片影响破坏前及最终破坏应力云图（P347）

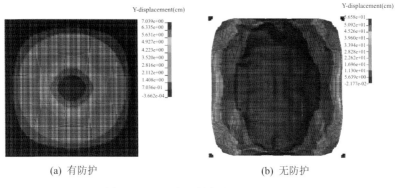

(a) 有防护   (b) 无防护

图 7 - 20　最终时刻位移云图（P353）

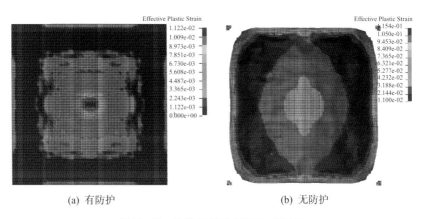

(a) 有防护   (b) 无防护

图 7 - 23　最终时刻应变云图（P355）

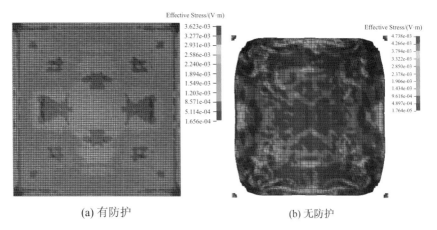

(a) 有防护   (b) 无防护

图 7 - 24　最终时刻应力云图（P355）

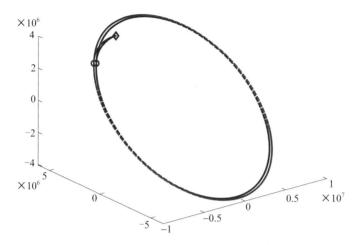

图 8-12　模拟无故障大推力火箭二级弹道半实物仿真结果曲线（P382）

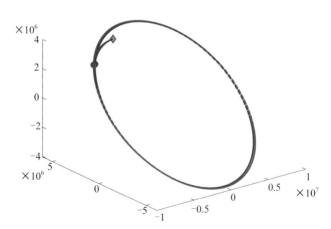

图 8-13　模拟推力下降故障火箭二级弹道半实物仿真轨迹结果曲线（P383）

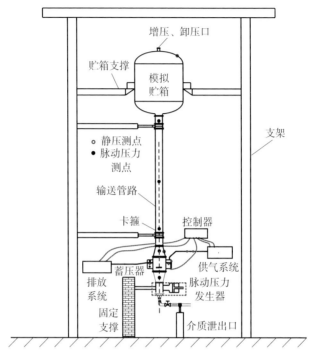

图 8 - 21　试验系统原理（P395）